双氰胺结晶过程与废渣利用

任永胜　段潇潇　蔡　超　李　平等　著

科 学 出 版 社

北　京

内 容 简 介

高品质双氰胺具有广阔的市场前景，因此开发高品质双氰胺制备技术及设备对于我国电石产业链实现高性能化、专用化、绿色化和高附加值化具有重要的意义，同时，双氰胺废渣“变废为宝”综合利用工作迫在眉睫。本书介绍了以下几个方面的内容：双氰胺的性质、生产原理、用途及标准；双氰胺结晶过程的基础数据，如溶解度、介稳区及结晶动力学数据；冷却-盐析耦合结晶技术、离子交换-结晶耦合技术制备高品质双氰胺的过程；双氰胺废渣制备碳酸钙晶须联产氯化铵过程研究。

本书可作为从事电石和石灰氮及其衍生物生产行业、氰胺行业及相关产品生产行业的科技人员与研发人员的参考书和工具书。

图书在版编目(CIP)数据

双氰胺结晶过程与废渣利用 / 任永胜等著.—北京：科学出版社，2018.6

ISBN 978-7-03-057398-8

Ⅰ. ①双… Ⅱ. ①任… Ⅲ. ①氰基-结晶-化工过程 ②氰基-废渣-废物综合利用 Ⅳ. ①O621.12 ②X781.4

中国版本图书馆CIP数据核字(2018)第094196号

责任编辑：朱 丽 李明楠 孙 曼 / 责任校对：樊雅琼

责任印制：张 伟 / 封面设计：耕者设计工作室

科学出版社 出版

北京东黄城根北街16号

邮政编码：100717

http://www.sciencep.com

北京中石油彩色印刷有限责任公司 印刷

科学出版社发行 各地新华书店经销

*

2018年6月第 一 版 开本：720×1000 1/16

2018年6月第一次印刷 印张：15 1/4

字数：307 000

定价：98.00元

(如有印装质量问题，我社负责调换)

前　言

双氰胺(DCD)是重要的电石深加工产品，广泛用于医药、农药、化肥、电子、环保处理剂等领域，尤其是用于电子行业覆铜板的生产，这对双氰胺的纯度要求较高。近年来，我国宁夏回族自治区利用电石进行深加工生产的双氰胺，成为国际市场追捧的热门产品。在这种背景下，双氰胺生产企业数量快速增长。目前，我国是全球最大的双氰胺生产基地，共有 11 家生产企业。其中宁夏回族自治区有 7 家，产量占全国总产量的 70%以上，出口量占全国总出口量的 2/3 以上。但目前，我国只有少数厂家生产高纯双氰胺，采用的是传统的重结晶法，由于设备庞大、工艺复杂、成本高，产品的质量难以保证，使重结晶法的应用受到限制。由于高品质双氰胺具有广阔的市场前景，因此开发高品质双氰胺制备技术及设备对电石产业链实现高性能化、专用化、绿色化和高附加值化具有重要的意义。

本书共 5 章，第 1 章详细介绍了双氰胺的性质、生产原理、用途及标准；第 2 章系统地介绍了双氰胺结晶过程的基础数据，如溶解度、介稳区及结晶动力学数据；第 3、4 章分别介绍了冷却-盐析耦合结晶过程、离子交换-结晶耦合技术制备高品质双氰胺的过程；第 5 章系统介绍了双氰胺废渣的应用。本书阐述的学术内容主要取得了如下重要进展：

(1) 系统测定了 278.15～323.15K 下双氰胺在水、甲醇、乙醇、乙二醇、丙酮、*N,N*-二甲基甲酰胺六种纯溶剂，甲醇+水、乙二醇+水、*N,N*-二甲基甲酰胺+水二元混合溶剂，碱金属氯化物(氯化钠、氯化钾及氯化锂)水溶液中的溶解度数据。另外，测定了双氰胺在水、甲醇、乙醇三种溶剂中的介稳区宽度、成核动力学数据，并推断出双氰胺在三种溶剂中的成核机理，填补了国内外至今未见报道的双氰胺基础数据的空白。

(2) 对双氰胺冷却-盐析耦合结晶过程进行了优化，考察了降温速率、搅拌速率、晶种加入量及盐析剂加入量对结晶过程的影响并进行了正交实验。

(3) 系统研究了离子交换-结晶耦合技术制备高品质双氰胺的过程，并创新性地将多孔分形介质理论应用于双氰胺离子交换过程。

(4) 首次报道了双氰胺废渣制备碳酸钙晶须并联产氯化铵工艺，在获得氯化铵-碳酸钙-水体系相平衡数据及碳酸钙溶解动力学数据的基础上，以浸取—除杂—合成晶须—联产氯化铵为技术路线，获得了双氰胺废渣制备碳酸钙晶须并联产氯化铵的工艺，为双氰胺废渣及其他钙基废弃物的资源化利用提供了一条新途径。

本书由任永胜和段潇潇统稿，任永胜撰写了第 1 章，任永胜、张宁、段潇潇、朱秋楠撰写了第 2 章，段潇潇、蔡超、李平、张宁撰写了第 3 章，任永胜、段潇潇、郭学飞撰写了第 4 章，任永胜、孔令歆、赵海鹏、王进军撰写了第 5 章。朱秋楠负责本书部分图表的制作。曹晶、何婷婷、张雨佳、朱秋楠、路凯参与了本书的部分编写与校对工作，在此一并表示感谢。

多年来，双氰胺相关内容的研究得到了中共中央组织部-中国科学院“西部之光”项目、宁夏自然科学基金等多项基金项目的资助。本书的出版得到了宁夏回族自治区高等学校一流学科建设项目（宁夏大学化学工程与技术，编号：NXYLXK2017A04）的资助，同时获得了省部共建煤炭高效利用与绿色化工国家重点实验室、化学国家基础实验教学示范中心（宁夏大学）、宁夏大学化学化工学院和科学出版社等单位领导给予的大力支持、关心和指导。在本书的编写过程中，还参考和引用了相关的专著和文献资料内容，在此表示衷心感谢。

本书内容涉及多学科领域，一些问题还有待进一步研究，加之作者水平有限，书中缺点和不足之处在所难免，诚请各位专家、学者、同行批评指正。

作　者

2018 年 4 月

目　录

第1章 双 氰 胺

1.1 双氰胺简介

1.1.1 物理性质

双氰胺为无色、无味、无挥发性、不吸潮的单斜棱柱结晶，其球棍结构图见图 1-1，主要物理性质见表 1-1。

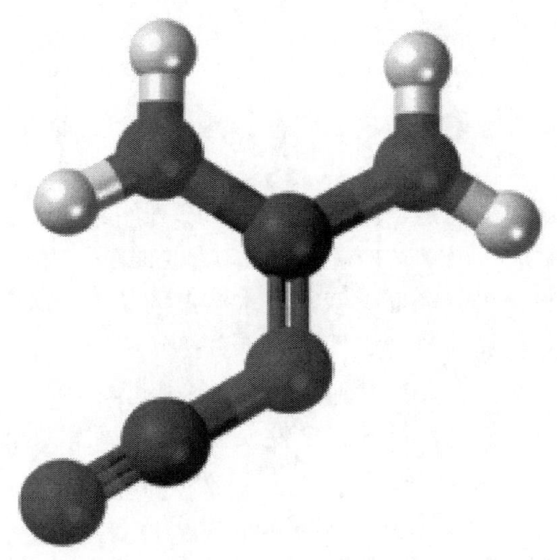

图 1-1 双氰胺球棍结构图

表 1-1 双氰胺的主要物理性质

性质	数据	性质	数据
熔点/℃	210～212	K_b	6×10^{-15}
密度(14℃)/($g\cdot cm^{-3}$)	1.404	生成热(25℃)/($kJ\cdot mol^{-1}$)	24.9
解离常数(25℃)		燃烧热(25℃)/($kJ\cdot mol^{-1}$)	−1387.0
K_a	6×10^{-15}	溶解热(15℃)/($kJ\cdot mol^{-1}$)	−24.1

续表

性质	数据	性质	数据
比热容(298K)/($J \cdot g^{-1} \cdot K^{-1}$)	1.41	100.62K	52.3
摩尔热容/($J \cdot mol^{-1} \cdot K^{-1}$)		200.49K	87.0
14.40K	2.26	246.57K	102.1
54.82K	30.0	294.63K	117.8

双氰胺有以下两种互变异构体：

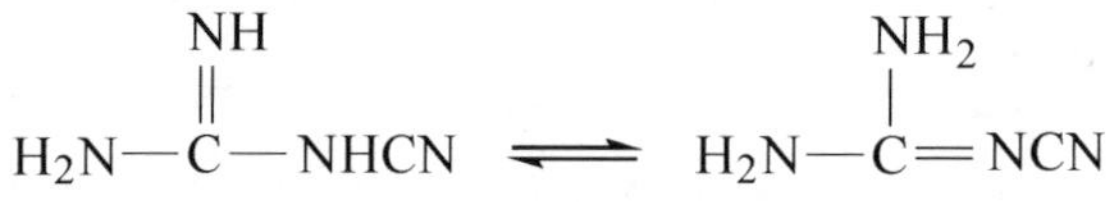

$$H_2N-\overset{\overset{\Large NH}{\|}}{C}-NHCN \rightleftharpoons H_2N-\overset{\overset{\Large NH_2}{|}}{C}=NCN$$

（Ⅰ）　　　　（Ⅱ）

拉曼光谱检测认为双氰胺是(Ⅰ)形态(氰基胍态)；而对结晶双氰胺进行 X 射线检测，发现明显存在着(Ⅱ)形态[1]。

双氰胺结晶在常温下稳定，温度超出 130℃开始分解，在熔点以上分解开始加剧，放出氮气并生成三聚氰胺、蜜白胺及其他三嗪。双氰胺水溶液在 80℃是稳定的，在 130～270℃和 27.5MPa 下双氰胺水溶液的动力学研究表明双氰胺作为潜在的脱水活性剂具有足够的热稳定性，其部分热解产物有脒基脲、胍、三聚氰酸二酰胺、氨和二氧化碳等。双氰胺不吸水，不会引起燃烧或腐蚀。长时间光照后，双氰胺会由无色转成淡红色，但其化学性质无变化。双氰胺属低毒或相对无毒物质，不引起累积性与慢性中毒。对大、小白鼠的半数致死量(LD_{50})大于 $15000mg \cdot kg^{-1}$(日本测定为 $LD_{50} = 12000mg \cdot kg^{-1}$)，对小白鼠没有明显的蓄积作用，经口 $1500mg \cdot kg^{-1}$ 为最大耐受量。经 90 天亚急性毒性试验，检查血相、肝、肾功能，以及各脏器的病理，均未见明显影响。用水剂糊膏在白鼠腹部皮肤做 24h 接触试验，未见有神经系统中毒或皮肤刺激现象。在 200 个人体部位进行干粉粘贴试验，没有见到致敏现象或原发性刺激作用。

1.1.2　化学性质

双氰胺是两性化合物，分子中含有 NH_2、C—N、C═N 及 C≡N 基团，因此它能和多种化合物起反应，又很容易成环，这是双氰胺得到广泛应用的基础。双氰胺的主要化学反应见图 1-2[2]。

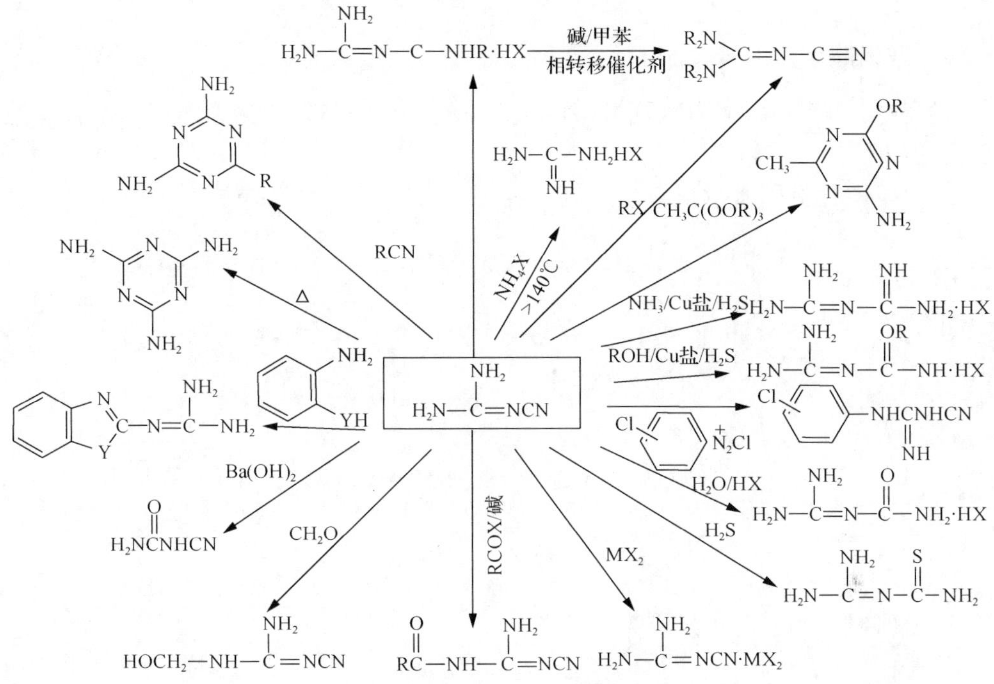

图 1-2　双氰胺的主要化学反应

1.2　双氰胺生产原理及工艺

1.2.1　双氰胺的生成机理

双氰胺是由氰胺在碱性水溶液中直接聚合而得。氰胺在碱性水溶液中解离为氰胺阴离子，氰胺阴离子同另一分子未解离的氰胺反应生成双氰胺阴离子，它再同氰胺反应生成新的氰胺阴离子和双氰胺。

$$NH_2CN \xrightarrow{OH^-} {}^-NHCN$$

$$-NHCN + NH_2CN \longrightarrow H_2N—\overset{\overset{\large NH}{\|}}{C}—N^-CN$$

$$H_2N—\overset{\overset{\large NH}{\|}}{C}—N^-CN + NH_2CN \longrightarrow {}^-NHCN + H_2N—\overset{\overset{\large NH}{\|}}{C}—NHCN$$

在上述反应过程中，氰胺定量聚合为双氰胺，双氰胺生成的速率是氢离子浓度的函数，pH = 9.6 时生成速率达到最大，pH 低于或高于 9.6 时速率降低。pH 大于 12 时氰胺定量水解为脲，在碱性溶液中氰胺水解为脲是一级反应[3]。

1.2.2 双氰胺生产的基本原理

氰氨化钙首先水解为氰氨氢钙，而后脱钙得到氰氨，再聚合即得双氰胺，主要反应如下：

(1)氰氨化钙的水解反应为

$$2CaCN_2 + 2H_2O = Ca(HCN_2)_2 + Ca(OH)_2$$

$$Ca(HCN_2)_2 + 2H_2O = 2H_2CN_2 + Ca(OH)_2$$

副反应为

$$CaCN_2 + 3H_2O = 2NH_3 + CaCO_3$$

$$H_2CN_2 + H_2O = (NH_2)_2CO$$

(2)氰氨氢钙的脱钙反应为

$$Ca(HCN_2)_2 + H_2O + CO_2 = 2H_2CN_2 + CaCO_3$$

副反应为

$$Ca(OH)_2 + CO_2 = CaCO_3 \downarrow + H_2O$$

(3)氰胺的聚合反应为

$$2H_2CN_2 \xrightarrow[pH=10\pm1]{(75\pm5)℃} (H_2CN_2)_2$$

在聚合的同时发生下列副反应

$$NH_2CN + NH_3 = (NH_2)_2CNH$$

$$NH_2CN + H_2O = (NH_2)_2CO$$

$$NH_2CN + H_2S = (NH_2)_2CS$$

$$(NH_2CN)_2 + NH_2CN = (NH_2CN)_3$$

$$NH_2CN + 2H_2O = 2NH_3 + CO_2$$

在上述三个主要反应中，前面两个主反应可以同时进行。

1.2.3　双氰胺生产工艺

双氰胺作为一种重要的化工材料，国内外已经掌握了很多种双氰胺的生产工艺，主要有水解石灰氮法、两步法、四步法、尿素脱水等方法。而最传统的双氰胺生产技术早在20世纪50年代就已成熟，并有专著论述。传统的双氰胺生产工艺较烦琐，而且反应时间很长、耗能大、成本高[4]。

近年来随着国际双氰胺市场供货偏紧，其生产量增加，价格也逐年上升[5-7]。20世纪90年代初，双氰胺的国内消耗量已达5000吨以上，出口量达1700吨以上，国内市场最高价已达1.5万元/吨[8]。工业双氰胺作为电石深加工产品，是由电石与氮气反应生成的氰氨化钙(石灰氮)水解生成氰氨氢钙，而后进行脱钙、沉淀、聚合、过滤、冷却结晶等步骤得到[9]。双氰胺生产工艺流程如图1-3所示。

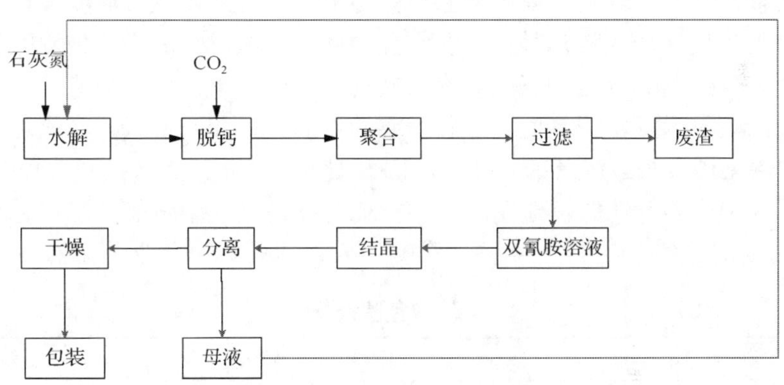

图1-3　双氰胺生产工艺流程图

1.3　双氰胺用途及标准

双氰胺的应用十分普遍，其应用范围主要有：

(1)制药工业，可用于制备磺胺、嘧啶、巴比妥类等药物及合成原料。

(2)电子工业，可作为电子产业的基础产品——电子覆铜板的生产原料[10]。

(3)化肥行业，可用作化肥的增效剂、肥料的添加剂[11]。在我国大力推广长效碳酸氢铵的举措下，双氰胺用作氮肥的硝化抑制剂的用途将会更普遍。

(4)印刷行业，可作为固色剂的原料，也可用作染料加工黏合剂[12]。

(5)皮革行业，可用于合成新型的含游离甲醛较少的改性胶原蛋白，这种胶原蛋白可作为生产皮革的填充剂[13]。同时，双氰胺还可作为特种树脂的固化剂、工业胶黏剂、电子封装材料的专用添加剂[14]。

在我国，双氰胺的用途如图1-4所示。

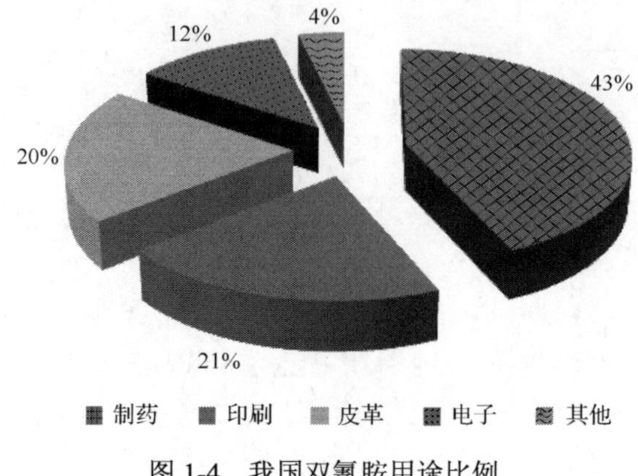

图 1-4 我国双氰胺用途比例

双氰胺在我国工业生产中由于原料资源丰富，近年来发展速度较快，每年产量以 30%的速度增加，特别是近几年宁夏回族自治区已经成为国内双氰胺的主要生产基地，全国 80%以上的双氰胺来自此地。如今中国已成为双氰胺产品的主要出口国家，在国际双氰胺市场上起着重要的作用。目前双氰胺年产量达百万吨以上的公司除中国公司以外还有日本 Denka 电化株式会社、美国氰胺公司[15]。如今，随着制药、印刷等行业的快速发展，各行业对高纯度双氰胺的需求量越来越大，出现供不应求的状况，国外双氰胺缺口达 1.8 万吨/年。双氰胺行业标准见表 1-2。

表 1-2 双氰胺行业标准

项目	工业级	医药级	电子级
执行标准号	HG/T 3264—1999	HG/T 3264—1999	HG/T 3264—1999
形貌	白色晶体	白色晶体	白色晶体
杂质沉淀实验	合格	合格	合格
纯度/%	≥98.50	≥99.70	≥99.80
水分/(%，最大值)	0.5	0.2	0.1
灰分/(%，最大值)	0.15	0.02	0.01
钙含量/ppm	≤200	≤50	≤25
三聚氰胺/ppm	100	100	100
熔点/℃	209～210	209～210	209～210
铁含量/($\mu g \cdot g^{-1}$)	≤80	≤30	≤10
溶解性实验	合格	合格	合格

1ppm=10^{-6}。

参 考 文 献

[1] Kalser D W. Preparation of dicyandiamide salts: USA, US2357261. 1944-08-29.

[2] 胡永全, 朱振林, 胡清. 石灰氮及其衍生物. 北京: 化学工业出版社, 2007

[3] 熊谟远. 电石生产及其深加工产品. 北京: 化学工业出版社, 1989

[4] 陈小嫣, 何寿林. 两步法合成双氰胺工艺. 精细石油化工进展, 2002, 3(10): 23-25

[5] 吴林茂, 张喜荣. 硫脲生产过程中副产物——双氰胺的测定. 山西化工, 1995, (3): 25-26

[6] Qiu H D, Sun D D, Gunatilake S R. Analysis of trace dicyandiamide in stream water using solid phase extraction and liquid chromatography UV spectrometry. J Environ Sci, 2015, 35: 38-42

[7] 何劲, 陈连喜, 刘全文, 等. 间甲苯胺改性双氰胺固化环氧树脂的 DSC 研究. 武汉理工大学学报, 2006, 28(6): 28-30

[8] 陆泉忠, 朱国梁. 双氰胺的性能及应用. 湖南化工, 1990, (4): 24-27

[9] 周文平, 段继光. 两步法合成双氰胺. 上海化工, 1995, (4): 9-12

[10] 皮荷杰. 双氰胺对土壤氨挥发和大豆生态毒性的影响. 长沙: 湖南农业大学硕士学位论文, 2010

[11] 周霞, 杨小俊, 徐斌, 等. 双氰胺脱色剂强化混凝处理印染废水. 工业水处理, 2012, 32(1): 25-27

[12] 兰云军, 庞晓燕, 毕东亮, 等. 双氰胺改性胶原蛋白复鞣填充剂的研究. 中国皮革, 2013, 42(5): 32-36

[13] 袁伟强. Raney Ni 催化剂制备及其催化加氢制备 2,5-二氯苯胺. 南京: 南京工业大学硕士学位论文, 2015

[14] 王茜. 氰胺制备新工艺的研究. 天津: 天津大学硕士学位论文, 2006

[15] Frye W W, Graetz D A, Locascio S J, et al. Dicyandiamide as a nitrification inhibitor in crop production in the Southeastern USA. Commun Soil Sci Plan, 1989, 20(19-20): 1969-1999

第 2 章　双氰胺结晶过程基础数据

2.1　结晶过程基本理论

结晶是固体物质以晶体状态从蒸气、溶液或熔融物中析出的过程，大多数化学工业过程中都包含结晶这一基本的单元操作。相对于其他的化工分离单元操作，结晶过程的特点如下[1]：

(1) 能从杂质含量较多的溶液或多组元的熔融混合物中，分离出高纯或超纯的晶体。结晶产品的包装、运输、储存或使用都较方便。

(2) 对于许多难分离的混合物系，如同分异构体混合物、共沸物系、热敏性物系等，使用其他分离方法难以奏效，但适用结晶法分离。

(3) 作为一个分离过程，结晶与蒸馏及其他常用的方法(萃取、吸收、吸附)相比，能量消耗低得多。因为结晶热一般仅是蒸发潜热的 1/3～1/10，且结晶可在较低温度下进行。结晶过程对设备材质要求较低，操作相对安全，一般也无有毒或废气逸出，有利于环境保护。

(4) 结晶是一个很复杂的单元操作，它是多相、多组分的传热、传质过程，也涉及表面反应过程。整个结晶过程，控制变量比较多，结晶母液中的粒子粒度与粒度分布有一定的不确定性，常是时间的变量，与系统的流体力学、粒子力学及固液两相的相互作用都有密切的关系。物系中的微量杂质也常对结晶过程有显著的影响，它可能改变结晶热力学的相图曲线及结晶成核、生长动力学参数等。

设计一个结晶过程，首先要收集以下基础数据，之后方可进行方案设计：

(1) 结晶系统的性质，包括晶体特性、晶体几何结构、粒度分布等。

(2) 相平衡数据，包括溶解度数据、超溶解度及介稳区数据。

(3) 结晶成核与生长动力学数据及特征，包括晶核的形成、二次成核。

(4) 结晶溶液流体力学数据及特征。

本章主要以双氰胺为研究对象，获得双氰胺结晶热力学(溶解度、介稳区)及动力学数据(成核动力学)等。

2.1.1　溶解度及其测定方法

以摩尔分数为基础的溶解度定义为：在给定温度和压强下，一种物质在某个溶液中的溶解度等于溶液中其他组分物质的量不变条件下该物质在溶液中的最大摩尔分数[2]。

本书中的双氰胺溶解度(摩尔分数)用式(2-1)计算：

$$x=\frac{m_1/M_1}{m_1/M_1+m_2/M_2+m_3/M_3} \tag{2-1}$$

式中，x 为以摩尔分数表达的溶质浓度；m_1 为溶质的质量，g；M_1 为溶质的摩尔质量，$g\cdot mol^{-1}$；m_2 为溶剂的质量，g；M_2 为溶剂的摩尔质量，$g\cdot mol^{-1}$；m_3 为水的质量，g；M_3 为水的摩尔质量，$g\cdot mol^{-1}$。

溶解度的影响因素包括温度、物质纯度、溶解平衡的建立、物质的溶解特性及操作中的污染等。溶解度的大小随温度发生变化是物质溶解度的重要特征[3]。随着温度的升高，有些物质的溶解度是逐渐增大的，常见的有 $CuSO_4\cdot 5H_2O$、$Na_2SO_4\cdot 10H_2O$、NH_4NO_3、KNO_3、Na_2CO_3 等，当它们溶解于接近但是还没有达到饱和的溶液中时都会吸热。然而也有一些物系，随着温度的升高，它们的溶解度是逐渐降低的，如 Na_2SO_4、$CaSO_4$ 等，这些物质溶解在接近但是还没有达到饱和的溶液中时，都会放出热量。还有另外一类物质，其溶解度随着温度的升高变化并不明显[4]，如 NaCl 等。

测定固体在溶剂中的溶解度，一般情况下可以分为“平衡法”与“动态法”两大类。

(1) 平衡法(equilibrium method)。平衡法也称静态法，指在一定温度与压力下，过量的固体溶质置于待测液体溶剂中，密封在恒温下连续或间断进行搅拌，直到在溶液中充分溶解，形成固液相平衡体系；然后再静置一段时间后，移取其上层清液，采用合适的方法分析上层清液的组成，通过计算可得到固体物质在所测溶剂中的溶解度数据。

该法的关键是保证溶液在恒温条件下达到饱和状态。关于两相平衡的判断，可以通过定时取样测定上清液的组成成分。若两次或三次的测定结果接近一致，可认为此体系达到平衡状态。平衡组成的分析方法包括重量分析法、物理化学分析法等。所测物质的特性不同，可以采用不同的方法来分析。例如，有机物系可以使用色谱分析法；实验原料中含有羟基则可以采用酸碱滴定法；有色物系可以采用紫外分光光度法；无机物系一般采用重量分析法、银量分析法等。

采用平衡法测定溶解度的数据准确度较高，但在高温或一定压力下取样较为困难，存在液相容易挥发、破坏平衡的问题，所以多用于常压和温度不太高的情况。平衡法不受溶解速率的限制，对溶解速率快或慢的物系都适用。虽然这种方法需花费大量时间才能达到平衡，测定效率较低，但由于具有设备简单好用，操作易学且方便等优点，目前仍然是使用较为广泛的一种测定溶解度的方法[5]。

(2) 动态法 (dynamic method)。如果温度对溶解度的影响较大则可以采用动态法进行测定。动态法较为简单、迅速，无需取样分析。动态法是一种通过改变温度或者组成[6]，测定体系相平衡的方法。动态法又分为变温法和恒温法。

将准确称量的固体溶质和溶剂加入溶解测定装置中，用水或其他的导热介质缓慢加热。溶质向溶剂中的扩散随着温度的升高不断加快，一段时间后溶质的溶解速率降低并趋于平缓，当固体颗粒消失或者溶液由雾状变为透明时，体系达到固液相平衡状态。固相完全进入液相瞬间的温度即为与该体系达到平衡对应的温度，此为动态法测定溶解度中的变温法。变温法也可以通过降温的方法来确定溶解温度，通过测定清澈溶液中出现第一个固体颗粒时的温度来确定溶解温度。该方法与平衡法相比，测定效率高，不需要对应的确定溶液的组成成分的分析方法，但对升温速率或者降温速率有着严格的要求，溶解开始时可以快速升温，以后不断降低升温速率，当接近溶解终点时升温速率应该保持极其缓慢以使体系有足够的时间趋于平衡，否则将会影响所测得的溶解度数据的准确性。

恒温法测定溶解度是首先将准确称量的溶质加入溶解度测定装置中，然后在保持恒定的温度及充分搅拌的条件下分批逐渐加入能够准确计量的溶剂使得固体溶质能够完全溶解，最后根据最初加入的溶质质量和总的溶剂质量来计算溶解度。使用该方法测定溶解度时可以采用高精度的仪器来判断溶解终点，如采用激光监视的动态法和差示扫描量热法。激光监视方法的实验设备较为简单且易于安装，但是比较费时，消耗的溶剂量大，采用热分析法的实验更为常见，如采用加热或者冷却曲线法、差热分析法或差示扫描量热法等。

本书中双氰胺在纯溶剂与混合溶剂中溶解度的测定采用平衡法。

2.1.2 溶解度数据的关联

结晶物系的热力学性质是结晶动力学和结晶工艺研究的理论基础。结晶是固体溶质从溶液中达到饱和而析出的过程，所以物质热力学基础数据和结晶过程有密切的关系。过饱和度作为结晶过程的主要推动力，对初级成核和二次成核，以及晶体生长和聚结均会产生影响。结晶物质和其溶液之间的相平衡关系决定结晶过程的产品产量及品质，所以一般用固体在溶剂中的溶解度数据表示固体物质和溶液之间的相平衡关系。固体在不同液体中的溶解度差异很大，溶质和溶剂间的分子间作用力对溶解度的影响很大，固液相平衡体系的研究相较于气液平衡要困难得多。固液相平衡数据与其他平衡数据一样，总是以一批实验点的形式出现，为了研究溶解度与温度及相组成成分的关系等，必须给出关联式。目前关于固液相平衡的模型研究方法主要分为简化模型法、活度系数法、量子化学法，除了以上几种较为经典的热力学方法外，还有拓扑法、人工神经网络法等。此外，还可以用熔化焓预测法、摩尔体积预测法、定量结构活性法等对固体在液体中的溶解度数据进行拟合，其中状态方程是从著名的范德华方程发展而来，主要研究气体的 p、V、T 性质，在气液平衡、液液平衡领域都有着广泛应用。由于固体有机物(溶质)本身的结构复杂，官能团交互作用，且溶质与溶剂的分子间和分子内作用力错综复杂，目前大量使用的状态方程都是从气相的角度出发来考虑问题，在固液相平衡领域的使用仍然受到一定的限制。

1. 热力学构架[7]

对于一个二元混合固液体系，当两相达到平衡且溶剂在固相中没有显著的溶解度时，用下标 1 表示溶质，则有平衡方程：

$$f_1(\text{纯固体})=f_1(\text{液体溶液中的溶质}) \tag{2-2}$$

或

$$f_1(\text{纯固体})=\gamma_1 x_1 f_1^{\circ} \tag{2-3}$$

式中，x_1 为溶质在溶剂中的溶解度(摩尔分数)；γ_1 为液相活度系数；f_1° 为 γ_1 所参照的标准态逸度。

由式(2-2)和式(2-3)可以得到 x_1 的表达式为

$$x_1=\frac{f_1}{\gamma_1 f_1^{\circ}} \tag{2-4}$$

因此，溶解度不仅与活度系数相关，还与式(2-4)中的两个逸度之比相关。纯溶质的逸度之比可以由热力学循环计算得到，最终可以整理得到如下表达式：

$$\ln\frac{1}{\gamma_1 x_1}=\frac{\Delta_{\text{fus}}H}{RT_{\text{t}}}\left(\frac{T_{\text{t}}}{T}-1\right)-\frac{\Delta C_p}{R}\left(\frac{T_{\text{t}}}{T}-1\right)+\frac{\Delta C_p}{R}\ln\frac{T_{\text{t}}}{T} \tag{2-5}$$

式中，γ_1 为溶质的活度系数；x_1 为溶质在溶剂中的溶解度(摩尔分数)；T 为热力学温度；T_{t} 为溶质的三相点温度；$\Delta_{\text{fus}}H$ 为溶质在 T_{t} 的熔化焓；ΔC_p 为固液相等压热容差；R 为摩尔气体常量。

通常对式(2-5)进行两项简化，它们引起的误差很小。首先，大多数物质的三相点和正常熔点相差很小，而且这两个温度下的熔融热之差可以忽略。因此，在实际计算中常用正常熔点来代替三相点温度。另外，等式右边的三项不是等同的，第一项是主要的，另外两项符号相反，有相互抵消的趋势，尤其是当 T 和 T_{t} 相差不大时更是如此，因此在大多数场合可以忽略掉包含 ΔC_p 的两项，只考虑第一项即可。

2. 简化模型法

由于溶质在溶剂中溶解度的计算十分复杂，涉及很多的物性数据，在满足一定精度的前提下，一些学者提出了简化模型来关联溶解度数据，如修复 Apelblat 模型、Buchowski-Ksiazczak λh 模型（以下简称 λh 模型）、CNIBS/R-K 模型、Jouyban-Acree 模型、五次方模型。

1）修复 Apelblat 模型

在溶液浓度较稀的情况下，可以将 γ_1 近似看作无限稀释活度系数 γ_1^{∞}，无限稀释活度系数与温度之间有如下关系：

$$\ln \gamma_1^{\infty} = a + \frac{b}{T} \tag{2-6}$$

式（2-6）称为理想溶液模型（ideal solution equation）。a、b 是理想溶液模型的经验参数。

将式（2-6）代入式（2-5）中，可以得到：

$$\ln x_1 = \left[\frac{\Delta_{\text{fus}}H}{RT_{\text{t}}} + \frac{\Delta C_p}{R}(1+\ln T_{\text{t}}) - a\right] - \left[b + \left(\frac{\Delta_{\text{fus}}H}{RT_{\text{t}}} + \frac{\Delta C_p}{R}\right)T_{\text{t}}\right]\frac{1}{T} - \frac{\Delta C_p}{R}\ln T \tag{2-7}$$

因此，溶质在二元混合溶剂中的溶解度与温度的关系可以用 Heidman 提出的经验方程拟合，上述方程也可以表示成：

$$\ln x_1 = a + \frac{b}{T} + c\ln T \tag{2-8}$$

式（2-8）称为修复 Apelblat 模型，a、b 和 c 是修复 Apelblat 模型的经验参数，可以由溶解度数据拟合得到。该经验方程[8]表达了溶解度与温度的关系，可以利用该方程对实验数据进行拟合关联，必要时还可以用拟合得到的参数对体系的溶解度数据作简单的外推计算。

2）Buchowski-Ksiazczak λh 模型

Buchowski[9]研究了固体物质间存在氢键的苯酚和苯甲酸在非极性溶剂中的溶解行为，并根据普遍化溶解度方程推导出新的应用于溶质分子含有缔合和低共熔体关于固液平衡的 λh 方程，由于方程中含有 λ 和 h 参数，被命名为 Buchowski-Ksiazczak λh 模型，它是一种半经验方程，其形式如下：

$$\ln\left[1 + \frac{\lambda(1-x_1)}{x_1}\right] = \lambda h\left(\frac{1}{T} - \frac{1}{T_{\text{t}}}\right) \tag{2-9}$$

式中，λ 用于表示饱和溶液的非理想性，对理想缔合体系，可以认为是平均缔合数；T_t 为溶质(双氰胺)的熔点温度；h 为每摩尔溶质的溶解焓除以摩尔气体常量。

该模型形式简单，使用简便，且在物性数据上只需要知道溶质即可，因此受到了一定程度的欢迎。在导出方程时，λ 和 h 还有一定的物理意义，在实际拟合过程中通常只将 λ 和 h 作为回归参数，适用于二元体系及多元体系。

对于二元以上混合体系，需增加二组分混合溶剂的组分参数(φ)及修正相常数 c，修正的 λh 模型形式如下：

$$\ln\left[1+\frac{\lambda(1-x_1)}{x_1}\right]=\lambda h\left(e^{\varphi}-c\right)\left(\frac{1}{T}-\frac{1}{T_t}\right) \tag{2-10}$$

刘国柱等[10]测定了 298.15～323.15K 时不同溶剂比下 2-戊基蒽醌在磷酸三辛酯-三甲苯物系中的溶解度，用 20 组实验数据拟合得到了 λ、h、c 的值，采用修正后的 λh 模型得到的计算值与实验值较为吻合，平均偏差小于 5%，因此该模型被认为可用于工程设计和计算。

3) CNIBS/R-K 模型

CNIBS/R-K (combined nearly ideal binary solvent/Redlich-Kister) 模型[11]是一种用于关联物质在二元混合溶剂体系中的溶解度的模型，可以将溶解度与溶剂组成关系关联起来，其表达形式如下：

$$\ln x_1 = x_2\ln(x_1)_2 + x_3\ln(x_1)_3 + x_2x_3\sum_{i=0}^{N}S_i(x_2-x_3)^i \tag{2-11}$$

式中，x_2、x_3 为二元混合溶剂在未加入溶质之前的原始组成的摩尔分数；S_i 为模型常数；N 可以选择 0、1、2 和 3；$(x_1)_i$ 为溶质 1 在纯溶剂 i 中的溶解度(摩尔分数)。

当 N=2 时，式(2-11)中的 x_3 可以用 $1-x_2$ 表示，这样，式(2-11)可改写为

$$\begin{aligned}\ln x_1 = {}&\ln(x_1)_3 + \left[\ln(x_1)_2 - \ln(x_1)_3 + (S_0 - S_1 + S_2)x_2 + (-S_0 + 3S_1 - 5S_2)x_2^2\right]\\ &+(-2S_1 + 8S_2)x_2^3 + (-4S_2)x_2^4\end{aligned} \tag{2-12}$$

式(2-12)可以被简化为

$$\ln x_1 = B_0 + B_1x_2 + B_2x_2^2 + B_3x_2^3 + B_4x_2^4 \tag{2-13}$$

式中，B_0、B_1、B_2、B_3、B_4 为模型参数，可以通过最小二乘法分析得到。

式(2-13)表示的是 CNIBS/R-K 模型的一种变式。Noubigh 等[12]将式(2-13)改写成：

$$\ln x = B_0 + B_1x_t + B_2x_t^2 + B_3x_t^3 + B_4x_t^4 + B_5x_t^5 \tag{2-14}$$

式中，x_t 为某溶剂在溶剂-水二元混合溶剂中的摩尔分数；B_0、B_1、B_2、B_3、B_4、B_5 为五次方程的模型参数。式(2-14)又称为五次方模型(a fifth-order polynomial equation)。

当 N=2 时，式(2-11)还可以写为另外一种形式：

$$\ln x_1 - x_2\ln(x_1)_2 - (1-x_2)\ln(x_1)_3 = (1-x_2)x_2\left[S_0 + S_1(2x_2-1) + S_2(2x_2-1)^2\right] \tag{2-15}$$

式(2-15)为式(2-11)的第二种变式，其中参数 S_i 可以通过拟合 $\left[\ln x_1 - x_2\ln(x_1)_2 - (1-x_2)\ln(x_1)_3\right]$ 与 $\left\{(1-x_2)x_2\left[S_0 + S_1(2x_2-1) + S_2(2x_2-1)^2\right]\right\}$ 的关系得到。通常情况下，CNIBS/R-K 模型只能用于描述溶解度数据，并且用来预测在固定温度下，溶质在不同浓度的混合溶剂中的溶解度数据，因此有一定的局限性。

4) Jouyban-Acree 模型

Jouyban-Acree 模型[13,14]提出能够同时描述溶质的溶解度随着温度和溶剂组成的变化，因此被广泛应用于混合溶剂中的溶解度数据的关联和预测。该模型的形式如下：

$$\ln x_{m,T} = f_1\ln x_{1,T} + f_2\ln x_{2,T} + \left(\frac{f_1f_2}{T}\right)\sum_{i=0}^{2}J_i(f_1-f_2)^i \tag{2-16}$$

式中，$x_{m,T}$、$x_{1,T}$、$x_{2,T}$ 分别为温度 T 时，溶质在混合溶剂、溶剂 1 和溶剂 2 中的溶解度；f_1、f_2 为溶质不存在时，两种溶剂的摩尔分数；J_i 为模型参数。

该模型扩展到三元体系的形式如下：

$$\begin{aligned}\ln x_{m,T} = {} & f_1\ln x_{1,T} + f_2\ln x_{2,T} + f_3\ln x_{3,T} + \left(\frac{f_1f_2}{T}\right)\sum_{i=0}^{2}J_i(f_1-f_2)^i \\ & + \left(\frac{f_1f_3}{T}\right)\sum_{i=0}^{2}J_i'(f_1-f_3)^i + \left(\frac{f_2f_3}{T}\right)\sum_{i=0}^{2}J_i''(f_2-f_3)^i\end{aligned} \tag{2-17}$$

此外，Jouyban-Acree 模型还可以与一些简化模型如修复 Apelblat 模型结合进行拓展计算。栾清华[15]测定了 278.15～313.15K 下，五水 L-乳酸钙在纯水、水+乙醇、水+丙酮中的溶解度，并使用 Jouyban-Acree 模型与修复 Apelblat 模型的混合模型进行关联，分析表明所选取的经验模型与实验值拟合较好。

Khoubnasabjafari 等[16]采用 Jouyban-Acree 模型和 Yalkowsky 模型，计算了 11

组 803 种药物在水+卡必醇混合体系中溶解度数据，并通过实验验证，结果表明拟合度较高。

3. 活度系数法

在利用热力学方程式对固液平衡体系进行研究时，只要知道组分 x_1 在液相中的活度系数，就可以根据纯组分 x_1 的熔点温度 T_t 及熔点温度下的熔化焓 $\Delta_{fus}H$ 预测物系的固液平衡关系。

液体混合物的超额自由焓是指在同一压力、温度、组成的条件下，真实溶液与理想溶液自由焓的差值。由液体混合体系的超额自由焓方程可以得到物质的活度系数与超额吉布斯(Gibbs)自由能的关系式：

$$\ln\gamma_i = \left[\frac{\partial\left(\dfrac{nG^{\mathrm{E}}}{RT}\right)}{\partial n_i}\right]_{p,T,n_j} \tag{2-18}$$

式(2-18)表达了 i 组分的偏摩尔超额自由焓和溶液的偏摩尔自由焓与 i 组分的活度系数之间的关系。若已知超额自由焓的函数模型，则通过 n_i 进行偏微分，就可得出活度系数与组成的关联式。

溶液的超额性质不仅是温度、压力的函数，而且也是溶液组成的函数。这些函数的形式众多，有的由经验方法归纳得到，有的则由理论或半理论方法推断得出。目前在工业上广泛应用的活度系数模型主要从溶液的非理想实际情况出发，比较常用的求活度系数的方法有以正规溶液为基础建立起来的 Whol 型方程(包括 van Laar 方程、Margules 方程、Scatchard-Hildebrand 方程、Scatchard-Hamer 方程)、在无热溶液基础上建立起来的局部组成型方程(Wilson 方程、NRTL 方程、UNIQUAC 方程)、基团贡献模型(ASOG 法、UNIFAC 模型)等[17]。

对于正规溶液，Hildebrand 定义为“当极少量的一个组分从理想溶液迁移到有相同组成的真实溶液时，如果没有熵的变化，而且总体积不变，此真实溶液称为正规溶液”。正规溶液与理想溶液比较，两者的 $S^{\mathrm{E}}=0$，$V^{\mathrm{E}}=0$，但正规溶液的混合热不等于零，所以正规溶液有别于理想溶液，其非理想的原因是 $H^{\mathrm{E}}\neq 0$。

某些由分子大小相差甚远的组分构成的溶液，其 $H^{\mathrm{E}}\approx 0$，故称为无热溶液，其之所以不理想主要是因为 $S^{\mathrm{E}}\neq 0$，Wilson 方程、NRTL 方程、UNIQUAC 方程都是在无热溶液的基础上获得的。根据无热溶液有 $H^{\mathrm{E}}=0$，可得出 $\ln\gamma_i$ 不是温度 T 的函数。

1) Whol 型方程

正规溶液的非理想性归因于 $H^{\mathrm{E}} \neq 0$。H^{E} 之所以不等于零是因为不同的组分具有不同的化学结构，分子大小不同，分子间的相互作用力各不相同，以及分子的极性差异等因素，Whol 将其归纳，提出一个综合性的超额自由焓表达式，此式表示为有效体积分数的函数并展成 Maclarin 级数，即

$$\frac{G^{\mathrm{E}}}{RT\sum_i q_i x_i} = \sum_i \sum_j Z_i Z_j a_{ij} + \sum_i \sum_j \sum_k Z_i Z_j Z_k a_{ijk} + \sum_i \sum_j \sum_k \sum_l Z_i Z_j Z_k Z_l a_{ijkl} + \cdots \tag{2-19}$$

式中，x_i 为 i 组分的摩尔分数；q_i 为 i 组分的有效摩尔体积；a_{ij} 为 i、j 两分子间的交互作用参数；a_{ijk} 为 i、j、k 三分子间的交互作用参数；a_{ijkl} 为 i、j、k、l 四分子间的交互作用参数；Z_i 为 i 组分的有效体积分数。

Z_i 定义为

$$Z_i = \frac{q_i x_i}{\sum_i q_i x_i} \tag{2-20}$$

根据定义

$$\sum_i Z_i = 1$$

式(2-19)称为四阶 Whol 型方程；如果写到三分子间的交互作用参数即 a_{ijk}，称为三阶 Whol 型方程。方程的阶数越高，则越能代表实际体系的性质，但是常数也就越多，需要通过更多的实验数据来求取，计算也烦琐。在实际应用中较多采用三阶 Whol 型方程。

略去四分子以上基团相互作用项，将式(2-19)用于二元系统时有

$$\frac{G^{\mathrm{E}}}{RT(q_1x_1 + q_2x_2)} = 2Z_1Z_2a_{12} + 3Z_1^2Z_2a_{112} + 3Z_1Z_2^2a_{122} \tag{2-21}$$

令

$$A = q_1(2a_{12} + 3a_{122}), \quad B = q_2(2a_{12} + 3a_{112})$$

代入式(2-21)并对 n_i 进行偏微分，经整理得

$$\ln \gamma_1 = Z_2^2\left[A + 2Z_1\left(B\frac{q_1}{q_2} - A\right)\right] \tag{2-22}$$

$$\ln\gamma_2 = Z_1^2\left[B + 2Z_1\left(A\frac{q_2}{q_1} - B\right)\right] \tag{2-23}$$

式(2-22)和式(2-23)中包括三个参数 A、B、$\frac{q_2}{q_1}$，其值必须通过实验来确定。

Whol 型方程的 G^E 展开式式(2-19)虽是经验式，并无严格的理论基础，但是具有很大的灵活性。通过对 G^E 展开式作出各种假设，可导出一些著名的活度系数方程，如 van Laar 方程、Margules 方程、Scatchard-Hildebrand 方程、Scatchard-Hamer 方程，本书不做详细介绍，读者可参考热力学相关书籍。

2) Wilson 方程

一般认为在理想状态下，溶液内部分子间的作用力相同，在任何一个分子周围出现另外一个分子的概率都相等。实际条件下，由于非理想溶液间的作用力不同，分子间的作用力大小也不同，分子周围其他分子出现的概率并不相等，这就是局部组成的概念。Wilson 方程是基于局部组成的概念提出的活度系数模型[18]。对于二元体系，Wilson 方程的形式为

$$\ln\gamma_1 = -\ln\left(x_1 + \Lambda_{12}x_2\right) + x_2\left(\frac{\Lambda_{12}}{x_1 + \Lambda_{12}x_2} - \frac{\Lambda_{21}}{x_2 + \Lambda_{21}x_1}\right) \tag{2-24}$$

$$\ln\gamma_2 = -\ln\left(x_2 + \Lambda_{21}x_1\right) + x_1\left(\frac{\Lambda_{12}}{x_1 + \Lambda_{12}x_2} - \frac{\Lambda_{21}}{x_2 + \Lambda_{21}x_1}\right) \tag{2-25}$$

其中，Wilson 方程有两个可调参数 Λ_{12} 和 Λ_{21}，它们与纯组分的摩尔体积和二元交互作用能量参数之差有关，分别表示为

$$\Lambda_{12}=\frac{V_{2,\mathrm{m}}}{V_{1,\mathrm{m}}}\exp\left(-\frac{\lambda_{12}-\lambda_{11}}{RT}\right) \tag{2-26}$$

$$\Lambda_{21}=\frac{V_{1,\mathrm{m}}}{V_{2,\mathrm{m}}}\exp\left(-\frac{\lambda_{21}-\lambda_{22}}{RT}\right) \tag{2-27}$$

式中，$V_{i,\mathrm{m}}$ 为实际状态下组分 i 在纯液态时的摩尔体积；λ 为二元交互作用能量参数，可以利用非线性最小二乘法关联实验数据求取最佳值。

作为合理近似，二元交互作用能量参数之差在一定范围内可以认为与温度无关。在精准的计算中，$\lambda_{12}-\lambda_{11}$ 和 $\lambda_{21}-\lambda_{22}$ 应当认为是与温度有关的，但是在大多数情况下这种相关性可以忽略，且不会有严重的误差。

Wilson 模型的参数受温度影响较小，而且可以通过二元体系的参数预测多元

体系的参数，因此具有半理论的物理意义。但是该模型的局限性表现在：①不能用于部分互溶体系；②不能反映出活度系数有最高值或最低值溶液的特征。

3）NRTL 方程

NRTL（non-random two-liquid）方程全称是非随机双液模型，属于半经验方程，该方程是一种局部组成型方程，于 1968 年由 Renon 和 Prausnitz 提出[19]，可用于关联强极性体系并预测热力学相平衡数据。该方程的最大优点是可用于部分互溶体系液液平衡的关联计算，同时也适用于完全互溶体系和不互溶体系[20]。他们针对 Wilson 方程不能用于液-液分层的热力学条件的情况，应用局部浓度的概念，并根据 Scott 双流体理论，得出过量自由能的表达式。

NRTL 方程可用二元体系推测多元体系。二元体系由两种局部组元构成，假定两种组元为组元 1 和组元 2。一种体系是以组元 1 的分子为中心，组元 2 和组元 1 分子随机分布排列在中心分子周围；另一种体系是以组元 2 的分子为中心，组元 1 和组元 2 分子随机分布排列在中心分子周围。两种分子之间存在作用力 g，且每一种组元分子都以一定的概率出现在中心分子周围。

假定两组元分子间的局部摩尔分数 x_{11} 和 x_{21} 的关联方程如下：

$$\frac{x_{21}}{x_{12}}=\frac{x_2}{x_1}\frac{\exp(-\alpha_{12}g_{21}/RT)}{\exp(-\alpha_{12}g_{11}/RT)} \tag{2-28}$$

$$\frac{x_{12}}{x_{22}}=\frac{x_1}{x_2}\frac{\exp(-\alpha_{12}g_{12}/RT)}{\exp(-\alpha_{12}g_{22}/RT)} \tag{2-29}$$

式中，x_i 为物质 i 的摩尔分数；x_{ij} 为分子 j 周围所出现的分子 i 的局部摩尔分数，$x_{21}+x_{11}=1$，$x_{12}+x_{22}=1$；g_{ij} 为分子对 i-j 间的相互作用能，且 $g_{12}=g_{21}$；α_{12} 为溶液混合物的非随机特征经验常数。

超额吉布斯自由能函数可表示如下：

$$G^{\mathrm{E}}=x_1x_{21}(g_{21}-g_{11})+x_2x_{12}(g_{12}-g_{22}) \tag{2-30}$$

联立上述三式可得二元体系的超额吉布斯自由能为

$$\frac{G^{\mathrm{E}}}{RT}=x_1x_2\left[\frac{\tau_{21}G_{21}}{x_1+x_2G_{21}}+\frac{\tau_{12}G_{12}}{x_2+x_1G_{12}}\right] \tag{2-31}$$

式中，$\tau_{21}=(g_{21}-g_{11})/RT$；$\tau_{12}=(g_{12}-g_{22})/RT$；$G_{12}=\exp(-\alpha_{12}\tau_{12})$；$G_{21}=\exp(-\alpha_{12}\tau_{21})$。在二元体系的 NRTL 方程中，$\alpha_{12}$、$\tau_{12}$ 和 τ_{21} 均为可调参数，一般可根据相平衡基础数据拟合获得。

α_{12} 为固定值，一般取为 0～0.47。α_{12} 的值越高，则表示溶液的非随机性越强。

$\alpha_{12}=0$ 表示溶液完全随机。Renon 和 Prausnitz 对化工工程中的各种常见流体进行了分类，一般而言，对于不同的体系，取不同的 α_{12} 值，且极性溶液一般取较大值。

非理想溶液的超额吉布斯自由能与活度系数的关系为[21]

$$\frac{G^{\mathrm{E}}}{RT}=\sum x_i \ln \gamma_i \tag{2-32}$$

式中，γ_i 为物质 i 的活度系数。

对于二元体系，则有

$$\frac{G^{\mathrm{E}}}{RT}=x_1 \ln \gamma_1 + x_2 \ln \gamma_2 \tag{2-33}$$

联立式(2-31)和式(2-33)，并对方程进行微分，可以得到二元体系活度系数的表达式：

$$\ln \gamma_1 = x_2^2\left[\frac{\tau_{21}G_{21}^2}{(x_1+x_2G_{21})^2}+\frac{\tau_{12}G_{12}}{(x_2+x_1G_{12})^2}\right] \tag{2-34}$$

$$\ln \gamma_2 = x_1^2\left[\frac{\tau_{12}G_{12}^2}{(x_2+x_1G_{12})^2}+\frac{\tau_{21}G_{21}}{(x_1+x_2G_{21})^2}\right] \tag{2-35}$$

由此类比二元体系的表达式，可推出多元体系的活度系数表达式如下：

$$\ln \gamma_i = \frac{\sum_{j=1}^{m}\tau_{ji}G_{ji}x_j}{\sum_{l=1}^{m}G_{li}x_l}+\sum_{j=1}^{m}\frac{x_jG_{ij}}{\sum_{l=1}^{m}G_{lj}x_l}\left(\tau_{ij}-\frac{\sum_{n=1}^{m}x_nG_{nj}\tau_{nj}}{\sum_{l=1}^{m}G_{lj}x_l}\right) \tag{2-36}$$

式中，m 为组分数目；$G_{ji}=\exp(-\alpha_{ji}\tau_{ji})$，而 $\tau_{ii}=\tau_{jj}=0$，$\alpha_{ij}=\alpha_{ji}$。

对于高度非理想混合物，特别是部分互溶体系，需要小心回归数据以求得可调参数，NRTL 方程通常能对实验数据进行很好地表达。

4) UNIQUAC 方程

UNIQUAC 方程(universal quasi-chemical model)，是由 Abrams 等[22]以 Guggenheim 的似化学理论[23]为基础，然后利用局部组成概念和统计热力学方法得到的普遍似化学模型，这一模型可用于非极性和各类极性组分的多元混合物来预测平衡数据。UNIQUAC 方程认为，液体混合物的 G^{E} 由两部分组成：组合项和剩余项。组合项表征体系中熵的贡献，由体系中分子的大小及形状确定，仅仅需要纯组分的数据；剩余项描述体系中决定混合焓的分子间作用力。因而，UNIQUAC

方程中的活度系数 γ_i 也可以表示为两部分：

$$\ln\gamma_i = \ln\gamma_i^{\mathrm{c}} + \ln\gamma_i^{\mathrm{R}} \tag{2-37}$$

式中，γ_i^{c} 是 γ_i 的组成部分，称为组合活度系数，取决于分子大小和形状，与构型配分函数中的组合因子有关；γ_i^{R} 是 γ_i 的剩余部分，称为剩余活度系数，与分子间相互作用有关。二者分别表示为

$$\ln\gamma_i^{\mathrm{c}} = \ln\frac{\phi_i}{x_i} + \frac{z}{2}q_i\ln\frac{\theta_i}{\phi_i} + l_i - \frac{\phi_i}{x_i}\sum_j^c x_j l_j \tag{2-38}$$

$$\ln\gamma_i^{\mathrm{R}} = q_i\left[1 - \ln\left(\sum_j \theta_j\tau_{ji}\right) - \sum_j \frac{\theta_j\tau_{ij}}{\sum_k \theta_k\tau_{kj}}\right] \tag{2-39}$$

式中，ϕ_i 为组分 i 的链节分数；θ_i 为组分 i 的局部面积分数。

ϕ_i 和 θ_i 的定义式为

$$\phi_i = \frac{r_i x_i}{\sum_j r_j x_j} \tag{2-40}$$

$$\theta_i = \frac{q_i x_i}{\sum_j q_j x_j} \tag{2-41}$$

式(2-40)和式(2-41)中，参数 r 和 q 分别是取决于分子大小和外表面积的纯组分分子结构常数，可分别由分子的范德华体积和表面积计算得到。

式(2-38)中

$$l_i = \frac{z}{2}(r_i - q_i) - (r_i - 1) \tag{2-42}$$

式中，z 为晶格配位数，根据经验，对于常规条件下有代表性的液体，z 接近于 10。在活度系数求解式中

$$\tau_{ij} = \exp\left(-\frac{\Delta u_{ij}}{RT}\right) \quad \tau_{ji} = \exp\left(-\frac{\Delta u_{ji}}{RT}\right) \tag{2-43}$$

每一个二元混合物有两个可调参数 τ_{ij} 和 τ_{ji}，分别用特征能量 Δu_{ij} 和 Δu_{ji} 表示，Δu_{ij} 和 Δu_{ji} 须由相平衡实验数据确定。

由此，对于一个二元混合物体系，组分 1 的活度系数可以由式(2-44)表示：

$$\begin{aligned}\ln\gamma_1 = &\ln\frac{\phi_1}{x_1}+\frac{z}{2}q_1\ln\frac{\theta_1}{\phi_1}+\phi_2\left(l_1-\frac{r_1}{r_2}l_2\right)-q_1\ln\left(\theta_1+\theta_2\tau_{21}\right)\\ &+\theta_2 q_1\left(\frac{\tau_{21}}{\theta_1+\theta_2\tau_{21}}-\frac{\tau_{12}}{\theta_2+\theta_1\tau_{12}}\right)\end{aligned} \tag{2-44}$$

UNIQUAC 模型适用于非极性或极性的非电解质混合体系；该模型既具有 Wilson 模型结构简单、易于计算的优点，又具有 NRTL 模型使用部分互溶体系的优点，虽然该模型不能精确地描述所有物系的数据，但在工业上应用广泛。

5) UNIFAC 模型

UNIFAC 模型(universal quasi-chemical functional group activity coefficient model)又称通用基团贡献活度系数模型[24]，是在基团解析法基础上结合 UNIQUAC 模型而导出的。在 UNIFAC 模型中采用的是估算活度系数的基团分解法，该方法的基本思想是利用已有的相平衡数据推测还没有实验数据的体系的相平衡数据。该方法描述如下：适当地处理实验得到的活度系数数据，以得到非电解质体系结构基团对间的相互作用参数，利用这些参数可以推算实验尚未研究过，但是含有相同功能基团的其他体系的活度系数。

Fredenslund 等[25]引用 UNIFAC 模型的基本形式时，将活度系数 γ_i 分为两部分：

$$\ln\gamma_i = \ln\gamma_i^{\mathrm{c}} + \ln\gamma_i^{\mathrm{R}} \tag{2-45}$$

式中，γ_i^{c} 为组合活度系数，反映溶液中各种基团的形状与大小；γ_i^{R} 为剩余活度系数，反映溶液中各种基团的相互作用的影响。

在 UNIFAC 模型中，需要通过三个主要参数来确定系统中每个组分的活度系数。其中两个参数是分别代表基团大小和表面积的常数 R_k 和 Q_k，分别是由原子和分子结构数据范德华基团体积 V_k 和表面积 A_k 获得。这些参数完全取决于主体分子上的各个功能基团。另外还有二元交互参数 τ_{ij} 和 τ_{ji}，其与分子对相互作用能 U_i 有关。这些参数必须通过实验数据拟合或分子模拟获得。

组合活度系数的计算基本与 UNIQUAC 模型的计算方式相同，q_i 和 r_i 由组分表面积和体积贡献，计算 R_k、Q_k 及每个分子上的功能基团出现次数 ν_k，使得

$$q_i = \sum_{k=1}^{n}\nu_k Q_k \tag{2-46}$$

$$r_i = \sum_{k=1}^{n} \nu_k R_k \tag{2-47}$$

剩余活度系数γ_i^{R}表示基团贡献之和：

$$\ln \gamma_i^{\mathrm{R}} = \sum_k \nu_k^{(j)} \left(\ln \Gamma_k - \ln \Gamma_k^{(i)} \right) \tag{2-48}$$

式中，Γ_k为溶液中基团k的剩余活度系数；$\Gamma_k^{(i)}$为纯组分i中k型基团的剩余活度系数。

其中

$$\ln \Gamma_k = Q_k \left[1 - \ln\left(\sum_{j=1}^{m} \overline{\theta}_j \psi_{jk} \right) - \sum_{j=1}^{m} \left(\frac{\overline{\theta}_j \psi_{kj}}{\sum_{n=1}^{m} \overline{\theta}_n \psi_{nj}} \right) \right] \quad m, n = 1, 2 \cdots, N \text{（所有的基团）} \tag{2-49}$$

式中，$\overline{\theta}_j$为基团j的表面积分数。

$$\overline{\theta}_j = \frac{Q_j X_j}{\sum_{n=1}^{m} Q_n x_n} j \tag{2-50}$$

式中，Q_j为基团j的表面积常数；X_j为基团j在溶液中的基团分数，其定义为

$$X_j = \frac{\sum_{i=1}^{c} \upsilon_j^{(i)} x_i}{\sum_{i=1}^{c} \sum_{k=1}^{m} \upsilon_k^{(i)} x_i} \tag{2-51}$$

式中，x_i为溶液中i组分的摩尔分数；$\upsilon_j^{(i)}$为i组分中基团j的个数。

式(2-49)中ψ_{jk}与ψ_{kj}称为j与k基团的相互作用参数：

$$\psi_{jk} = \exp\left(\frac{U_{kk} - U_{jk}}{RT} \right) = \exp\left(-\frac{a_{jk}}{T} \right) \tag{2-52}$$

$$\psi_{kj} = \exp\left(\frac{U_{jj} - U_{kj}}{RT} \right) = \exp\left(-\frac{a_{kj}}{T} \right) \tag{2-53}$$

式(2-52)和式(2-53)中U_{jk}、U_{kj}表征配偶基团j与k之间的相互作用，称为基团配偶参数；a_{jk}称为基团交互作用参数，它是基团j与基团k之间相互作用能与两个k基团之间相互作用能差异的度量，且$a_{jk} \neq a_{kj}$，并且假定基团交互作用参数与温度无关。

因此，每一对基团存在两个基团交互作用参数，三个基团(或更多基团)间的参数就不需要了。基团交互作用参数必须从相平衡数据拟合得到。式(2-49)对$\Gamma_k^{(i)}$也适用。

UNIFAC 模型把每个组分的分子划分成了不同的基团，所以无论任何体系，只要可以划分出相同的基团，无论个数是否统一，可以共用同一个数据库，因此该模型具有很好的预测功能，其预测效果虽然没有其他关联模型好，但是理论意义大于拟合结果。

4. 量子化学法

近年来量子化学理论和计算方法已经成为化学家研究各种化学问题的重要而有效的手段，受到广泛的重视。随着量子化学理论和计算机技术的不断发展，特别是密度泛函理论(density functional theory，DFT)的应用，人们已经可以通过理论计算得到一些大分子的几何构型和性质。通过有效结合 DFT 构型优化及更高级的单点计算，一些精确度达到化学测量级的工业相关化合物反应焓也能得到。

1) COSMO-RS 模型

Klamt 等[26]提出 COSMO-RS(conductor-like screening model for real solvents)模型，它的理论基础是通过由 COSMO 计算的表面屏蔽电荷密度来表征分子间相互作用。COSMO 模型是一种连续介质的溶剂化模型，通过将连续介质即溶剂的介电常数设为无穷大，也就是假设其为理想导体，将屏蔽电荷限制在界面上，使得溶质分子和溶剂之间没有电场，导体内没有电荷。该模型将分子分解成表面积大小相等的片段，分子间相互作用的概念建立在表面片段相互作用的物理观点上，两个成对的分子只留下薄膜接触，其极化电荷密度分别为σ和σ'。总片段的相互作用能为

$$E_{\text{con}}(\sigma,\sigma') = E_{\text{misfit}}(\sigma,\sigma') + E_{\text{hb}}(\sigma,\sigma') = a_{\text{eff}}\left[\frac{\alpha'}{2}(\sigma+\sigma')^2 + c_{\text{hb}}\min\left(\sigma\sigma' + \sigma_{\text{hb}}^2, 0\right)\right] \tag{2-54}$$

式中，a_{eff}为有效接触表面积；σ'为能量因子，可以由静电理论计算而来；E_{misfit}为静电接触相互作用能，当两个极化电荷密度相互补偿，即$\sigma = -\sigma'$时，$E_{\text{misfit}} = 0$；E_{hb}为有强极性化合物存在下的氢键相互作用能，该经验公式对氢键相互作用进行了合理的描述，参数c_{hb}和σ_{hb}可进行适当调节。

如果 $p_{\mathrm{S}}(\sigma)$ 和 $p^{\mathrm{X}}(\sigma)$ 分别为溶剂 S 和溶质 X 表面组成相对于极化电荷密度 σ（σ-profile）的函数，溶质 X 在溶剂 S 中的（伪）化学势可以表示为

$$\mu_{\mathrm{S}}^{\mathrm{X}}=\int \mu_{\mathrm{S}}(\sigma)\, p^{\mathrm{X}}(\sigma)\,\mathrm{d}\sigma+\mu_{\mathrm{S,comb}}^{\mathrm{X}} \tag{2-55}$$

其中，公式后半部分是溶质对溶剂尺寸大小的贡献，也被认为是组合贡献。热力学的分子相互作用则包含在式（2-55）的第一部分。溶剂特定函数 $\mu_{\mathrm{S}}(\sigma)$ 表示的是溶剂在溶质 X 的表面作用下的一个合集，$p_{\mathrm{S}}(\sigma')$ 表示的是在溶剂 S 中极化电荷在极化表面的自由能，在成对相互作用的表面假设下，溶剂特定函数可以从式（2-56）精确计算：

$$\mu_{\mathrm{S}}(\sigma)=-kT\ln\left[\int \frac{p_{\mathrm{S}}(\sigma')}{A_{\mathrm{S}}}\exp\left\{-\frac{E(\sigma,\sigma')-\mu_{\mathrm{S}}(\sigma')}{kT}\right\}\mathrm{d}\sigma'\right] \tag{2-56}$$

COSMO-RS 模型使用局域组成的概念来计算纯组分及其在混合物中的化学势。作为初始步骤，对所有分子进行量子化学 COSMO 计算，并且将结果存储在数据库中。分子表面屏蔽电荷密度是 COSMO-RS 模型中一个非常重要的概念，一般由量化计算产生。在单独的步骤中，COSMO-RS 模型使用存储的 COSMO 结果来计算液体溶剂或混合物中分子的化学势，从而计算出剩余活度系数。另外，量子化学计算式可以同时得到分子的表面积（molecular surface）A_i 和总的空腔体积（cavity volume）V_i，利用上述两个信息来计算组合活度系数。开发该方法以提供不需要系统特定调整的一般预测方法。COSMO-RS 模型的预测溶解度如式（2-57）所示：

$$\ln x_i=\ln\left\{\exp\left[\left(\mu_i^{\mathrm{pure}}-\mu_i^{\mathrm{solvent}}-\Delta G_{\mathrm{fusion}}\right)/RT\right]\right\} \tag{2-57}$$

式中，$\Delta G_{\mathrm{fusion}}$ 为吉布斯自由能；μ_i^{pure}、μ_i^{solvent} 分别为纯化合物 i 的化学势和纯化合物 i 在溶剂中无限稀释时的化学势。

COSMO-RS 模型的优势是仅需要一些可调的元素参数就能预测指定体系的溶解度数据。

2）COSMO-SAC 模型

在 COSMO-RS 模型的基础上，为了克服该模型不符合热力学一致性的边界条件，Lin 等[27]结合 GCS 模型（group contribution salvation model）理论，即分子基团贡献溶剂化效应提出了符合热力学一致性并具有预测性的 COSMO-SAC（conductor-like screening model segment activity coefficient）模型，从节活度系数出发预测物质的活度系数。节活度系数 Γ 可以从极化电荷密度相关的式子中计算得到：

$$\ln \Gamma_k(\sigma_m) = -\ln\left\{\sum_{\sigma_n} p_k(\sigma_n)\Gamma_k(\sigma_n)\exp\left[\frac{-\Delta W(\sigma_n,\sigma_m)}{kT}\right]\right\} \tag{2-58}$$

式中，下标 k 为涉及的溶液（$k=i$ 表示纯溶剂，$k=S$ 表示混合溶剂 S）；ΔW 为测量能量的相同区域 a_{eff} 的两个表面片段之间的相互作用；σ_m 和 σ_n 分别为两个片段的电荷密度。

$$\Delta W(\sigma_n,\sigma_m) = \frac{0.096 a_{\text{eff}}^{3/2}}{\varepsilon_0}(\sigma_m+\sigma_n)^2 + c_{\text{hb}}\max[0,\sigma_{\text{acc}}-\sigma_{\text{hb}}][0,\sigma_{\text{don}}+\sigma_{\text{hb}}] \tag{2-59}$$

式中，ε_0 为空腔的介电常数；c_{hb} 为氢键相互作用的参数；σ_{hb} 为氢键相互作用的截止值；σ_{acc}、σ_{don} 分别为 σ_m 和 σ_n 的最大值和最小值。因此，在 COSMO-RS 模型中，组分 i 的活度系数可以表述为

$$\ln\gamma_i^{\text{COSMO-SAC}} = \frac{A_i}{a_{\text{eff}}}\sum_{\sigma_m} p_i(\sigma_m)\left[\ln\Gamma_S(\sigma_m) - \ln\Gamma_i(\sigma_m)\right] + \ln\gamma_{i/S}^{\text{SG}} \tag{2-60}$$

式中，$\ln\gamma_{i/S}^{\text{SG}}$ 来源于 Staverman-Guggenheim 的组合活度系数模型来计算空腔自由能的片段活度系数贡献：

$$\ln\gamma_{i/S}^{\text{SG}} = \ln\frac{\phi_i}{x_i} + 5q_i\ln\frac{\theta_i}{\phi_i} + l_i - \frac{\phi_i}{x_i}\sum_j^c x_j l_j \tag{2-61}$$

$$\phi_i = \frac{r_i x_i}{\sum_j r_j x_j} \quad \theta_i = \frac{q_i x_i}{\sum_j q_j x_j} \tag{2-62}$$

$$l_i = 5(r_i - q_i) - (r_i - 1) \tag{2-63}$$

此部分活度系数的计算方式与 UNIQUAC 模型中的组合活度系数部分相似，但是公式中 r 和 q 等参数不同于 UNIQUAC 模型中的值，该部分从每种混合物的 COSMO 计算中得到分子体积与表面积数值，从而得到 r 和 q，并代入式(2-61)计算组合活度系数。

5. *其他方法*

1) 人工神经网络法

人工神经网络法(artificial neural network，ANN)是 20 世纪 80 年代以来人工智能领域兴起的研究热点。人工神经网络是一个能够自我学习，并且进行总结归

纳的系统，它主要通过已知的实验数据运用一定方法来学习和归纳总结。人工神经网络通过对一些局部情况的对照比较(这些比较也是基于不同情况的自动学习及实际要解决的问题的复杂性)，推理产生一个可以自动识别的系统。另外，基于符号系统下的学习方法也具有推理功能，只是它们是创建在逻辑算法的基础上，这种学习方法若能够推理，需要一份推理算法的合集来作为基础。

人工神经网络法的主要工作原理是通过对训练样本及各个层的权重进行校正而创建模型，该过程又被称为自动学习过程。具体的学习方法会因网络结构和模型的不同而不同，目前常用反向传播算法来验证。

1980 年之后，Hopfield[28]的开创性工作大大地推动了人工神经网络的研究及应用。现在人工神经网络已经成为解决化学问题的一种重要化学计量学手段之一。自 1986 年起，Rumelhart 等[29]的研究工作和 Lippmann[30]文章的发表，使得神经网络计算在化学、生物化学、化学工程和药物学等领域的应用迅速增长。

溶解度作为一项重要的热力学数据，一直是化学学科中研究的重点。然而，通过实验测量获得实验数据耗时耗力，人工神经网络法通常能够关联复杂多变的情况，目前被广泛应用于物质溶解度的预测。与其他方法相比，人工神经网络法在物质溶解度预测上具有操作简单、预测结果精度高等特点，但是对于输入变量的选择、隐含层节点数的确定，以及如何避免局部最优问题等还需进一步建立系统的理论指导。目前常被用来预测物质溶解度的主要为前馈式神经网络，包括反向传播(back propagation，BP)神经网络、小波神经网络、径向神经网络等。

2) QSAR/QSPR 模型

通过化合物的拓扑指数和化合物的理化性质建立的定量结构-活性/性质关系(quantitative structure-activity/property relationship, QSAR/QSPR)是在化学和生物科学与工程中使用的回归或分类模型，是目前在人工神经网络应用中最活跃的领域之一[31, 32]。与其他回归模型一样，QSAR 回归模型将一组“预测变量”(X)与响应变量(Y)的效力相关联，而分类 QSAR 模型将预测变量与响应变量的类别值相关联。QSPR 模型在预测溶解度领域也有着较为广泛的应用。为了提高其预测的精确度，QSPR 模型通常引入不同的参数，结合其他参数来预测化合物的溶解度。其中，QSPR 模型考虑的因素主要有：内部溶解度、未解离酸的溶解度、Chaton's 空间参数、Hansch 疏水参数、相对分子质量、多种量子化学描述符等。

3) LFER 模型

LFER(linear free-energy relationship)是由 Abraham 等[33, 34]提出的表明溶质在水相和其他溶剂相分配的线性自由能相关模型。该模型的主要形式如下：

$$p^{X}=\frac{S_{s}}{S_{w}} \tag{2-64}$$

式中，p^{X} 为溶质在溶剂相和水相的溶解度分配系数。式(2-64)成立需要满足以下条件：①溶质在水相和有机相中都能溶解，并且溶解过程中没有水合物或者其他溶剂化合物形成。对于具有多晶型的溶质，在两相中形成的晶型要求一致。②溶质在水相和有机相的活度系数需要在相同的数量级，即不能在某一相中处于可溶状态。③该方程要求两相中的化学物质相同，对于容易发生电离的物质，要求其处于未分解状态。

另外，实验中测定的溶解度经过不同模型的关联拟合以后会得到相应的预测值，有实验值和预测值的各种偏差，包括均方根差(RMSD)、相对偏差(RD)和相对平均偏差(RAD)：

$$\mathrm{RMSD}=\left[\frac{\sum_{i=1}^{N}(x_{c}-x_{e})^{2}}{N}\right]^{1/2} \tag{2-65}$$

$$\mathrm{RD}=\frac{x_{c}-x_{e}}{x_{e}} \tag{2-66}$$

$$\mathrm{RAD}=\frac{1}{N}\sum_{i=1}^{N}\left|\frac{x_{c}-x_{e}}{x_{e}}\right| \tag{2-67}$$

式(2-65)中，N 为总的实验点个数；x_{c} 和 x_{e} 分别为溶质在混合溶剂中的溶解度和实验测定的溶解度数据。

2.1.3　介稳区

一般地，介稳区宽度用极限过饱和度和极限过冷度来表达，是过饱和溶液稳定性的重要指标。在实际工业结晶器的设计、操作及结晶工艺的优化等方面，介稳区相关性质有着极其重要的意义。

如图 2-1 所示，不稳定区在超溶解度曲线 EF 以上，称为自发成核的发生区域。未饱和的溶液占据在溶解度曲线 PQ 以下的稳定区，晶体在这个区域是不会出现的。过饱和状态的溶液占据曲线 EF 和 PQ 之间的区域，该区域称为介稳区，此时溶液中如果存在晶种，其就会长大，但是不会出现自发成核的现象。曲线 EF 和 PQ 之间的距离称为介稳区宽度，其在数值上是极限过饱和浓度与平衡浓度之间的差值，表达式为 $\Delta C=C-C^{*}$，由介稳区宽度数值的大小可以判断过饱和溶液稳定性，介稳区宽度越大溶液越稳定。介稳区宽度在数值上也可以用最大过饱和度ΔC_{max}(垂直距离)、最大过冷度Δt_{max}(水平距离)或者最大过饱和温度ΔT_{max}表示，式(2-68)表示出了最大过饱和度和最大过饱和温度间的关系[35]：

$$\Delta C_{max}=\left(\frac{dC^*}{dT}\right)\Delta T_{max} \tag{2-68}$$

式中，C^*为溶液平衡浓度；dC^*/dT为溶解度曲线斜率。

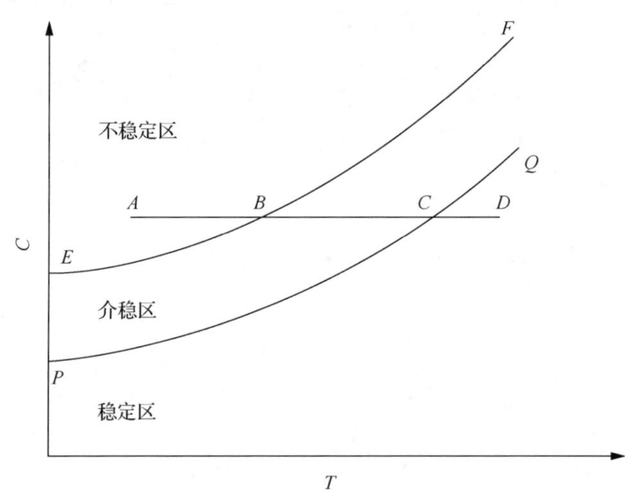

图 2-1　介稳区示意图

介稳区宽度越大，表明结晶物系越稳定，但是相同物系在不相同的条件下，介稳区宽度也是不同的。当不在介稳区内进行结晶操作时，结晶操作不仅难以控制，而且晶体产品品质较差。所以，在工业结晶操作过程中，要保证结晶过程在介稳区内进行，避免自发成核，从而可以得到平均粒度大且品质好的晶体产品。介稳区宽度大小的正确测定，是确定结晶操作条件的关键因素之一，溶液介稳区宽度实际数据的采集不仅是选择适当操作条件的依据，而且是结晶器设计和结晶过程模拟计算的重要参数。操作过程中结晶介稳区宽度可以为适当过饱和度的选择提供一定的理论依据，对结晶工艺的优化有着重要的意义，是工业结晶器设计时的重要参数之一。

理论上，介稳区宽度可以用极限过饱和度或极限过冷度来表示，其测量方法根据判断晶核出现时机方法的不同而分为直接法、间接法和诱导期法。

1. 直接法

直接法即通过直接检测结晶系统中微小细晶出现的时机来确定物质的介稳区，根据采用的设备不同，该方法又可以分为目测法、Coulter 计数法和激光法。

目测法能检测粒度为 5～10μm 的粒子，但实验结果重现性较差，首批晶核出现的时机明显滞后于其出现的真实时机。

Coulter 计数仪能检测出粒度为 1～2μm 的晶体，但 Coulter 计数仪在测量微粒时本身噪声较大，导致其测量精度也很差。

近年来随着激光技术的发展而出现的激光法是依据出晶前后透过过饱和溶液的发光强度的变化情况来检测首批晶核出现的时机。该法简便易行，且动态响应快、灵敏度高、适应范围广、准确度高，因此得到了越来越广泛的应用。

2. 间接法

间接法是通过监测出晶点前后结晶物系物理化学性质，如电导率、折射率、浊度等的变化来确定晶核出现的时机，从而确定结晶物系的介稳区。因此此方法可分为电导率测定法、折射率测定法、浊度测定法、超声波法。在实际应用中，首批出现的晶核质量往往非常小，由此而引起的物理化学性质的变化不是很明显，所以上述方法均很难准确判断出首批晶核出现的真实时刻。

3. 诱导期法

诱导期法通过测定成核诱导期来确定溶液的超溶解度，该方法的理论根据来自于式(2-69)和式(2-70)：

$$\ln t_{\mathrm{ind}} = K_{\mathrm{ind}} - K_{\mathrm{N}} \ln S \tag{2-69}$$

$$K_{\mathrm{ind}} = \ln \frac{\Delta C}{m_{\mathrm{N}} K_{\mathrm{b}} C^{*} K_{\mathrm{N}}} \tag{2-70}$$

式中，t_{ind} 为成核过程的诱导期；K_{N} 为成核阶数；S 为过饱和度；m_{N} 为晶核的质量；K_{b} 为成核速率常数。

用这种方法测定物质所在体系的介稳区宽度时，首先需要测定不同的过饱和度之下的诱导期，即 t_{ind}，将实验获得的数据用 $1/t_{\mathrm{ind}}$ 对相应的过饱和度进行作图，并将所得到的图形外推延伸至 $1/t_{\mathrm{ind}}=0$ 处，此时横坐标就表示极限过饱和度，进一步可以确定介稳区宽度[36]。实际操作中，该方法的主要问题也在于如何检测首批晶核出现的真正时机以准确确定诱导期的长短。

根据文献[37]，对于溶液的介稳区宽度的处理，可以采用以下关联式：

$$\frac{\Delta T}{T} = k_0(1 - k_1 x) = k_0 - k_2 x \tag{2-71}$$

式中，k_0、k_1、k_2 为模型参数；x 为溶剂质量分数，%。

介稳区宽度的测量，特别是成核机理的研究，至今仍是人们比较关注的课题，所用的各种方法都有可争议之处。若能使用更为精确的方法来检测首批晶核的出现，则所得的介稳区宽度就会窄一些，因此结晶物系的介稳区宽度的测定关键在于检测手段的精度，以判断出过饱和溶液中首批晶核出现的真实时机，采用的仪器越精密，则介稳区宽度的测量值会越接近真实值。

2.1.4 结晶动力学

1. *初级成核*

初级成核可以分为非均相初级成核和均相初级成核两类[38]。均相初级成核发生的条件是溶液达到高度过饱和且没有晶体或杂质存在；而非均相初级成核是指溶液中存在外来杂质粒子(如大气中的灰尘、添加剂等)时能够自发产生晶核的过程，表面成核、接触成核及二次成核等属于非均相初级成核。在过饱和度较低的情况时，主要发生磨损成核；过饱和度较高时，则主要发生活性成核，它包括均相成核、非均相成核和表面成核[39]。

溶质分子、原子或者离子等一些运动单元通过迅速移动互相碰撞后结合在一起形成线体，其具体形成过程如下：

$$
\begin{gathered}
N_1 + N_1 \rightleftharpoons N_2 \\
N_2 + N_1 \rightleftharpoons N_3 \\
N_3 + N_1 \rightleftharpoons N_4 \\
\vdots \\
N_{m-1} + N_1 \rightleftharpoons N_m
\end{gathered}
$$

随着 m 逐渐增大，当达到某一程度时就得到晶胚，晶胚一旦生长到其大小超过相对应过饱和度下的临界微粒大小，这些晶胚就能够在溶液中稳定存在[40]，然后朝着晶核和晶体的方向继续生长。

初级成核为自发成核，溶液必须具有很高的过饱和度，所以它的成核速率一般情况下比较大，由此所引起的过饱和度的快速变化常常会导致结晶过程难以控制[41]，正因如此，在工业结晶生产过程中通常避免初级成核的发生，二次成核被认为是最理想的成核方式。

2. *二次成核*

受到晶浆中存在的宏观晶体的影响而形成晶核的这一现象，称为二次成核或者次级成核。在过饱和溶液中形成晶核之前向其中加入晶种能够诱导生成晶核。工业结晶过程中，二次成核已经被认为是成核最主要的来源。二次成核的机理比较复杂，学术界至今没有达成统一的认识，其中最常见的一种观点是把二次成核划分为两大类，接触成核和不接触成核。接触成核指的是晶体和外部物件如器壁、搅拌桨或者其他晶体相互碰撞时产生碎片微粒，这些碎片微粒会再成为新的晶核。不接触成核指的是当溶液流过晶体表面时因为剪应力存在会扫落一部分细小的结晶微粒，这部分结晶微粒就会再成为新的晶核。

接触成核在工业领域占有重要的地位，影响接触成核的因素很多，主要有过饱和度、碰撞能量、搅拌桨、晶体粒度等。在工业结晶生产中，主要的成核方式是二次成核，它是影响产品粒度及产品品质的重要因素之一[42]。

通常情况下使用成核经验公式来表示结晶的操作参数[43]（溶液的温度、晶浆悬浮密度及流体机械作用等）对二次成核速率的影响。实验数据通常用以下含有指数的经验方程式来进行关联[44, 45]：

$$B = k_{\mathrm{n}} G^{i} M^{j} \tag{2-72}$$

$$k_{\mathrm{n}} = k n_{\mathrm{p}} \tag{2-73}$$

式中，B 为二次成核速率，$\mathrm{m^{-3}\cdot s^{-1}}$；$k_{\mathrm{n}}$ 为二次成核速率常数，量纲一；M 为晶浆悬浮密度，kg 晶体·($\mathrm{m^3}$ 悬浮液)$^{-1}$；k 为成核速率常数，主要是物系的函数，同时也是搅拌桨结构及转速的函数，温度对其也有影响，通常情况下，当温度较高时，k 有所减小；n_{p} 为搅拌桨转速，$\mathrm{s^{-1}}$；i、j 为经验动力学参数，$0.5 \leqslant i \leqslant 3$，$0.4 \leqslant j \leqslant 2$。

经验动力学参数 i 将成核速率和生长速率关联起来，它对于建立产品的平均粒度与结晶器内晶浆停留时间两者之间的关系至关重要。

3. 晶体生长

在结晶过程中，当晶核生成后，过饱和度作为结晶过程的推动力，溶液中的分子或者离子就会不间断地在晶核表面一层层逐渐排列，使晶体慢慢地长大，这就是晶体生长。晶体生长速率与过饱和度、晶体表面宏观性质、溶剂的性质、杂质等多方面因素都有关。

在化工领域中，普遍运用的晶体生长学说是成熟的三步法理论。该理论认为，晶体的生长过程主要包括三个步骤：①溶质扩散过程：结晶的溶质通过扩散穿越晶体表面处的静止溶液层，从溶液中转移到晶体表面；②表面反应过程：晶体表面的溶质嵌入晶面，晶体会慢慢长大；③热传递过程：放出的结晶热借助传导再回到主体溶液中。

晶体的生长速率可以用晶面的线性生长速率表示，或者也可以表示为晶体质量随时间的变化。不管是晶面线性生长速率还是后一种晶体生长的质量速率，二者都主要由溶液的过冷度或者过饱和度决定，当然也会取决于其他因素，如温度、液相的搅拌强度及各种场的作用等[46]。

晶体的线性生长速率 G：

$$G=\left[\left(\frac{M_{\mathrm{s}}}{M}\right)^{\frac{1}{3}}-1\right]\frac{L_{\mathrm{s}}}{\tau} \tag{2-74}$$

式中，M 为晶种的质量，g；M_{s} 为晶体的质量，g；L_{s} 为筛子孔径，μm；τ 为停留时间，min。

式(2-74)变形得

$$G=\left[\left(\frac{M_{\mathrm{s}}}{M}\right)^{\frac{1}{3}}-1\right]\frac{r}{2\tau} \tag{2-75}$$

晶体的生长是以过饱和度为推动力，当过饱和溶液中有晶核形成或者加入晶种后，晶核或晶种就会逐渐长大。实验得到的结晶产品通过筛分，最终得到晶体产品的粒度分布。根据筛分结果，可绘制筛下(或者筛上)累积质量分数与筛孔尺寸的关系曲线，此关系线可表达晶体粒度分布。但是更常用的简便方法是以中间粒度(MS)与变异系数(CV)之比来表达粒度分布。CV 值为一统计量，它与 Gaussian 分布的标准偏差相关，计算公式如下：

$$\mathrm{CV}=\frac{100(\mathrm{PD}_{84\%}-\mathrm{PD}_{16\%})}{2\mathrm{PD}_{50\%}} \tag{2-76}$$

式中，$\mathrm{PD}_{84\%}$表示筛下累积质量分数为 84%的筛孔尺寸，也就是说，筛析的晶体产品中，粒度小于 $\mathrm{PD}_{84\%}$的晶体，其质量占 84%。$\mathrm{PD}_{16\%}$、$\mathrm{PD}_{50\%}$的含义依此类推。对于一个晶体样品，其粒度分布的 CV 值越大，表明其粒度分布范围越广，即晶体的粒度越参差不齐；反之，其 CV 值越小，则其粒度分布越窄，即晶体的粒度较为均一。显然，当晶体样品的粒度完全相同时，其 CV 值等于零。

4. 结晶速率的影响因素

对结晶过程操作进行准确控制，可以提高晶体产品纯度、改变晶体形貌，能较好地控制晶体颗粒大小及粒度分布等。在结晶过程中，晶体的生长是十分复杂的，影响结晶速率的因素主要有溶液过饱和度、溶液物理性质、流动情况、机械作用、电场与磁场等。

1) 过饱和度的影响

无论是使晶核能够产生或使晶核长大，都必须有一个推动力，这个推动力就是浓度差，即溶液的过饱和度。过饱和度的大小直接影响着晶核形成过程和晶体生长过程的快慢，而这两个过程的快慢又影响着结晶产品中晶体的粒度及粒度分布[47]，因此过饱和度是考虑结晶问题时的一个重要因素。

2) 黏度的影响

溶液黏度大，流动性差，溶质向晶体表面的质量传递主要靠分子扩散作用。这时，晶体的顶角和棱边部位比晶面部位更容易获得溶质，而出现晶体棱角长得快、晶面长得慢的现象，结果会使晶体长成形状特殊的骸晶。

3) 密度的影响

晶体周围的溶液因溶质不断析出而使局部密度下降，结晶放热作用又使局部的温度较高而加剧了局部密度下降。在重力场的作用下，溶液的局部密度差会造成溶液的涡流，如果这种涡流在晶体周围分布不均，就会使晶体在溶质供应不均匀的条件下生长，结果会使晶体生长成形状歪曲的歪晶。

4) 位置的影响

在有足够自然空间的条件下，晶体的各晶面都将按生长规律自由地生长，获得有规则的几何外形。当晶体的某些晶面遇到其他晶体或容器壁面时，这些晶面就无法生长。

5) 机械作用的影响

机械作用于晶核出现的速度与晶体生长速率有明显的影响，如振动、在过饱和溶液中发生的表面相互冲击、搅拌[48]。搅拌是常用的一种促进晶体成核与生长的措施，同时搅拌也是影响结晶粒度分布的重要因素。搅拌强度大会使介稳区变窄，同时增加晶体与晶体、晶体与壁面碰撞的次数，并增大碰撞的能量，使二次成核速率增加，晶体粒度变细。温和而均匀的搅拌，则是获得粗颗粒晶体的重要条件。

其他条件，如晶种条件、降温速率、陈化时间、温度、物理场等均会影响结晶速率，本部分内容将在第 3 章详细阐述。

双氰胺结晶动力学的研究，有利于控制双氰胺晶体粒度分布(CSD)和品质，也是结晶器的分析、设计、模拟及操作的主要依据。同时双氰胺结晶动力学和流体力学等共同奠定了工业结晶过程模拟和晶型预测的基础。在晶体晶型预测和结晶过程的模拟中，动力学相关研究也不可缺少。各类溶液结晶方法，如蒸发结晶、冷却结晶、反应结晶、盐析结晶等，均在实际生产中有应用，但是关于双氰胺结晶动力学方面的研究目前还尚未见报道。双氰胺结晶动力学的研究，对优化双氰胺结晶工艺和指导工业生产都具有重要的意义。本章将对双氰胺结晶过程的动力学进行系统研究，为其结晶工艺的优化提供理论基础。

5. 成核动力学理论模型

采用介稳区宽度评估成核动力学的模型较多，如 Nývlt 模型[49]、Kubota 模型[50]、self-consistent Nývlt-like 模型[51, 52]、Sangwal 模型[53]、修复 Sangwal 模型[54]及经典 3D 成核模型等。

为保持本书的完整性和系统性，此处简要介绍 self-consistent Nývlt-like 模型、经典 3D 成核模型及 Kubota 模型。

1) self-consistent Nývlt-like 模型

Nývlt 方程常被用来估算成核动力学，可以用式(2-77)表达：

$$\ln\Delta T_{\max}=\frac{1-m}{m}\ln\left(\frac{\mathrm{d}c}{\mathrm{d}T}\right)_T-\frac{1}{m}\ln k+\frac{1}{m}\ln b \tag{2-77}$$

式中，$\Delta T_{\max}$为饱和温度 T_0 和成核温度 $T_{\lim}$ 之间的差值；c 为溶解度，$\mathrm{mol\cdot mol^{-1}}$；$T$ 为热力学温度，K；m 为近似成核级数；k 为成核速率常数；b 为降温速率，$\mathrm{K\cdot h^{-1}}$。

式(2-77)用来关联 $\ln\Delta T_{\max}$ 对 $\ln b$ 的线性关系，此线性关系实际上是介稳区宽度和降温速率之间的关系。Sangwal 等[37]也提出了一种可以分析由等温法测定晶体成核的介稳区宽度的简单方法，此法中，成核速率定义为

$$J=k(\ln S_{\max})^m \tag{2-78}$$

溶液过饱和度和介稳区宽度之间的关系可表达为

$$\ln S_{\max}=\ln\frac{c_0}{c_{\lim}}=\frac{\Delta H_{\mathrm{d}}}{RT_0}\frac{\Delta T_{\max}}{T_{\lim}} \tag{2-79}$$

式中，$c_{\lim}$ 为成核温度下的溶液浓度，$\mathrm{mol\cdot mol^{-1}}$；$c_0$ 为饱和温度下的溶液浓度，$\mathrm{mol\cdot mol^{-1}}$；$\Delta H_{\mathrm{d}}$ 为溶解焓，$\mathrm{kJ\cdot mol^{-1}}$；$R$ 为摩尔气体常量，$\mathrm{J\cdot mol^{-1}\cdot K^{-1}}$。

$$\lambda=\frac{\Delta H_{\mathrm{d}}}{RT_0} \tag{2-80}$$

$$u=\frac{\Delta T_{\max}}{T_0} \tag{2-81}$$

根据式(2-78)～式(2-81)，成核速率 J 的表达式可以写成：

$$J=k\left(\frac{\lambda u}{1-u}\right)^m \tag{2-82}$$

而且，成核速率 J 与溶液过饱和度的变化速率 $\Delta c/c_0$ 与时间的变化成比例。

$$J = f\frac{\Delta c}{c_{\lim}\Delta t} = f\frac{\Delta c}{c_{\lim}\Delta T}\frac{\Delta T}{\Delta t} = f\frac{\lambda}{1-u}\frac{b}{T_0} \tag{2-83}$$

式中，f 为比例系数，由式(2-81)～式(2-83)可以推导出式(2-84)：

$$\ln u = \varphi + \beta \ln b \tag{2-84}$$

$$\varphi = \frac{1-m}{m}\ln\frac{\lambda}{1-u} + \frac{1}{m}\ln\frac{f}{kT_0} \tag{2-85}$$

$$\beta = \frac{1}{m} \tag{2-86}$$

因此，成核级数 m 和 $\ln(f/kT_0)$ 可以通过以 $\ln u$ 对 $\ln b$ 作图得到。

2) 经典 3D 成核模型

在经典的 3D 成核模型中，成核速率 J 定义为

$$J = A\exp\left[\frac{-B}{(\ln S)^2}\right] \tag{2-87}$$

式中，A 为指前因子；B 为热力学参数，与晶体的成核有关。

$$B = \frac{16\pi}{3}\left(\frac{\gamma\Omega^{2/3}}{k_B T_{\lim}}\right)^3 = \frac{16\pi}{3}\left(\frac{\omega}{1-u}\right)^3 \tag{2-88}$$

$$\omega = \frac{\gamma\Omega^{2/3}}{k_B T_0} \tag{2-89}$$

式中，γ 为固液相界面能，$mJ \cdot m^{-3}$；Ω 为溶质的分子体积，m^3；k_B 为玻尔兹曼常量，等于 R/N_A(N_A 指阿伏伽德罗常量)。

根据式(2-79)～式(2-81)、式(2-84)和式(2-88)可以得到：

$$\frac{1}{(1-u)u^2} \approx u^{-2} = \frac{X}{\psi} - \frac{1}{\psi}\ln b = F(1 - Z\ln b) \tag{2-90}$$

$$F = \frac{X}{\psi} = \frac{1}{Z\psi}, \quad Z = \frac{1}{X} \tag{2-91}$$

$$\psi = \frac{16\pi}{3} \times \frac{\omega^3}{\lambda^2} \tag{2-92}$$

$$Z = \frac{1}{X} = \ln\left[\frac{f}{AT_0} \times \frac{\lambda}{1-u}\right] \tag{2-93}$$

根据以上表达式，斜率 Z 和截距 F 可以由 u^{-2} 对 $\ln b$ 作图得到，在后面的计算中，上面计算的截距和斜率用于估算双氰胺在不同溶剂中成核需要的活化能。

3) Kubota 模型

介稳区首次被 Kubota 等[55]提出，当以一定的降温速率对溶液进行降温，溶液中起始的晶体数密度 $(N/V)_{\text{primary}}$ 达到了可检测的数密度 $(N/V)_{\text{det}}$ 时晶体就会结晶析出，这种临界的晶体数密度之间的差异与溶液介稳区相对应。除了以上提到的两种成核模型，Kubota 还提出了另外一种成核模型，用以解释特定体系介稳区宽度对温度的依赖性。由于 Kubota 模型是基于 Nývlt 模型的假设，因此 Nývlt 模型存在的限制在这个成核模型中也是同样存在的。成核速率为

$$J_{\text{n}} = k_{\text{n}} (\Delta T_{\max})^m \tag{2-94}$$

式中，k_{n} 为成核速率常数；$\Delta T_{\max}$ 为最大过冷度；m 为近似成核级数。

数密度随着成核时间的增加是一个定值。

$$\frac{N_m}{V} = \int_0^{N_m} \mathrm{d}\left(\frac{N}{V}\right) = \int_0^{t_m} J_{\text{n}} \mathrm{d}t \tag{2-95}$$

$$\frac{N_m}{V} = \int_0^{\Delta T_{\max}} \frac{J_{\text{n}}}{b} \mathrm{d}(\Delta T_{\max}) \tag{2-96}$$

$$\Delta T_{\max} = \left[\left(\frac{N_m}{k_{\text{n}} V}\right)(n+1)\right]^{1/(n+1)} b^{1/(n+1)} \tag{2-97}$$

$$\lg(\Delta T_{\max}) = \frac{1}{n+1} \lg\left[\left(\frac{N_m}{V}\right)(n+1)\right] + \frac{1}{n+1} \lg b \tag{2-98}$$

基于式(2-98)，从 $\lg(\Delta T_{\max})$ 对 $\lg b$ 的线性关系中推断晶体近似成核级数 m，根据相应的理论，最后由晶体的近似成核级数推算双氰胺在不同溶剂中的成核机理。

2.2 双氰胺结晶过程基础数据测定方法

2.2.1 双氰胺分析方法

双氰胺溶解度的分析采用苦味酸银盐法。

1. 反应机理

苦味酸银盐法的反应机理为

$$C_6H_3(NO_2)_3 + AgNO_3 + [H_2CN_2]_2 \longrightarrow C_6H_3(NO_2)_3 \cdot Ag \cdot C_2H_4N_4 + HNO_3$$

2. 试剂配制方法

(1) 称取 16g 苦味酸溶于 1000mL 水中，用时过滤。

(2) 氰胍苦味酸银饱和溶液的配制。称取双氰胺试样约 5g 于 1000mL 烧杯中，加水 200mL，滴入 1∶1(体积比，下同) 的 HNO_3 水溶液直至石蕊试纸呈酸性红色，加入 60mL 5% $AgNO_3$，再加入 500mL 苦味酸饱和溶液，并搅拌 3～5min，在(5±1)℃水中冷却 30min，以玻璃砂芯漏斗过滤。用水洗涤沉淀数次后，用乙醚洗两次，在 100℃烘箱中烘干备用。

称取烘干后的氰胍苦味酸银 0.2g，加水 500mL，制成饱和溶液，用时过滤取滤液。

3. 分析方法

称取 3～5g 试样于 500mL 容量瓶中并定容，吸取 50mL 于 400mL 烧杯中，加 100mL 苦味酸饱和溶液，强烈搅拌 5min，观察是否有黄色沉淀(如有需要过滤)，若无沉淀，则加 1∶4 的 HNO_3 水溶液 3～4 滴，10% $AgNO_3$ 15mL，用玻璃棒强烈搅拌到大量黄色沉淀析出为止。在(5±1)℃冷却 30min，用已恒重的玻璃砂芯漏斗过滤，以氰胍苦味酸银饱和溶液洗涤烧杯中沉淀 4 次，将沉淀移入漏斗中洗 2 次，再用乙醚洗 2 次，在 100℃烘箱中干燥至恒重。

双氰胺质量分数按式(2-99)计算：

$$X_1 = \frac{G_1 \times 0.2 \times 100}{G \times (100 - x)} \times 100 \tag{2-99}$$

式中，G_1 为沉淀质量，g；G 为样品质量，g；x 为水分含量，%。

2.2.2　熔点测定方法

取直径 1mm、长 4.5cm 的毛细管，将其一端固定，将研细干燥的双氰胺试样置于蜡光纸上，然后倒入毛细管中，轻轻振动，装至高约 0.3cm 为止，将毛细管用橡皮圈系于温度计上，使其装试样一端与温度计水银泡的中心在同一水平面上。然后将温度计装入试管中间，放入油浴中，加热使其在 10～15min 内达到 180℃，然后每分钟上升 2～5℃，待加热到 200℃时，每分钟上升 0.5℃，直至观察到毛细管中试样出现第一滴液体时记录温度，此为始融温度，到试样完全变成液体时，即为熔融温度。一般以始融温度为熔点，温度计露出试管外边应进行校正。熔点 T 按式(2-100)计算：

$$T = t + 0.00016N(t - t_1) \tag{2-100}$$

式中，t 为测定的熔点温度，℃；t_1 为露在传热面上部测定温度计周围的空气温度，℃；N 为露在传热面上部测定温度计的水银刻度数(当温度计 0℃刻度线恰好在液面时，$N=t$)；0.00016 为温度计的水银与玻璃的膨胀系数校正值。

Oshima[56]在 1951 年发表了一篇论文，论文中提到双氰胺的熔点温度为 206℃，本书用上述方法对双氰胺熔点温度进行测定，最终结果为 482.65K(209.50℃)。

2.3 双氰胺溶解度数据与关联

2.3.1 双氰胺在纯溶剂中的溶解度数据测定与关联

本节考察了溶剂分别为水、甲醇、乙醇、乙二醇、丙酮、*N,N*-二甲基甲酰胺，温度范围为 278.15～323.15K 下双氰胺的溶解度。双氰胺和纯溶剂相关参数见表 2-1。

表 2-1 双氰胺和纯溶剂相关参数

名称	CAS 号	分子式	相对分子质量/(g · mol^{-1})	$E_T(30)$ [57] /(kcal · mol^{-1})	纯度(质量分数)
双氰胺	461-58-5	$C_2H_4N_4$	84.08	—	>99%
甲醇	67-56-1	CH_3OH	32.04	55.4	>99.99%
乙二醇	107-21-1	$(HOCH_2)_2$	62.07	56.3	99.8%
丙酮	67-64-1	C_3H_6O	58.08	42.2	>99%
乙醇	64-17-5	C_2H_5OH	46.07	51.9	>99%
N,N-二甲基甲酰胺	68-12-2	$HCON(CH_3)_2$	73.09	43.2	>99%
水	7732-18-5	H_2O	18.02	63.1	去离子水

溶解度的相关数据列于表 2-2，对所研究的六种溶剂，双氰胺溶解度是温度的函数，在这六种溶剂中，双氰胺溶解度均随着温度的升高而增加。实验测得，在水中，双氰胺的溶解度由 3.034×10^{-3}(摩尔分数)增加至 26.523×10^{-3}；在甲醇中，双氰胺的溶解度由 14.098×10^{-3} 增加至 34.709×10^{-3}；在乙醇中，双氰胺的溶解度由 3.744×10^{-3} 增加至 9.703×10^{-3}；在乙二醇中，双氰胺的溶解度由 18.652×10^{-3} 增加至 120.422×10^{-3}；在丙酮中，双氰胺的溶解度由 7.438×10^{-3} 增加至 14.988×10^{-3}；在 *N,N*-二甲基甲酰胺中，双氰胺的溶解度由 183.493×10^{-3} 增加至 275.130×10^{-3}。温度相同时，双氰胺在有机溶剂中的溶解度为 *N,N*-二甲基甲酰胺中最大，乙醇中最小，顺序为 *N,N*-二甲基甲酰胺＞乙二醇＞甲醇＞丙酮＞乙醇。278.15K 时，双氰胺

在水中的溶解度低于乙醇和丙酮中的溶解度，但在 288.15K 时，双氰胺在水中的溶解度已超过其在乙醇中的溶解度，在 305K 左右，双氰胺在水中的溶解度超过其在丙酮中的溶解度。从测定的溶解度数据中可看出，双氰胺的溶解度不仅是温度的函数，其大小与溶剂的极性关系密切，溶剂极性以 $E_T(30)$ 表示，从表 2-1 中可看出，水、乙二醇、甲醇、乙醇、*N,N*-二甲基甲酰胺、丙酮的极性依次降低。

表 2-2　双氰胺在各种溶剂中的溶解度数据与计算值

T/K	10^3x_e	10^3x_{ideal}	10^2RD_{ideal}	$10^3x_{Apelblat}$	$10^2RD_{Apelblat}$	$10^3x_{\lambda h}$	$10^2RD_{\lambda h}$
水							
278.15	3.034	3.066	1.055	2.981	−1.744	3.008	−0.870
283.15	3.867	4.035	4.364	4.003	3.539	3.988	3.151
288.15	5.265	5.260	−0.103	5.294	0.537	5.236	−0.563
293.15	7.068	6.795	−3.864	6.899	−2.387	6.808	−3.678
298.15	8.915	8.702	−2.384	8.870	−0.509	8.772	−1.606
303.15	11.375	11.055	−2.812	11.256	−1.043	11.204	−1.505
308.15	14.112	13.935	−1.254	14.112	−0.002	14.190	0.552
313.15	17.174	17.436	1.524	17.488	1.827	17.827	3.801
318.15	21.035	21.663	2.985	21.436	1.906	22.222	0.848
323.15	26.523	26.735	0.799	26.004	−1.956	27.491	3.650
甲醇							
278.15	14.098	14.882	5.560	14.181	0.585	14.590	3.487
283.15	16.241	16.634	2.419	16.409	1.031	16.372	0.801
288.15	19.307	18.521	−4.071	18.726	−3.012	18.311	−5.161
293.15	20.983	20.547	−2.078	21.093	0.524	20.417	−2.696
298.15	23.107	22.714	−1.700	23.470	1.569	22.700	−1.761
303.15	26.398	25.028	−5.189	25.816	−2.203	25.172	−4.644
308.15	27.977	27.490	−1.739	28.092	0.411	27.843	−0.479
313.15	29.698	30.105	1.369	30.260	1.890	30.726	3.461
318.15	31.967	32.874	2.836	32.284	0.990	33.835	3.532
323.15	34.709	35.800	3.144	34.134	−1.655	37.185	3.947
乙醇							
278.15	3.744	3.594	−4.027	3.631	−3.014	3.634	−2.940
283.15	4.031	4.078	1.165	4.090	1.466	4.101	1.718
288.15	4.494	4.608	2.538	4.597	2.294	4.611	2.607
293.15	4.930	5.185	5.180	5.156	4.582	5.170	4.860
298.15	5.912	5.812	−1.696	5.770	−2.393	5.779	−2.256

续表

T/K	10^3x_e	10^3x_{ideal}	10^2RD_{ideal}	$10^3x_{Apelblat}$	$10^2RD_{Apelblat}$	$10^3x_{\lambda h}$	$10^2RD_{\lambda h}$
乙醇							
303.15	6.543	6.489	−0.828	6.446	−1.494	6.442	−1.549
308.15	7.382	7.220	−2.202	7.186	−2.661	7.164	−2.962
313.15	8.048	8.005	−0.530	7.996	−0.641	7.948	−1.242
318.15	8.827	8.848	0.235	8.883	0.630	8.800	−0.309
323.15	9.703	9.748	0.462	9.850	1.508	9.724	0.207
乙二醇							
278.15	18.652	18.993	1.828	18.827	0.939	18.779	0.679
283.15	24.496	23.970	−2.145	23.911	−2.387	23.852	−2.629
288.15	28.880	30.008	3.908	30.068	4.115	30.010	3.912
293.15	37.722	37.281	−1.171	37.459	−0.699	37.412	−0.823
298.15	48.040	45.980	−4.290	46.254	−3.720	46.224	−3.782
303.15	58.709	56.318	−4.073	56.636	−3.532	56.612	−3.572
308.15	65.533	68.527	4.570	68.797	4.982	68.740	3.873
313.15	80.525	82.863	2.904	82.940	2.999	82.759	2.774
318.15	99.519	99.602	0.083	99.275	−0.246	98.804	−0.718
323.15	120.442	119.042	−1.163	118.017	−2.014	116.984	−2.871
丙酮							
278.15	7.438	7.689	3.367	7.475	0.491	7.649	2.832
283.15	8.404	8.403	−0.007	8.336	−0.801	8.345	−0.691
288.15	9.231	9.155	−0.824	9.214	−0.186	9.089	−1.545
293.15	10.073	9.946	−1.259	10.099	0.265	9.882	−1.897
298.15	10.967	10.775	−1.750	10.983	0.146	10.727	−2.184
303.15	11.788	11.642	−1.235	11.855	0.570	11.629	−1.348
308.15	12.677	12.547	−1.023	12.707	0.237	12.590	−0.688
313.15	13.632	13.491	−1.037	13.531	−0.740	13.615	−0.127
318.15	14.391	14.472	0.565	14.320	−0.494	14.708	2.205
323.15	14.988	15.492	3.361	15.066	0.523	15.875	1.390
N,*N*-二甲基甲酰胺							
278.15	183.493	183.836	0.187	181.396	−1.143	183.751	0.141
283.15	190.400	193.865	1.820	193.135	1.436	193.499	1.628
288.15	204.835	204.064	−0.376	204.685	−0.073	203.521	−0.642
293.15	214.825	214.425	−0.186	215.986	0.541	213.821	−0.467
298.15	224.813	224.938	0.056	226.983	0.965	224.404	−0.182

续表

T/K	10^3x_e	10^3x_{ideal}	10^2RD_{ideal}	$10^3x_{Apelblat}$	$10^2RD_{Apelblat}$	$10^3x_{\lambda h}$	$10^2RD_{\lambda h}$
N,N-二甲基甲酰胺							
303.15	243.381	235.594	−3.200	237.624	−2.366	235.275	−3.331
308.15	248.171	246.384	−0.720	247.865	−0.123	246.439	−0.698
313.15	255.653	257.300	0.644	257.665	0.787	257.900	0.879
318.15	267.580	268.335	0.282	266.993	−0.220	269.666	0.779
323.15	275.130	279.479	1.581	275.817	0.250	281.741	2.403

x 指双氰胺的摩尔分数；标准不确定度用 u 表示，$u(x)$ =0.005，$u(T)$ =0.05K[58]；实验压力为当地大气压。

本节测定的双氰胺溶解度数据分别采用理想溶液模型、修复 Apelblat 模型、λh 模型进行模拟，其模型参数如表 2-3～表 2-5 所示。

表 2-3　理想溶液模型相关参数

溶剂	a	b	R^2	10^3RMSD	10^2RAD	$\Delta_{sol}H^\circ_m$/(kJ·mol^{-1})
水	9.76	−4325.44	0.9987	0.28	2.11	35.9617
甲醇	2.10	−1753.34	0.9861	0.78	3.01	14.5773
乙醇	1.54	−1993.40	0.9942	0.12	1.87	16.5729
乙二醇	9.22	−3666.10	0.9974	1.68	2.61	30.4800
丙酮	0.16	−1399.30	0.9938	0.21	1.44	11.6338
N,N-二甲基甲酰胺	1.31	−836.69	0.9903	3.15	0.91	6.9562

a、b 是理想溶液模型参数。

表 2-4　修复 Apelblat 模型相关参数

溶剂	a	b	c	R^2	10^3RMSD	10^2RAD
水	122.15	−9347.75	−16.77	0.9993	0.24	1.55
甲醇	195.32	−10388.20	−28.82	0.9967	0.40	1.37
乙醇	−40.47	−116.25	6.27	0.9946	0.13	2.07
乙二醇	44.29	−5233.66	−5.23	0.9975	1.78	2.56
丙酮	113.05	−6444.26	−16.84	0.9995	0.06	0.45
N,N-二甲基甲酰胺	54.78	−3226.20	−7.98	0.9939	2.37	0.79

a、b、c 是修复 Apelblat 模型的参数。

表 2-5　λh 模型参数

溶剂	λ	h	R^2	10^3RMSD	10^2RAD
水	0.37	1210.51	0.9987	0.39	2.02
甲醇	0.21	8007.63	0.9873	0.45	0.39
乙醇	0.06	29841.32	0.9920	0.13	2.06
乙二醇	8.72	440.34	0.9977	1.83	2.56
丙酮	0.04	28145.47	0.9942	0.19	1.49
N,N-二甲基甲酰胺	0.38	1620.97	0.9893	3.67	1.11

λ、h 是 λh 模型的参数。

双氰胺溶解度的测定值与计算值如图 2-2 所示。从图中可以看出计算值与实验值吻合度较高，理想溶液模型、修复 Apelblat 模型与 λh 模型的 RMSD 值分别为 6.22×10^{-3}、4.98×10^{-3}、6.66×10^{-3}，由各模型的 RMSD 值可知，修复 Apelblat 模型的拟合效果最好。

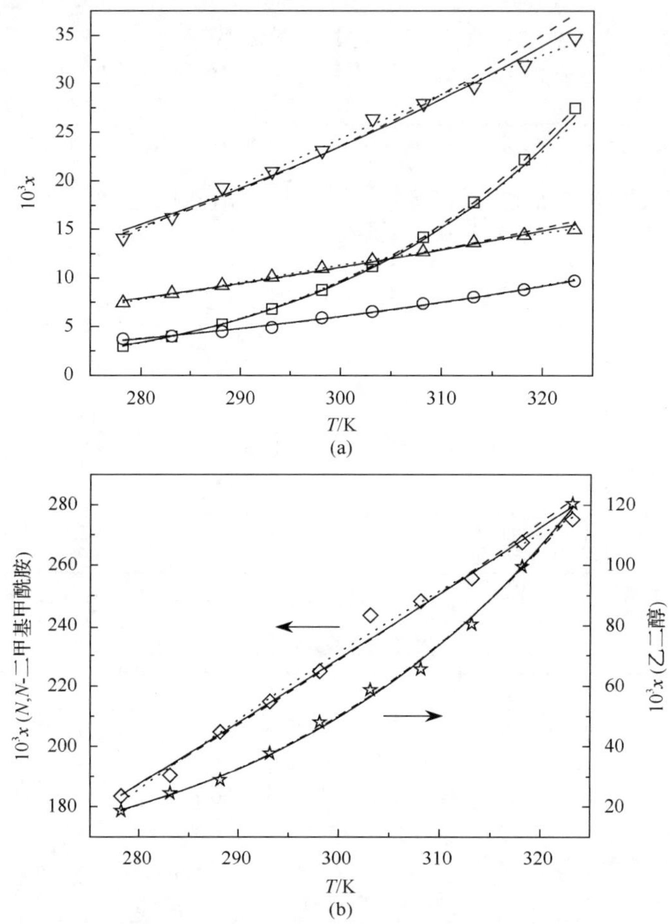

图 2-2　双氰胺在六种溶剂中的溶解度测定值与模型计算结果

实线是采用理想溶液模型的计算值，点线是采用修复 Apelblat 模型的计算值，虚线是采用 λh 模型的计算值；(a) □ 水，▽ 甲醇，○ 乙醇，△ 丙酮；(b) ☆ 乙二醇，◇ N,N-二甲基甲酰胺

双氰胺溶解过程的标准摩尔溶解焓与熵作为温度 T 的函数，可表示为[59]

$$\frac{\partial(\ln x)}{\partial(1/T)}=-\frac{\Delta_{\mathrm{sol}}H_{\mathrm{m}}^{\circ}}{R} \tag{2-101}$$

$$\Delta_{\mathrm{sol}}S_{\mathrm{m}}^{\circ}=RT\frac{\partial(\ln x)}{\partial T} \tag{2-102}$$

式中，R 是摩尔气体常量，$8.314\ \mathrm{J \cdot mol^{-1} \cdot K^{-1}}$。

上述两个方程可简化为

$$\Delta_{\mathrm{sol}} H_{\mathrm{m}}^{\circ} = -BR \tag{2-103}$$

$$\Delta_{\mathrm{sol}} S_{\mathrm{m}}^{\circ} = -\frac{BR}{T} \tag{2-104}$$

双氰胺溶解过程的标准摩尔焓与熵可采用式(2-103)和式(2-104)计算。摩尔吉布斯自由能采用式(2-105)计算：

$$\Delta_{\mathrm{sol}} G_{\mathrm{m}}^{\circ} = -RT \ln x \tag{2-105}$$

对 278.15～323.15K 下双氰胺在不同溶剂中溶解过程的标准摩尔溶解焓 $\Delta_{\mathrm{sol}} H_{\mathrm{m}}^{\circ}$、标准摩尔溶解熵 $\Delta_{\mathrm{sol}} S_{\mathrm{m}}^{\circ}$ 及标准摩尔溶解吉布斯自由能 $\Delta_{\mathrm{sol}} G_{\mathrm{m}}^{\circ}$ 进行计算，结果列于表 2-3、表 2-6 和表 2-7 中。在水、甲醇、乙醇、乙二醇、丙酮和 *N, N*-二甲基甲酰胺中，双氰胺的标准摩尔溶解焓 $\Delta_{\mathrm{sol}} H_{\mathrm{m}}^{\circ}$ 分别为 $35.9617\mathrm{kJ \cdot mol^{-1}}$、$14.5773\mathrm{kJ \cdot mol^{-1}}$、$16.5729\mathrm{kJ \cdot mol^{-1}}$、$30.4800\mathrm{kJ \cdot mol^{-1}}$、$11.6338\mathrm{kJ \cdot mol^{-1}}$、$6.9562\mathrm{kJ \cdot mol^{-1}}$，其在溶剂中由大到小的顺序为水＞乙二醇＞乙醇＞甲醇＞丙酮＞*N, N*-二甲基甲酰胺，即在 *N, N*-二甲基甲酰胺中最小，表明双氰胺在 *N, N*-二甲基甲酰胺中溶解需要相对较低的能量，同时也表明双氰胺在六种溶剂中最容易溶解于 *N, N*-二甲基甲酰胺中。标准摩尔溶解熵 $\Delta_{\mathrm{sol}} S_{\mathrm{m}}^{\circ}$ 在水、甲醇、乙醇、乙二醇、丙酮和 *N,N*-二甲基甲酰胺中的变化范围分别为 $111.2848 \sim 129.2888\mathrm{J \cdot mol^{-1} \cdot K^{-1}}$、$45.1099 \sim 52.4079\mathrm{J \cdot mol^{-1} \cdot K^{-1}}$、$51.2854 \sim 59.5825\mathrm{J \cdot mol^{-1} \cdot K^{-1}}$、$94.3215 \sim 109.5811\mathrm{J \cdot mol^{-1} \cdot K^{-1}}$、$36.0011 \sim 41.8255\mathrm{J \cdot mol^{-1} \cdot K^{-1}}$、$21.5263 \sim 25.0089\mathrm{J \cdot mol^{-1} \cdot K^{-1}}$，标准摩尔溶解吉布斯自由能 $\Delta_{\mathrm{sol}} G_{\mathrm{m}}^{\circ}$ 在水、甲醇、乙醇、乙二醇、丙酮和 *N,N*-二甲基甲酰胺中的变化范围分别为 $9.7519 \sim 13.4076\mathrm{kJ \cdot mol^{-1}}$、$9.0293 \sim 9.8554\mathrm{kJ \cdot mol^{-1}}$、$12.4534 \sim 12.9214\mathrm{kJ \cdot mol^{-1}}$、$5.6866 \sim 9.2081\mathrm{kJ \cdot mol^{-1}}$、$11.2854 \sim 11.3340\mathrm{kJ \cdot mol^{-1}}$、$3.4672 \sim 3.9211\mathrm{kJ \cdot mol^{-1}}$。无论是标准摩尔溶解焓 $\Delta_{\mathrm{sol}} H_{\mathrm{m}}^{\circ}$、标准摩尔溶解熵 $\Delta_{\mathrm{sol}} S_{\mathrm{m}}^{\circ}$，还是标准摩尔溶解吉布斯自由能 $\Delta_{\mathrm{sol}} G_{\mathrm{m}}^{\circ}$，均为正值，这也就是说，双氰胺在水、甲醇、乙醇、乙二醇、丙酮和 *N, N*-二甲基甲酰胺六种溶剂中的溶解是一个放热、非自发且熵增加的过程。三个热力学函数均是正值，可能是由于双氰胺分子间交互作用略强于溶剂与溶剂间、双氰胺分子与溶剂分子间的交互作用。

表 2-6　双氰胺在六种溶剂中的 $\Delta_{\mathrm{sol}} S_{\mathrm{m}}^{\circ}$ $(\mathrm{J \cdot mol^{-1} \cdot K^{-1}})$

T/K	水	甲醇	乙醇	乙二醇	丙酮	*N, N*-二甲基甲酰胺
278.15	129.2888	52.4079	59.5825	109.5811	41.8255	25.0089
283.15	127.0058	51.4825	58.5304	107.6461	41.0869	24.5673
288.15	124.8019	50.5892	57.5147	105.7782	40.3739	24.1410

续表

T/K	水	甲醇	乙醇	乙二醇	丙酮	N,N-二甲基甲酰胺
293.15	122.6733	49.7263	56.5338	103.9740	39.6853	23.7292
298.15	120.6161	48.8924	55.5857	102.2304	39.0198	23.3313
303.15	118.6267	48.0860	54.6689	100.5443	38.3762	22.9465
308.15	116.7019	47.3058	53.7818	98.9128	37.7535	22.5741
313.15	114.8385	46.5504	52.9231	97.3335	37.1507	22.2137
318.15	113.0337	45.8189	52.0914	95.8038	36.5669	21.8646
323.15	111.2848	45.1099	51.2854	94.3215	36.0011	21.5263

表 2-7 双氰胺在六种溶剂中的 $\Delta_{sol}G_m^{\circ}$（kJ·mol^{-1}）

T/K	水	甲醇	乙醇	乙二醇	丙酮	N,N-二甲基甲酰胺
278.15	13.4076	9.8554	12.9214	9.2081	11.3340	3.9211
283.15	13.0780	9.6994	12.9798	8.7320	11.2505	3.9046
288.15	12.5692	9.4564	12.9486	8.4918	11.2241	3.7985
293.15	12.0697	9.4177	12.9477	7.9881	11.2063	3.7483
298.15	11.7001	9.3392	12.7183	7.5250	11.1866	3.6996
303.15	11.2821	9.1603	12.6758	7.1457	11.1923	3.5616
308.15	10.9158	9.1625	12.5758	6.9819	11.1905	3.5704
313.15	10.5817	9.1557	12.5551	6.5588	11.1830	3.5510
318.15	10.2142	9.1072	12.5112	6.1033	11.2183	3.4871
323.15	9.7519	9.0293	12.4534	5.6866	11.2854	3.4672

2.3.2 双氰胺在二元混合溶剂中的溶解度测定与关联

1. 双氰胺+甲醇+水体系固液相平衡

双氰胺在甲醇质量分数为 0.100～0.600 的水溶液中的溶解度测定结果如表 2-8 与图 2-3 所示。

表 2-8 双氰胺在水+甲醇混合体系的溶解度及相关计算值

T/K	10^3x_e	修复 Apelblat 模型		λh 模型		五次方模型	
		$10^3x_{Apelblat}$	10^2RD	$10^3x_{\lambda h}$	10^2RD	10^3x_{fifth}	10^2RD
$w=0.100$							
283.15	4.14	4.15	0.3784	4.51	9.0993	4.14	−0.0325
293.15	7.11	7.21	1.3076	7.49	5.2912	7.11	0.0201
303.15	11.88	11.88	0.0442	12.00	1.0494	11.88	0.0029
313.15	18.58	18.71	0.6735	18.61	0.1537	18.58	−0.0012

续表

T/K	10^3x_e	修复 Apelblat 模型		λh 模型		五次方模型	
		$10^3x_{Apelblat}$	10^2RD	$10^3x_{\lambda h}$	10^2RD	10^3x_{fifth}	10^2RD
$w = 0.100$							
323.15	28.85	28.27	−2.0260	28.00	−2.9586	28.85	−0.0091
333.15	40.62	41.16	1.3191	40.93	0.7465	40.62	−0.0023
343.15	58.09	57.94	−0.2576	58.18	0.1520	58.08	0.0011
$w = 0.200$							
283.15	5.34	5.47	2.4495	5.47	2.3035	5.33	0.0826
293.15	9.02	8.89	−1.3526	8.87	−1.6454	9.02	−0.0551
303.15	14.03	13.94	−0.6169	13.91	−0.8515	14.02	−0.0003
313.15	21.05	21.15	0.4786	21.13	0.4116	21.05	0.0107
323.15	31.13	31.16	0.0772	31.19	0.1745	31.14	0.0201
333.15	44.75	44.71	−0.0968	44.77	0.0406	44.75	0.0086
343.15	62.61	62.62	0.0162	62.57	−0.0527	62.62	−0.0027
$w = 0.300$							
283.15	7.41	7.59	2.3936	6.90	−6.8156	7.43	−0.0889
293.15	11.32	11.35	0.2623	10.85	−4.1764	11.32	0.0618
303.15	16.54	16.71	0.9847	16.52	−0.1431	16.54	−0.0017
313.15	24.91	24.20	−2.8718	24.42	−2.0014	24.91	−0.0101
323.15	34.31	34.55	0.7206	35.11	2.3343	34.29	−0.0264
333.15	48.39	48.69	0.6061	49.19	1.6320	48.39	−0.0127
343.15	67.89	67.75	−0.2154	67.20	−1.0167	67.87	0.0036
$w = 0.400$							
283.15	9.51	8.48	1.7958	8.35	−12.1839	9.49	0.0510
293.15	13.25	13.15	2.7351	12.74	−3.8827	13.25	−0.0375
303.15	19.42	19.38	−1.7776	18.85	−2.9390	19.42	−0.0010
313.15	27.39	27.32	−2.7409	27.15	−0.8925	27.39	0.0058
323.15	36.51	36.96	1.4745	38.08	4.3131	36.52	0.0162
333.15	51.08	48.24	0.4565	52.15	2.0803	51.09	0.0085
343.15	70.96	60.96	−0.2371	69.77	−1.6755	70.97	−0.0022
$w = 0.500$							
283.15	10.76	11.07	2.8125	10.71	−0.4782	10.77	−0.0146
293.15	15.98	15.84	−0.9078	15.61	−2.3541	15.98	0.0105
303.15	21.95	22.19	1.1020	22.14	0.8892	21.95	0.0013
313.15	30.94	30.48	−1.4883	30.64	−0.9654	30.94	−0.0018
323.15	41.73	41.13	−1.4464	41.44	−0.7098	41.73	−0.0061
333.15	53.47	54.59	2.1173	54.83	2.5524	53.47	−0.0028
343.15	71.82	71.40	−0.5726	71.09	−1.0118	71.81	0.0006

续表

T/K	10^3x_e	修复 Apelblat 模型		λh 模型		五次方模型	
		$10^3x_{Apelblat}$	10^2RD	$10^3x_{\lambda h}$	10^2RD	10^3x_{fifth}	10^2RD
$w=0.600$							
283.15	12.37	12.77	3.2691	12.29	−0.5357	12.36	0.0012
293.15	17.34	17.74	2.2579	17.46	0.6637	17.35	−0.0009
303.15	24.86	24.19	−2.6753	24.17	−2.7574	24.86	0.0004
313.15	32.85	32.46	−1.1861	32.69	−0.4533	32.85	0.0011
323.15	43.52	42.90	−1.4258	43.29	−0.5129	43.51	0.0002
333.15	54.31	55.92	2.9653	56.19	3.4602	54.31	0.0001
343.15	72.62	71.97	−0.8955	71.55	−1.4653	72.62	−0.0003

w 指甲醇在混合溶剂中的质量分数；标准不确定度为 u, $u(T)=0.01$K、$u(p)=0.5$kPa、$u_r(x_e)=0.04$、$u_r(w)=0.002$。

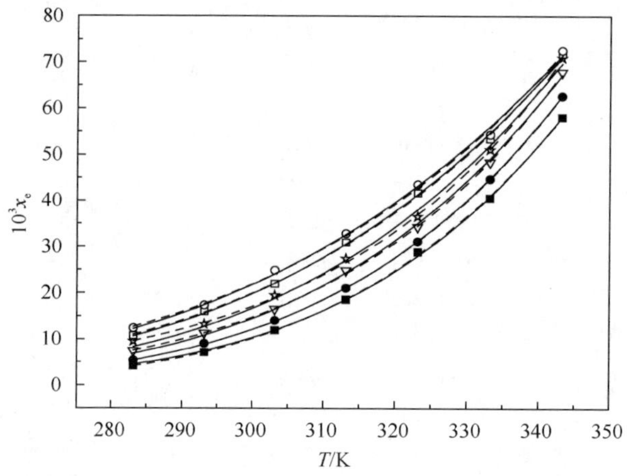

图 2-3　双氰胺在甲醇-水混合溶剂中的溶解度图

■ $w=0.100$，● $w=0.200$，▽ $w=0.300$，☆ $w=0.400$，□ $w=0.500$，○ $w=0.600$；
虚线是用修复 Apelblat 模型拟合的曲线，实线是用 λh 模型拟合的曲线

图 2-3 是双氰胺在水-甲醇混合溶剂中的溶解度图。甲醇在混合溶剂中的质量分数分别为 0.100、0.200、0.300、0.400、0.500 和 0.600。由图 2-3 可以看到，当溶剂组成一定时，双氰胺在甲醇-水二元混合溶剂中的溶解度随着温度增加而增加；当温度一定时，双氰胺在甲醇-水混合溶剂中的溶解度随着混合溶剂中甲醇含量的增加而增加。283.15K 下，当甲醇含量从 0.100 增加到 0.600 时，双氰胺在二元混合溶剂中的溶解度(x_e)从 4.14×10^{-3} 增加到 12.37×10^{-3}。293.15K 下，双氰胺的溶解度从 7.11×10^{-3} 增加到 17.34×10^{-3}；303.15K 下，双氰胺的溶解度从 11.88×10^{-3} 增加到 24.86×10^{-3}。343.15K 时，相同的溶剂组成变化下，双氰胺的实验溶解度从 58.09×10^{-3} 增加到 72.62×10^{-3}。当二元混合溶剂中甲醇含量为 0.600 时，在实验温度考察范围内，双氰胺的溶解度(x_e)从 12.37×10^{-3} 增加到 72.62×10^{-3}。

图 2-3 中实验数据的变化趋势可归因为，在极性溶剂中，如果溶质分子与溶剂分子之间可以形成氢键，则溶质的溶解度增大，HF 和 NH_3 在水中的溶解度比较大，就是这个原因。由图 1-1 可以看到，在双氰胺分子结构中有一个不饱和的碳氮三键，这个不饱和键可以作为电子供体，因此不仅可以在双氰胺分子和甲醇分子之间形成分子间氢键，而且在双氰胺分子和水分子之间也可以形成分子间氢键。一般情况下，当氢键中三个原子处于同一条直线上时氢键的作用力最强，但是在水分子结构中，氢原子和氧原子之间有一个约 105°的夹角，因此在甲醇分子与双氰胺分子间形成的氢键作用力比水分子和双氰胺分子间形成的氢键作用力强。除此之外，水分子与双氰胺分子间的交互作用可能弱于水、甲醇和双氰胺分子三种分子间的交互作用。这种分子间的交互作用的强弱差异也会导致双氰胺在甲醇-水混合溶剂中的溶解度大于其在纯水中的溶解度，有很多文献[60~62]中都是用溶剂的极性相对强弱来解释一种溶质在不同溶剂中的溶解度大小，但是本实验中用到的水的极性明显大于甲醇的极性，这也就是说，溶剂极性并不是唯一可以影响溶质溶解度的因素。通过对双氰胺在水和不同比例甲醇-水中溶解度的比较，双氰胺在水中的溶解度是最小的，这是因为双氰胺分子间的疏水性基团的存在会导致水分子与双氰胺分子的结合越来越困难。

双氰胺在各种比例的甲醇混合溶剂中的溶解度数据采用修复 Apelblat 模型、半经验 Buchowski-Ksiazczak λh 模型和五次方模型进行了关联拟合，拟合结果列于表 2-8，三个模型的相关参数结果列于表 2-9～表 2-11 中。同时计算了相应的相对偏差、相对平均偏差及均方根差。由修复 Apelblat 模型拟合结果计算的每一组实验数据的相对偏差均不超过 3.5%；其相应的相对平均偏差分别为 0.0032、0.0023、0.0024、0.0026、0.0013 和 0.0020。由五次方模型计算得到的相对偏差均不超过 0.09%，而由 λh 模型计算得到的相对偏差均不超过 12.5%，其相应的相对平均偏差分别是–0.0022、–0.0029、–0.0220、–0.0140、0.0005 和 0.0190。很明显，前两个模型对实验数据的拟合结果较为理想，而 λh 模型相较于其他两个模型，对双氰胺在甲醇-水二元混合溶剂中的溶解度关联准确性不够。

表 2-9　修复 Apelblat 模型关联双氰胺在甲醇溶液中溶解度的模型参数

	a	b	c	R^2	RMSD	RAD
$w = 0.60$	–15.790	–1816.5	3.1606	0.9984	0.0007	0.0032
$w = 0.50$	–6.012	–2457.7	1.8045	0.9992	0.0006	0.0023
$w = 0.40$	–107.260	2038.1	16.9010	0.9996	0.0004	0.0024
$w = 0.30$	–50.214	–876.2	8.5774	0.9997	0.0003	0.0026
$w = 0.20$	32.459	–5040.9	–3.5182	0.9999	0.0001	0.0013
$w = 0.10$	99.393	–8411.8	–13.3140	0.9997	0.0003	0.0020

表 2-10 λh 模型关联双氰胺在甲醇溶液中溶解度的模型参数

	λ	h	R^2	RMSD	RAD
$w = 0.60$	418.2	7.0574	0.9981	0.0008	−0.0022
$w = 0.50$	777.4	4.0732	0.9991	0.0006	−0.0029
$w = 0.40$	2271.1	1.5593	0.9978	0.0010	−0.0220
$w = 0.30$	4459.3	0.8491	0.9991	0.0005	−0.0140
$w = 0.20$	8717.2	0.4637	0.9999	0.0001	0.0005
$w = 0.10$	13899.1	0.3043	0.9995	0.0004	0.0190

表 2-11 五次方模型关联双氰胺在甲醇溶液中溶解度的模型参数

T/K	B_0	B_1	B_2	B_3	B_4	B_5	RMSD	R^2
283.15	0.0044	−0.0203	0.2870	−0.4497	−0.7386	1.6244	1.0971	0.9999
293.15	0.0086	0.3362	0.7118	−7.7340	15.1750	−12.5480	6.7068	0.9999
303.15	0.7117	0.3580	−0.5332	2.2392	−5.6073	4.7159	3.9787	0.9999
313.15	0.1321	−0.1824	2.9086	−17.4560	37.7590	−30.1070	4.5167	0.9999
323.15	0.0366	−0.3050	3.9858	−20.6990	46.8050	−40.1980	1.0828	0.9999
333.15	0.0337	0.1724	−1.3520	7.3561	−20.6040	21.9530	2.1957	0.9999
343.15	−0.6120	−0.6253	1.1461	−7.6779	15.6110	−8.8534	1.8454	0.9999

从图 2-4 中可以看到，三个模型对实验数据的拟合效果总体上都比较好，但是从相对偏差的数值及关联系数来看，修复 Apelblat 模型更适合描述温度和双氰胺在二元混合溶剂中的溶解度之间的关系，由五次方模型计算的相对偏差均不超过 0.09%，该模型更适合关联二元混合溶剂中一种溶剂组分对双氰胺在二元混合溶剂中的溶解度的影响。

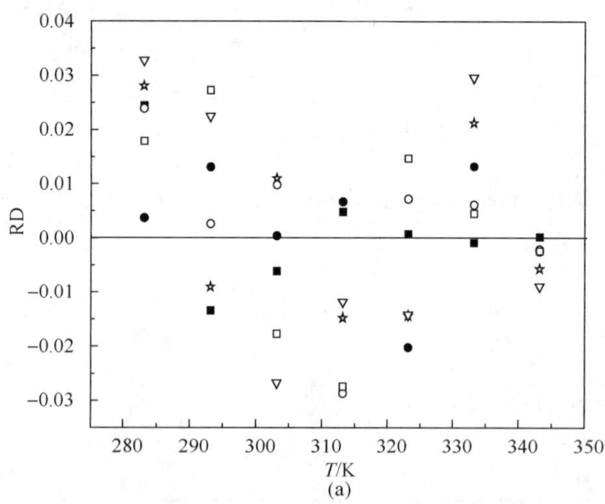

(a)

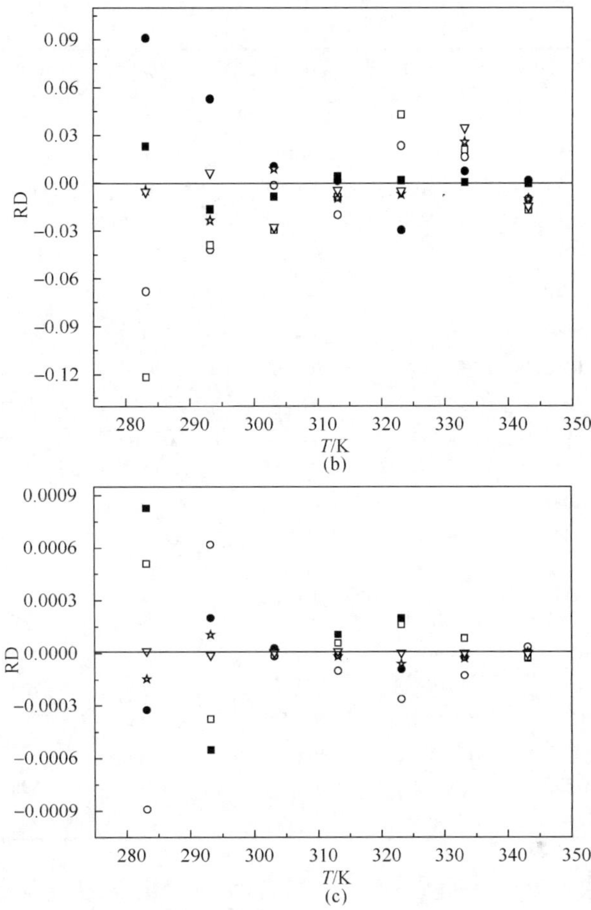

图 2-4　双氰胺在混合溶剂中溶解度实验值和计算值的相对偏差

● w= 0.100，■ w= 0.200，○ w= 0.300，□ w= 0.40，☆ w= 0.500，▽ w= 0.600；
(a) 修复 Apelblat 模型；(b) λh 模型；(c) 五次方模型

将双氰胺溶解在不同溶剂组成的混合溶剂中，基于之前求解的修复 Apelblat 模型的参数，对其溶解过程的标准摩尔溶解焓 $\Delta_{sol}H_m^{\circ}$ [63]、熵 $\Delta_{sol}S_m^{\circ}$ 及标准摩尔溶解吉布斯自由能 $\Delta_{sol}G_m^{\circ}$ 按照式(2-103)～式(2-105)进行了计算，计算结果列于表 2-12。

表 2-12　双氰胺在不同甲醇质量分数水溶液中溶解过程的标准摩尔溶解焓、熵和吉布斯自由能

T/K	w = 0.100	w = 0.200	w = 0.300	w = 0.400	w = 0.500	w = 0.600
			$\Delta_{sol}H_m^{\circ}$ / (J · mol^{-1})			
283.15	38593.9	33628.6	27477.2	22843.5	24681.3	22542.5
293.15	37487.0	33336.1	28190.3	24248.7	24831.4	22805.3
303.15	36380.1	33043.6	28903.4	25653.9	24981.4	23068.1

续表

T/K	$w=0.100$	$w=0.200$	$w=0.300$	$w=0.400$	$w=0.500$	$w=0.600$
			$\Delta_{sol}H_m^{\circ}/(J\cdot mol^{-1})$			
313.15	35273.2	32751.1	29616.6	27059.2	25131.4	23330.8
323.15	34166.3	32458.6	30329.7	28464.4	25281.4	23593.6
333.15	33059.4	32166.1	31042.8	29869.6	25431.5	23856.4
343.15	31952.5	31873.6	31755.9	31274.8	25581.5	24119.2
			$\Delta_{sol}S_m^{\circ}/(J\cdot mol^{-1}\cdot K^{-1})$			
283.15	90.7083	75.4705	56.4556	42.1143	49.7218	43.3581
293.15	86.8665	74.4553	58.9307	46.9914	50.2425	44.2701
303.15	83.1535	73.4741	61.3227	51.7050	50.7458	45.1515
313.15	79.5611	72.5248	63.6372	56.2656	51.2327	46.0043
323.15	76.0816	71.6054	65.8788	60.6828	51.7042	46.8303
333.15	72.7082	70.7139	68.0522	64.9653	52.1615	47.6312
343.15	69.4345	69.8488	70.1612	69.1212	52.6052	48.4083
			$\Delta_{sol}G_m^{\circ}/(J\cdot mol^{-1})$			
283.15	12909.8	12259.1	11491.8	10918.8	10602.6	10265.7
293.15	12022.1	11509.5	10914.8	10473.1	10102.8	9827.5
303.15	11172.1	10769.9	10313.4	9979.6	9597.8	9380.4
313.15	10358.6	10039.9	9688.6	9439.6	9087.9	8924.6
323.15	9580.5	9319.3	9041.0	8854.7	8573.2	8460.4
333.15	8836.6	8607.8	8371.3	8226.4	8053.9	7988.1
343.15	8126.0	7904.9	7680.1	7555.8	7530.1	7507.9

通过对双氰胺在不同组成的二元混合溶剂中溶解过程的标准摩尔溶解焓$\Delta_{sol}H_m^{\circ}$、熵$\Delta_{sol}S_m^{\circ}$及标准摩尔溶解吉布斯自由能$\Delta_{sol}G_m^{\circ}$的计算，发现这三种热力学函数的计算值均是正值。当甲醇含量从0.100增加到0.600时，双氰胺溶解过程的焓$\Delta_{sol}H_m^{\circ}$的变化范围为 22542.5～38593.9$J\cdot mol^{-1}$，熵$\Delta_{sol}S_m^{\circ}$的变化范围为48.4083～90.7083$J\cdot mol^{-1}\cdot K^{-1}$，$\Delta_{sol}G_m^{\circ}$的变化范围为7507.9～12909.8$J\cdot mol^{-1}$。这也就是说，双氰胺在甲醇-水二元混合溶剂中的溶解过程是一个放热、非自发且熵增加的过程。从表2-12中数据可知，双氰胺溶解过程中的$\Delta_{sol}H_m^{\circ}$和$\Delta_{sol}S_m^{\circ}$值随着甲醇含量增加逐渐减小，因此，随着甲醇含量在甲醇-水二元混合溶剂中增加，双氰胺在混合溶剂中的溶解需要相对较低的能量，即双氰胺更易溶于甲醇含量高的二元混合溶剂中。三个热力学函数均是正值，可能是双氰胺分子间交互作用略强于溶剂与溶剂间、双氰胺分子与溶剂分子间的交互作用的原因。

2. 双氰胺+乙二醇+水体系固液相平衡

278.15～323.15K 条件下，双氰胺在乙二醇摩尔分数 φ 分别为 0.025、0.054、

0.089、0.133、0.186 的水溶液中的溶解度的实验值如表 2-13 所示。乙二醇摩尔分数为 0.089 时，双氰胺溶解度由 278.15K 下的 4.328×10^{-3} 增加到 323.15K 下的 33.051×10^{-3}，乙二醇摩尔分数为 0.186 时，双氰胺溶解度由 278.15K 下的 5.707×10^{-3} 增加到 323.15K 下的 41.078×10^{-3}，双氰胺在乙二醇溶液中的溶解度随着温度的升高而缓慢增加。278.15K 下，乙二醇摩尔分数从 0 增加至 0.186 时，双氰胺的溶解度由 3.034×10^{-3} 增加至 5.707×10^{-3}，293.15K 时，双氰胺的溶解度由 7.068×10^{-3} 增加至 12.103×10^{-3}，双氰胺在乙二醇溶液中的溶解度随着乙二醇摩尔分数的增加而增加，如图 2-5 所示。

表 2-13　双氰胺在乙二醇+水混合溶剂中的溶解度实验值

T/K	10^3x_e					
	φ_1=0.186	φ_1=0.133	φ_1=0.089	φ_1=0.054	φ_1=0.025	φ_1=0（水）
278.15	5.707	4.853	4.328	3.898	3.539	3.034
283.15	7.178	6.525	5.560	4.933	4.670	3.867
288.15	9.795	8.492	7.446	6.588	5.873	5.265
293.15	12.103	10.424	9.076	8.772	7.850	7.068
298.15	15.613	13.457	11.726	10.307	9.721	8.915
303.15	19.847	17.410	15.454	13.850	12.511	11.375
308.15	23.235	20.460	18.232	16.404	14.877	14.112
313.15	28.160	25.001	22.465	20.385	18.648	17.174
318.15	33.882	30.191	27.227	24.794	22.761	21.035
323.15	41.078	36.180	33.051	30.485	28.342	26.523

x 是双氰胺的摩尔分数；φ_1 是乙二醇在乙二醇水溶液中的摩尔分数；标准不确定度为 u，$u(x)$=0.005，$u(T)$=0.01K；实验压力为当地大气压 88.4kPa。

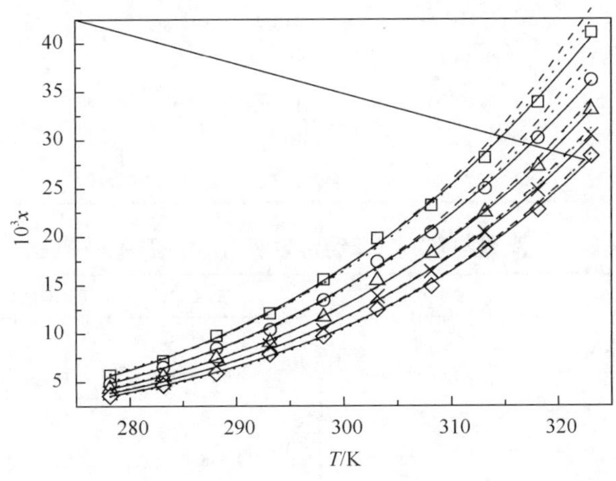

图 2-5　双氰胺在乙二醇水溶液中的溶解度实验值与预测值

□ φ_1=0.186，○ φ_1=0.133，△ φ_1=0.089，× φ_1=0.054，◇ φ_1=0.025；点线是采用理想溶液模型的预测值，实线是采用修复 Apelblat 模型的预测值，虚线是采用 λh 模型的预测值

双氰胺在乙二醇溶液中的溶解度数据采用理想溶液模型、修复 Apelblat 模型和 λh 模型进行了关联拟合，拟合结果如图 2-5 所示，三个模型的相关参数结果列于表 2-14～表 2-16 中。同时计算了相应的相对偏差(图 2-6)、相对平均偏差以及均方根差。由理想溶液模型拟合结果计算的每一组实验数据的相对平均偏差(RAD)分别为 2.536×10^{-2}、2.278×10^{-2}、2.356×10^{-2}、2.268×10^{-2} 和 1.959×10^{-2}，均小于 3×10^{-2}；由修复 Apelblat 模型拟合结果计算的每一组实验数据的相对平均偏差(RAD)分别为 1.733×10^{-2}、1.255×10^{-2}、1.406×10^{-2}、1.852×10^{-2} 和 1.311×10^{-2}，均小于 2；而由 λh 模型计算得到的相对平均偏差(RAD)均不超过 3.5×10^{-2}，分别是 3.036×10^{-2}、3.044×10^{-2}、1.879×10^{-2}、2.382×10^{-2} 和 1.507×10^{-2}。很明显，修复 Apelblat 模型对实验数据的拟合结果较为理想，而 λh 模型相较于其他模型，对双氰胺在乙二醇-水二元混合溶剂中的溶解度关联准确性不够。

表 2-14　双氰胺在乙二醇混合溶液中溶解度的理想溶液模型参数

φ_1	a	b	R^2	10^3RMSD	10^2RAD	$\Delta_{sol}H_m^o$/(kJ · mol^{-1})
0.186	9.066	–3951.81	0.9979	0.644	2.536	32.8553
0.133	9.148	–4014.82	0.9998	0.648	2.278	33.3792
0.089	9.244	–4078.77	0.9987	0.490	2.356	33.9109
0.054	9.353	–4143.81	0.9986	0.387	2.268	34.4516
0.025	9.474	–4210.06	0.9993	0.286	1.959	35.0024

R^2 为相关系数。

表 2-15　双氰胺在乙二醇混合溶液中溶解度的修复 Apelblat 模型参数

φ_1	a	b	c	R^2	10^3RMSD	10^2RAD
0.186	153.852	–10416.90	–21.602	0.9991	0.348	1.733
0.133	142.337	–9943.10	–19.884	0.9994	0.238	1.255
0.089	87.057	–7552.63	–11.612	0.9992	0.238	1.406
0.054	77.720	–7169.90	–10.217	0.9988	0.259	1.852
0.025	46.222	–5776.81	–5.525	0.9994	0.218	1.311

表 2-16　双氰胺在乙二醇混合溶液中溶解度的 λh 模型参数

φ_1	λ	h	R^2	10^3RMSD	10^2RAD
0.186	4.107	1004.04	0.9992	0.730	3.036
0.133	3.875	1078.26	0.9987	0.704	3.044
0.089	3.341	1247.14	0.9992	0.478	1.879
0.054	3.171	1325.43	0.9985	0.417	2.382
0.025	2.860	1466.29	0.9995	0.269	1.507

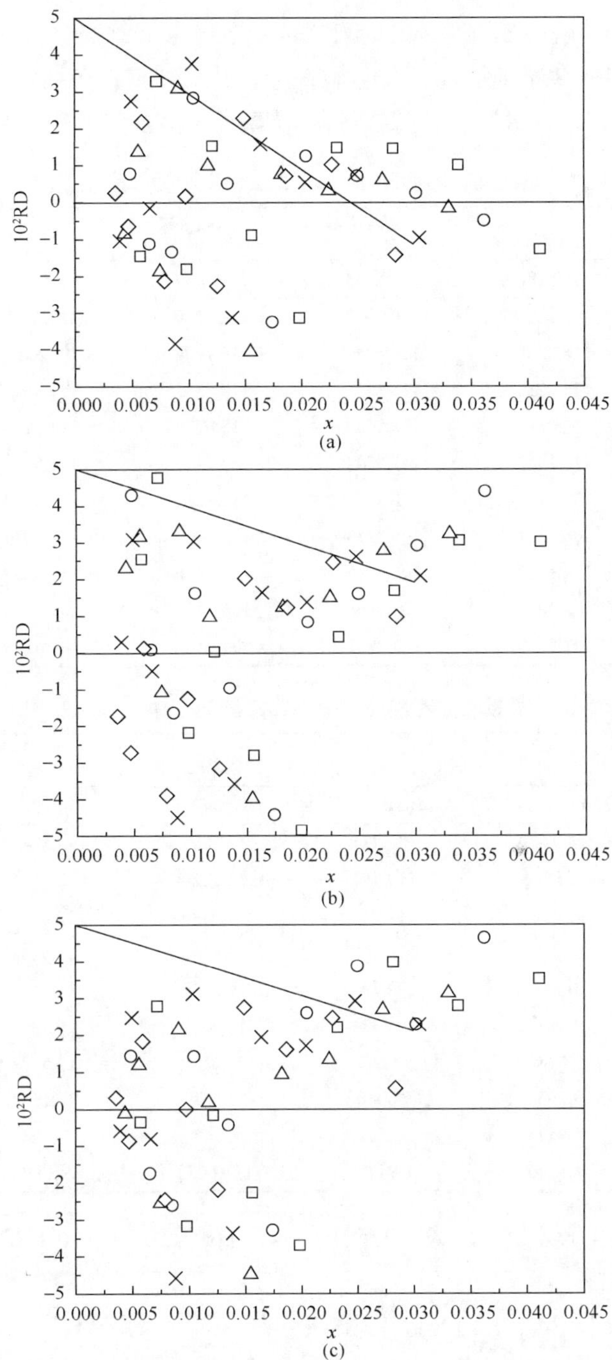

图 2-6　双氰胺在乙二醇溶液中溶解度模型预测值的相对偏差

(a) 修复 Apelblat 模型，(b) 理想溶液模型，(c) λh 模型；

□ φ_1=0.186，○ φ_1=0.133，△ φ_1=0.089，× φ_1=0.054，◇ φ_1=0.025

将双氰胺溶解在乙二醇水溶液中，基于之前求解的修复 Apelblat 模型的参数，其溶解过程的标准摩尔焓 $\Delta_{sol}H_m^\circ$、熵 $\Delta_{sol}S_m^\circ$ 以及摩尔吉布斯自由能 $\Delta_{sol}G_m^\circ$ 按照式(2-103)～式(2-105)进行了计算。计算结果列于表 2-14、表 2-17 和表 2-18 中。

表 2-17 双氰胺在不同摩尔分数乙二醇溶液中的 $\Delta_{sol}S_m^\circ$ (J·mol^{-1}·K^{-1})

T/K	$\Delta_{sol}S_m^\circ$				
	φ_1=0.186	φ_1=0.133	φ_1=0.089	φ_1=0.054	φ_1=0.025
278.15	118.1208	120.0043	121.9159	123.8598	125.8400
283.15	116.0350	117.8852	119.7630	121.6726	123.6179
288.15	114.0215	115.8397	117.6849	119.5613	121.4728
293.15	112.0768	113.8639	115.6776	117.5221	119.4010
298.15	110.1972	111.9544	113.7377	115.5512	117.3986
303.15	108.3797	110.1079	111.8618	113.6454	115.4623
308.15	106.6211	108.3213	110.0467	111.8014	113.5888
313.15	104.9187	106.5917	108.2896	110.0163	111.7752
318.15	103.2698	104.9165	106.5878	108.2873	110.0185
323.15	101.6720	103.2932	104.9386	106.6118	108.3163

表 2-18 双氰胺在不同摩尔分数乙二醇溶液中的 $\Delta_{sol}G_m^\circ$ (kJ·mol^{-1})

T/K	$\Delta_{sol}G_m^\circ$				
	φ_1=0.186	φ_1=0.133	φ_1=0.089	φ_1=0.054	φ_1=0.025
278.15	11.9467	12.3216	12.5863	12.8283	13.0518
283.15	11.6216	11.8461	12.2229	12.5046	12.6336
288.15	11.0821	11.4241	11.7390	12.0323	12.3075
293.15	10.7588	11.1227	11.4602	11.5433	11.8139
298.15	10.3110	10.6794	11.0207	11.3404	11.4855
303.15	9.8792	10.2094	10.5097	10.7859	11.0422
308.15	9.6383	9.9642	10.2596	10.5302	10.7806
313.15	9.2942	9.6040	9.8825	10.1354	10.3673
318.15	8.9533	9.2584	9.5317	9.7793	10.0056
323.15	8.5766	8.9177	9.1607	9.3779	9.5737

在乙二醇摩尔分数分别为 0.025、0.054、0.089、0.133、0.186 的水溶液中，双氰胺溶解过程的标准摩尔溶解焓 $\Delta_{sol}H_m^\circ$ 分别为 32.8553kJ·mol^{-1}、33.3792kJ·mol^{-1}、33.9109kJ·mol^{-1}、34.4516kJ·mol^{-1}、35.0024kJ·mol^{-1}，其随着乙二醇摩尔分数的增加而缓慢增加。标准摩尔溶解熵 $\Delta_{sol}S_m^\circ$ 变化范围分别为 108.3163～125.8400J·mol^{-1}·K^{-1}、106.6118～123.8598J·mol^{-1}·K^{-1}、104.9386～121.9159J·mol^{-1}·K^{-1}、103.2932～120.0043J·mol^{-1}·K^{-1}、101.6720～118.1208J·mol^{-1}·K^{-1}，标准摩尔溶解吉布斯自由能

$\Delta_{sol}G_m^\circ$ 变化范围分别为 9.5737～13.0518kJ · mol^{-1}、9.3779～12.8283kJ · mol^{-1}、9.1607～12.5863kJ · mol^{-1}、8.9177～12.3216kJ · mol^{-1}、8.5766～11.9467kJ · mol^{-1}。无论是标准摩尔焓 $\Delta_{sol}H_m^\circ$、熵 $\Delta_{sol}S_m^\circ$ 还是摩尔吉布斯自由能 $\Delta_{sol}G_m^\circ$ 均为正值，这也就是说，双氰胺溶解在乙二醇水溶液中是一个放热、非自发并且是一个熵增加的过程。三个热力学函数均是正值，可能是双氰胺分子间交互作用略强于乙二醇分子间、乙二醇与水分子间、双氰胺分子与水分子间的交互作用的原因。

3. 双氰胺+N, N-二甲基甲酰胺+水体系固液相平衡

278.15～323.15K 条件下，双氰胺在 N,N-二甲基甲酰胺摩尔分数 φ_2 分别为 0.025、0.055、0.091、0.135、0.189 的水溶液中溶解度的实验值如表 2-19 所示。N, N-二甲基甲酰胺摩尔分数为 0.055 时，双氰胺溶解度由 278.15K 下 15.403×10^{-3} 增加到 323.15K 下的 44.313×10^{-3}，N, N-二甲基甲酰胺摩尔分数为 0.189 时，双氰胺溶解度由 278.15K 下 43.711×10^{-3} 增加到 323.15K 下的 85.102×10^{-3}，双氰胺在 N, N-二甲基甲酰胺溶液中的溶解度随着温度的升高而增加。278.15K 条件下，N, N-二甲基甲酰胺摩尔分数从 0 增加至 0.189 时，双氰胺的溶解度由 3.034×10^{-3} 增加至 43.711×10^{-3}，293.15K 时，双氰胺的溶解度由 7.068×10^{-3} 增加至 54.697×10^{-3}，双氰胺在 N, N-二甲基甲酰胺溶液中的溶解度随着 N, N-二甲基甲酰胺摩尔分数的增加而增加，如图 2-7 所示。

表 2-19　双氰胺在水+N, N-二甲基甲酰胺混合溶液中的溶解度实验数据

T/K	10^3x_e					
	φ_2=0.189	φ_2=0.135	φ_2=0.091	φ_2=0.055	φ_2=0.025	φ_2=0（水）
278.15	43.711	32.402	23.135	15.403	8.553	3.034
283.15	45.732	33.987	24.358	16.321	9.511	3.867
288.15	50.641	37.996	27.616	18.941	11.585	5.265
293.15	54.697	41.494	30.648	21.578	13.882	7.068
298.15	58.663	44.886	33.559	24.081	16.034	8.915
303.15	65.435	50.450	38.103	27.753	18.952	11.375
308.15	68.271	53.113	40.622	30.151	21.247	14.112
313.15	72.901	57.464	44.738	34.067	24.991	17.174
318.15	79.049	63.003	49.761	38.648	29.188	21.035
323.15	85.102	68.904	55.535	44.313	34.758	26.523

x 是双氰胺摩尔分数；φ_2 是 N,N-二甲基甲酰胺在混合溶液中的摩尔分数；标准不确定度为 u，$u(x)$=0.005，$u(T)$=0.01K；实验压力为当地大气压 88.4kPa。

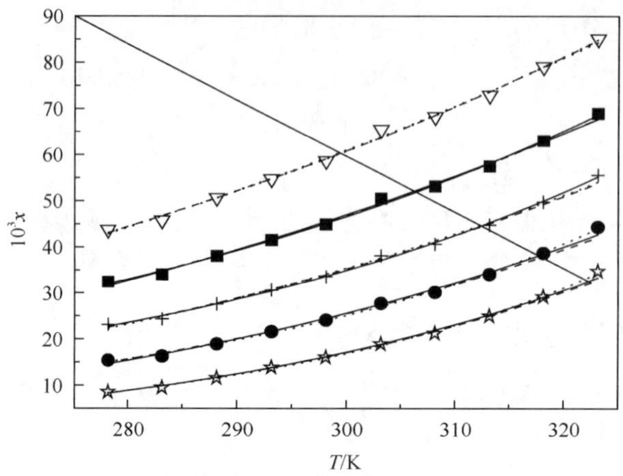

图 2-7　双氰胺在 N, N-二甲基甲酰胺溶液中的实验值与模型预测值

▽ $\varphi_2 = 0.189$，■ $\varphi_2 = 0.135$，+ $\varphi_2 = 0.091$，

● $\varphi_2 = 0.055$，☆ $\varphi_2 = 0.025$；点线是采用理想溶液模型的预测值，

实线是采用修复 Apelblat 模型的预测值，虚线是采用 λh 模型的预测值

双氰胺在 N, N-二甲基甲酰胺水溶液中的溶解度数据采用理想溶液模型、修复 Apelblat 模型和 λh 模型进行了关联拟合，拟合结果如图 2-7 所示，三个模型的相关参数结果列于表 2-20～表 2-22 中。同时计算了相应的相对偏差(图 2-8)、相对平均偏差及均方根差。由理想溶液模型拟合结果计算的每一组实验数据的相对平均偏差(RAD)分别为 1.089×10^{-2}、1.343×10^{-2}、1.641×10^{-2}、1.970×10^{-2} 和 1.918×10^{-2}，均小于 2×10^{-2}；由修复 Apelblat 模型拟合结果计算的每一组实验数据的相对平均偏差(RAD)分别为 0.896×10^{-2}、0.982×10^{-2}、1.103×10^{-2}、1.351×10^{-2} 和 1.626×10^{-2}，均小于 2×10^{-2}；而由 Buchowski-Ksiazczak λh 模型计算得到的相对平均偏差(RAD)均不超过 3×10^{-2}，分别是 0.898×10^{-2}、1.196×10^{-2}、1.573×10^{-2}、2.017×10^{-2} 和 1.948×10^{-2}。很明显，修复 Apelblat 模型对实验数据的拟合结果较为理想，而 λh 模型相较于其他模型，对双氰胺在 N, N-二甲基甲酰胺-水二元混合溶剂中的溶解度关联准确性不够。

表 2-20　双氰胺在 N, N-二甲基甲酰胺混合溶液中溶解度的理想溶液模型参数

φ_2	a	b	R^2	10^3RMSD	10^2RAD	$\Delta_{sol}H_m^o/(kJ\cdot mol^{-1})$
0.189	1.719	−1354.53	0.9962	0.772	1.089	11.2616
0.135	2.041	−1529.53	0.9959	0.713	1.343	12.7165
0.091	2.564	−1771.53	0.9953	0.701	1.641	14.7285
0.055	3.458	−2136.78	0.9948	0.678	1.970	17.7652
0.025	5.174	−2771.49	0.9973	0.548	1.918	23.0422

R^2 是相关系数。

表 2-21 双氰胺在 *N, N*-二甲基甲酰胺混合溶液中溶解度的修复 Apelblat 模型参数

φ_2	a	b	c	R^2	10^3RMSD	10^2RAD
0.189	–25.619	–132.876	4.078	0.9966	0.737	0.896
0.135	–52.683	915.979	8.163	0.9970	0.587	0.982
0.091	–83.956	2094.943	12.907	0.9974	0.470	1.103
0.055	–115.865	3195.613	17,800	0.9976	0.381	1.351
0.025	–87.417	1336.043	13.829	0.9982	0.321	1.626

表 2-22 双氰胺在 *N, N*-二甲基甲酰胺混合溶液中溶解度的 λh 模型参数

φ_2	λ	h	R^2	10^3RMSD	10^2RAD
0.189	0.220	5053.16	0.9958	0.738	0.898
0.135	0.233	5636.45	0.9955	0.665	1.196
0.091	0.264	5995.47	0.9947	0.726	1.573
0.055	0.336	5864.83	0.9933	0.577	2.017
0.025	0.626	4331.19	0.9960	0.399	1.948

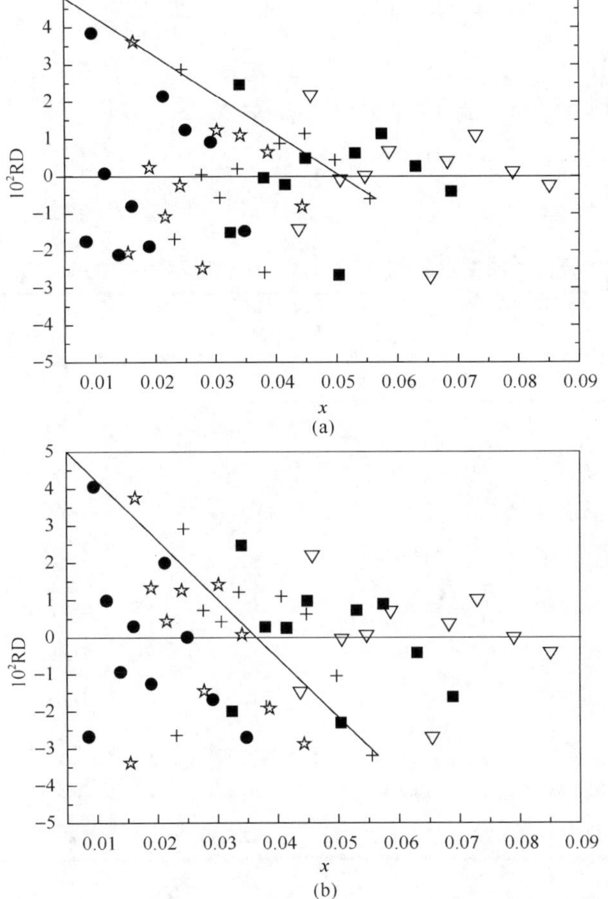

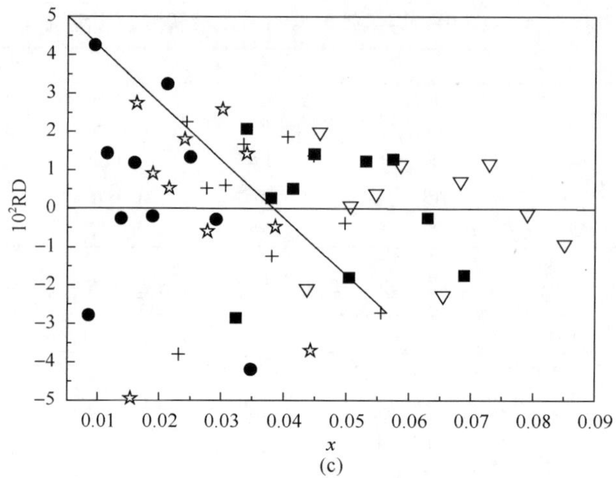

图 2-8　双氰胺在 N, N-二甲基甲酰胺溶液中溶解度模型预测值的相对偏差

▽ φ_2=0.189，■ φ_2=0.135，+ φ_2=0.091，● φ_2=0.055，☆ φ_2=0.025；

(a) 修复 Apelblat 模型，(b) 理想溶液模型，(c) λh 模型

将双氰胺溶解在 N, N-二甲基甲酰胺水溶液中，基于之前求解的修复 Apelblat 模型的参数，对其溶解过程的标准摩尔溶解焓 $\Delta_{sol}S_m^\circ$、熵 $\Delta_{sol}S_m^\circ$ 及标准摩尔溶解吉布斯自由能 $\Delta_{sol}G_m^\circ$ 按照式(2-103)～式(2-105)进行了计算。计算结果列于表 2-20、表 2-23 和表 2-24 中。

表 2-23　双氰胺在不同摩尔分数 N, N-二甲基甲酰胺溶液中的 $\Delta_{sol}S_m^\circ$ (J·mol⁻¹·K⁻¹)

T/K	$\Delta_{sol}S_m^\circ$				
	φ_2=0.189	φ_2=0.135	φ_2=0.091	φ_2=0.055	φ_2=0.025
278.15	40.4875	45.7181	52.9516	63.8691	82.8409
283.15	39.7726	44.9108	52.0166	62.7413	81.3781
288.15	39.0824	44.1315	51.1140	61.6526	79.9660
293.15	38.4158	43.3788	50.2422	60.6011	78.6021
298.15	37.7716	42.6513	49.3996	59.5848	77.2839
303.15	37.1486	41.9479	48.5849	58.6020	76.0092
308.15	36.5458	41.2672	47.7965	57.6511	74.7759
313.15	35.9623	40.6083	47.0334	56.7306	73.5820
318.15	35.3971	39.9701	46.2942	55.8391	72.4256
323.15	34.8495	39.3517	45.5779	54.9751	71.3050

表 2-24　双氰胺在不同摩尔分数 *N*, *N*-二甲基甲酰胺溶液中 $\Delta_{sol}G_m^\circ$ (kJ·mol^{-1})

T/K	$\Delta_{sol}G_m^\circ$				
	φ_2=0.189	φ_2=0.135	φ_2=0.091	φ_2=0.055	φ_2=0.025
278.15	7.2386	7.9309	8.7100	9.6507	11.0111
283.15	7.2623	7.9611	8.7453	9.6879	10.9591
288.15	7.1463	7.8345	8.5990	9.5023	10.6800
293.15	7.0825	7.7558	8.4943	9.3495	10.4245
298.15	7.0298	7.6933	8.4142	9.2369	10.2451
303.15	6.8723	7.5278	8.2353	9.0341	9.9955
308.15	6.8770	7.5202	8.2071	8.9708	9.8675
313.15	6.8177	7.4372	8.0890	8.7984	9.6050
318.15	6.7124	7.3126	7.9367	8.6052	9.3478
323.15	6.6197	7.1870	7.7665	8.3729	9.0254

在 *N*, *N*-二甲基甲酰胺摩尔分数分别为 0.025、0.055、0.091、0.135、0.189 的水溶液中，双氰胺的标准摩尔溶解焓 $\Delta_{sol}H_m^\circ$ 分别为 11.2616kJ·mol^{-1}、12.7165kJ·mol^{-1}、14.7285kJ·mol^{-1}、17.7652kJ·mol^{-1}、23.0422kJ·mol^{-1}，其随着 *N*,*N*-二甲基甲酰胺摩尔分数的增加而增加。标准摩尔溶解熵 $\Delta_{sol}S_m^\circ$ 变化范围分别为 71.3050～82.8409J·mol^{-1}·K^{-1}、54.9751～63.8691J·mol^{-1}·K^{-1}、45.5779～52.9516J·mol^{-1}·K^{-1}、39.3517～45.7181J·mol^{-1}·K^{-1}、34.8495～40.4875J·mol^{-1}·K^{-1}，标准摩尔溶解吉布斯自由能 $\Delta_{sol}G_m^\circ$ 变化范围分别为 9.0254～11.0111kJ·mol^{-1}、8.3729～9.6507kJ·mol^{-1}、7.7665～8.7100kJ·mol^{-1}、7.1870～7.9309kJ·mol^{-1}、6.6197～7.2386kJ·mol^{-1}。无论是标准摩尔溶解焓 $\Delta_{sol}H_m^\circ$、熵 $\Delta_{sol}S_m^\circ$，还是标准摩尔溶解吉布斯自由能 $\Delta_{sol}G_m^\circ$，均为正值，这也就是说，双氰胺溶解在 *N*,*N*-二甲基甲酰胺水溶液中是一个放热、非自发且熵增加的过程。三个热力学函数均是正值，可能是双氰胺分子间交互作用略强于 *N*,*N*-二甲基甲酰胺分子间、*N*, *N*-二甲基甲酰胺与水分子间、双氰胺分子与溶剂分子间的交互作用的原因。

2.3.3　双氰胺在不同碱金属氯化物盐溶液中的溶解度数据测定与关联

盐析一般是指溶液中加入无机盐类而使某种物质溶解度降低而析出的过程。盐析结晶是通过往饱和溶液中加入一种盐，来降低溶质在原溶液中的溶解度。由于双氰胺在水中的溶解度比其在甲醇中的溶解度小，所以本节选用水作为双氰胺重结晶的溶剂，试图将盐加入饱和的双氰胺溶液中，来提高重结晶过程中的双氰胺产率，本节主要考察了氯化钠、氯化钾及氯化锂对双氰胺的盐析率。

本节用静态法对 298.15～328.15K 下双氰胺在三种碱金属氯化物盐(氯化钠、氯化钾、氯化锂)溶液中的溶解度进行了测定。首先配制饱和盐溶液，然后向其中加入过量双氰胺，振荡使两相达到平衡。两相达到平衡以后，为了确保湿固相中不含盐析剂，实验中用福尔哈德法对固相中的氯离子进行了测定。测定结果表明，溶解度的测定结束以后固相中基本不含盐析剂(氯离子含量不超过 0.2%)，也就是说，双氰胺在溶解过程中盐溶液中的盐不会析出。

如表 2-25 所示，从实验数据来看，盐溶液浓度一定时，双氰胺在氯化钠溶液中的溶解度随着温度的升高而增加。当温度从 298.15K 增加到 328.15K 时，双氰胺在浓度(质量分数)为 1%的氯化钠溶液中的溶解度(x_e)从 8.7039×10^{-3} 增加至 31.3096×10^{-3}。但是，在给定的实验温度下，双氰胺的溶解度随着盐溶液浓度的增加显著降低。例如，318.15K 下，当氯化钠溶液的浓度从 1%增加到 25%，双氰胺在氯化钠溶液中的溶解度从 20.7079×10^{-3} 降低到 14.5882×10^{-3}。对于 KCl+DCD(双氰胺)+H_2O 和 LiCl+DCD+H_2O 体系，双氰胺的溶解度变化趋势与其在氯化钠溶液中的溶解度变化趋势相似，当盐溶液浓度一定，即溶剂组成一定时，双氰胺在相应的盐溶液中的溶解度随着温度的升高明显增加。例如，当氯化钾溶液浓度为 15%，温度从 298.15K 升高到 328.15K 时，双氰胺在氯化钾溶液中的溶解度从 8.3213×10^{-3} 增加到 28.8288×10^{-3}；当氯化钾溶液浓度为 5%时，温度从 298.15K 升高到 328.15K 时，双氰胺在氯化钾溶液中的溶解度从 8.6784×10^{-3} 增加至 30.5877×10^{-3}。当氯化锂溶液浓度为 5%，温度从 298.15K 升高到 328.15K 时，双氰胺在氯化锂溶液中的溶解度从 8.0672×10^{-3} 增加到 28.4217×10^{-3}；当氯化锂溶液浓度为 20%，实验温度从 298.15K 增加到 328.15K 时，双氰胺在氯化钾溶液中的溶解度从 6.0345×10^{-3} 增加至 21.3557×10^{-3}。一定温度下，双氰胺的溶解度在氯化钾及氯化锂溶液中的溶解度都是随着盐溶液浓度的增加逐渐降低的。当温度为 298.15K 时，氯化钾溶液浓度从 1%增加到 25%，双氰胺在氯化钾溶液中的溶解度由 8.7294×10^{-3} 减小至 7.0971×10^{-3}；当温度为 308.15K 时，氯化钾溶液浓度从 1%增加到 25%，双氰胺在氯化钾溶液中的溶解度从 13.9699×10^{-3} 减小至 11.7118×10^{-3}。当温度为 318.15K 时，氯化钾溶液浓度从 1%增加到 25%，双氰胺在氯化钾溶液中的溶解度(x_e)从 21.0030×10^{-3} 减小至 17.8916×10^{-3}；当温度为 328.15K 时，氯化钾溶液浓度从 1%增加到 25%，双氰胺在氯化钾溶液中的溶解度从 31.3257×10^{-3} 减小至 26.3257×10^{-3}。

表 2-25　双氰胺在不同盐溶液中的溶解度

溶剂	w	T = 298.15K		T = 308.15K		T = 318.15K		T = 328.15K	
		10^3x_e	10^2RD	10^3x_e	10^2RD	10^3x_e	10^2RD	10^3x_e	10^2RD
$NaCl + H_2O$	0.01	8.7039	1.0153	13.8287	−1.2901	20.7079	0.5891	31.3096	−0.0901
	0.05	8.1905	0.5772	13.2935	−0.6956	20.1498	0.3127	29.7233	−0.0501
	0.10	7.8161	−0.8811	12.4357	1.0697	19.3149	−0.4699	27.8732	0.0779
	0.15	7.7277	−0.9336	11.5347	1.2846	17.6179	−0.5854	25.8057	0.0941
	0.20	7.2625	0.6395	10.7696	−0.9259	15.5645	0.4562	22.9884	−0.0730
	0.25	6.2347	−0.0855	9.8222	0.1077	14.5882	−0.0511	20.4475	0.0090

续表

溶剂	w	$T=298.15K$		$T=308.15K$		$T=318.15K$		$T=328.15K$	
		10^3x_e	10^2RD	10^3x_e	10^2RD	10^3x_e	10^2RD	10^3x_e	10^2RD
$KCl+H_2O$	0.01	8.7294	0.7896	13.9699	−0.9841	21.0030	0.4481	31.3257	−0.0704
	0.05	8.6784	−1.1038	13.4794	1.3982	20.9831	−0.6140	30.5877	0.0996
	0.10	8.4843	0.5019	13.3527	−0.6421	20.0220	0.2952	29.6572	−0.0469
	0.15	8.3213	1.1489	13.1884	−1.4707	19.4314	0.6920	28.8288	−0.1101
	0.20	7.6113	0.9088	12.4024	−1.0941	18.5933	0.4999	27.3047	−0.0809
	0.25	7.0971	0.5508	11.7118	−0.6416	17.8916	0.2841	26.3257	−0.0457
$LiCl+H_2O$	0.01	8.3860	−0.3890	13.1816	0.4895	20.3105	−0.2164	30.0124	0.0344
	0.05	8.0672	0.3661	12.5067	−0.4824	18.8685	0.2195	28.4217	−0.0335
	0.10	7.3371	0.0091	11.2013	−0.0114	16.8252	0.0055	24.9088	−0.0010
	0.15	6.5248	0.9091	10.1763	−1.1961	15.1163	0.5557	22.7777	−0.0853
	0.20	6.0345	−1.0108	9.2906	1.3049	14.4649	−0.5722	21.3557	0.0907
	0.25	4.9827	−1.4267	8.0015	1.6816	13.1216	−0.6681	20.2362	0.0966

w 指盐溶液中的碱金属盐的质量分数；标准不确定度为 u, $u(T)=0.01K$，$u(p)=0.5kPa$，$u_r(x_e)=0.03$，$u_r(w)=0.002$。

用三种盐溶液对双氰胺的溶解度作图，结果如图 2-9 所示。从图中可以得到，相同条件下相比于双氰胺在氯化钠及氯化锂溶液中的溶解度，双氰胺在氯化钾溶液中的溶解度是最大的，而且将双氰胺在三种盐溶液中的溶解度与其在纯水中的溶解度比较可知，同温度下双氰胺在三种盐溶液中的溶解度均小于其在水中的溶解度。这种结果是由离子间的交互作用、水分子结构中的碳氢骨架和双氰胺分子间不饱和的碳氮叁键之间的平衡关系共同导致的[64]。因此，可以说双氰胺的分子结构在水分子及不同离子间的交互作用中也起着重要的作用。

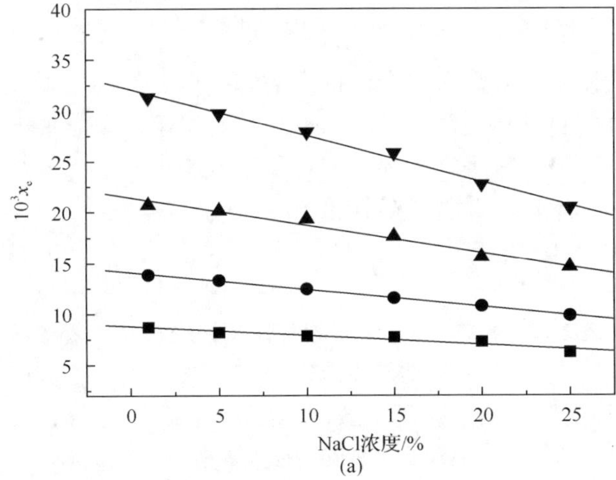

(a)

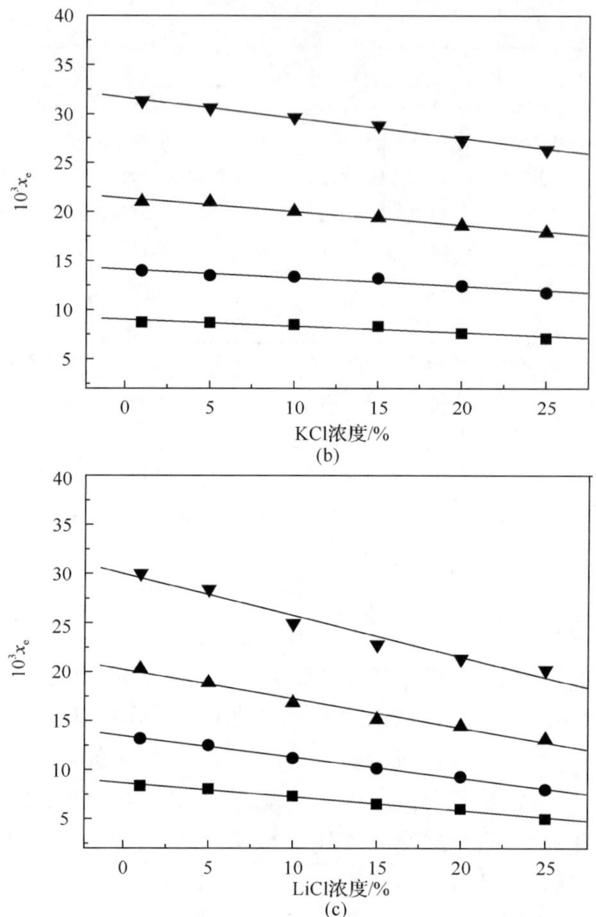

图 2-9　双氰胺在不同盐溶液中的溶解度

■ T= 298.15K；● T= 308.15K；▲ T=318.15K；▼ T= 328.15K；— 计算值

与之前双氰胺在纯溶剂和混合溶剂中的溶解度一样，实验中得到的溶解度数据也采用相应的模型对实验数据进行了拟合，这里用修复 Apelblat 模型对双氰胺在不同盐溶液中的溶解度进行了关联拟合。由拟合的计算值和实验值计算的均方根差(RMSD)、相对平均偏差(RAD)和相应的模型参数计算结果列于表 2-26，相对偏差(RD)如图 2-10 所示。

表 2-26　修复 Apelblat 模型关联溶解度得到的模型参数

溶剂	w	a	b	c	R^2	10^3RMSD	RAD
	0.01	−59.5827	−953.5484	10.1879	0.9998	0.1000	0.0006
$NaCl + H_2O$	0.05	114.4393	−9059.2842	−15.5948	0.9999	0.0600	0.0004
	0.10	197.7127	−12917.2357	−27.9501	0.9998	0.0800	−0.0005

续表

溶剂	w	a	b	c	R^2	10^3RMSD	RAD
$NaCl + H_2O$	0.15	−49.6792	−1272.8711	8.6134	0.9997	0.0900	−0.0014
	0.20	−174.7045	4714.9698	27.0239	0.9998	0.0700	0.0002
	0.25	231.2907	−14228.9692	−33.1095	0.9999	0.0700	−0.0001
$KCl + H_2O$	0.01	21.7204	−4721.7314	−1.8634	0.9999	0.0900	0.0005
	0.05	98.7373	−8299.7727	−13.2788	0.9998	0.1200	−0.0006
	0.10	7.3165	−3991.8177	0.2294	0.9999	0.0500	0.0003
	0.15	−6.5014	−3307.9914	2.2498	0.9997	0.1200	−0.0007
	0.20	127.2193	−9613.1729	−17.5241	0.9998	0.0800	0.0006
	0.25	176.1874	−11988.9574	−24.7330	0.9999	0.0500	0.0004
$LiCl + H_2O$	0.01	54.0371	−6249.7702	−6.6449	0.9999	0.0400	−0.0002
	0.05	−92.2990	596.9275	15.0029	0.9999	0.0400	0.0002
	0.10	−62.4617	−699.1133	10.5117	0.9999	0.0008	0.0001
	0.15	−100.7242	1019.3758	16.1967	0.9998	0.0800	0.0005
	0.20	22.3602	−4785.0669	−2.0063	0.9998	0.0800	−0.0005
	0.25	21.7035	−5154.7135	−1.7078	0.9998	0.0800	−0.0008

对于 $NaCl+DCD+H_2O$ 体系，由实验值和修复 Apelblat 模型拟合的计算值得来的相对偏差不超过 1.4%，相对平均偏差分别为 0.0006、0.0004、−0.0005、−0.0014、0.0002 和−0.0001。$KCl+DCD+H_2O$ 体系，由修复 Apelblat 模型计算的相对偏差均不超过 1.4%，相对平均偏差分别是 0.0005、−0.0006、0.0003、−0.0007、0.0006 和 0.0004。对 $LiCl+DCD+H_2O$ 体系，由修复 Apelblat 模型计算的相对偏差均不超过 1.69%，相对平均偏差分别是−0.0002、0.0002、0.0001、0.0005、−0.0005 和−0.0008；相应的相对偏差的散点分布图见图 2-10。很明显，修复 Apelblat 模型与这三个体系的固液相平衡数据都有较好的关联性，固液相平衡数据的测定对工业上纯化双氰胺有一定的指导意义。

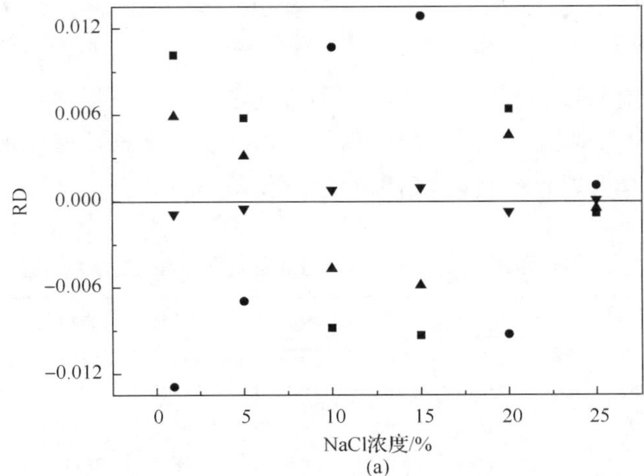

(a)

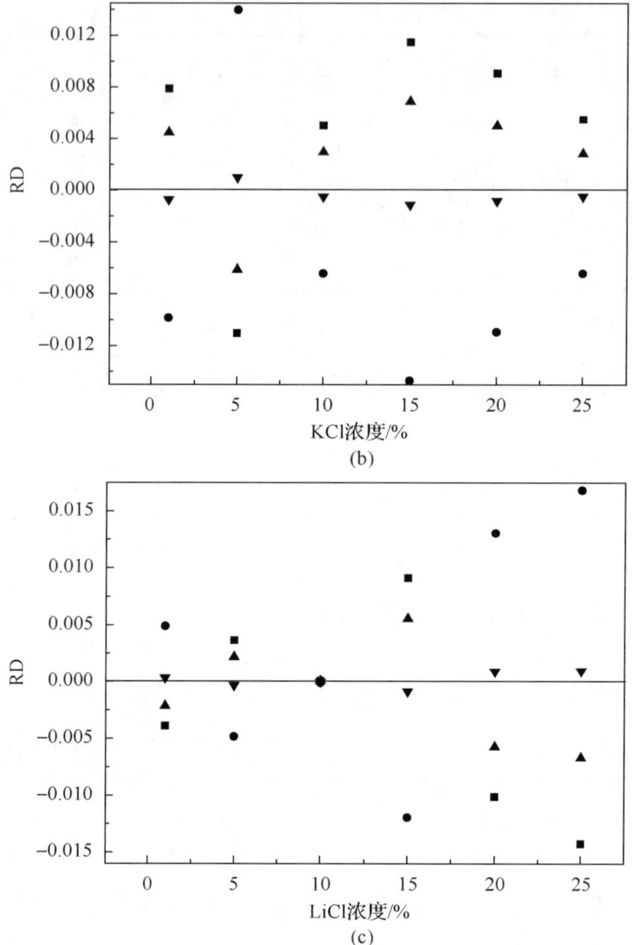

图 2-10　双氰胺在三种不同氯化物溶液中的溶解度修复 Apelblat 模型计算值相对偏差

■ T= 298.15K，● T= 308.15K，▲ T= 318.15K，▼ T= 328.15K；(a) NaCl；(b) KCl；(c) LiCl

为了选择一种合适的盐析剂，本节还考察了氯化钠、氯化钾和氯化锂三种盐对溶解在水中的双氰胺的盐析作用。基于双氰胺在水和盐溶液中的溶解度计算了三种盐析剂相应的盐析率，计算结果列在表 2-27 中。

表 2-27　三种碱金属盐(NaCl、KCl、LiCl)对双氰胺溶液的盐析率(S-O)

溶剂	T/K		w=0.00	w=0.01	w=0.05	w=0.10	w=0.15	w=0.20	w=0.25
$NaCl + H_2O$	298.15	S	4.2021	4.0730	3.7240	3.4251	3.2602	2.9443	2.4236
		S-O	0.0000	0.0306	0.1137	0.1848	0.2241	0.2993	0.4232
	308.15	S	6.6861	6.5048	6.0755	5.4750	4.8851	4.3816	3.8320
		S-O	0.0000	0.0271	0.0913	0.1811	0.2693	0.3446	0.4269

续表

溶剂	T/K		w=0.00	w=0.01	w=0.05	w=0.10	w=0.15	w=0.20	w=0.25
NaCl + H_2O	318.15	S	10.0371	9.8091	9.2734	8.5633	7.5076	6.3632	5.7189
		S-O	0.0000	0.0227	0.0761	0.1468	0.2520	0.3660	0.4302
	328.15	S	15.1271	14.9933	13.8143	12.4664	11.0891	9.4697	8.0638
		S-O	0.0000	0.0089	0.0868	0.1759	0.2669	0.3740	0.4669
KCl + H_2O	298.15	S	4.2021	4.0823	3.9342	3.6939	3.4737	3.0392	2.7058
		S-O	0.0000	0.0285	0.0637	0.1209	0.1733	0.2767	0.3561
	308.15	S	6.6861	6.5678	6.1404	5.8422	5.5326	4.9763	4.4860
		S-O	0.0000	0.0177	0.0816	0.1262	0.1725	0.2557	0.3290
	318.15	S	10.0371	9.9452	9.6319	8.8198	8.2035	7.5074	6.8962
		S-O	0.0000	0.0091	0.0404	0.1213	0.1827	0.2520	0.3129
	328.15	S	15.1271	14.9912	14.1798	13.1939	12.2886	11.1235	10.2351
		S-O	0.0000	0.0087	0.0624	0.1276	0.1875	0.2645	0.3232
LiCl + H_2O	298.15	S	4.2021	3.9276	3.6896	3.2539	2.803	2.5095	2.0026
		S-O	0.0000	0.0653	0.1219	0.2256	0.3329	0.4028	0.5234
	308.15	S	6.6861	6.2036	5.7458	4.9870	4.3878	3.8763	3.2257
		S-O	0.0000	0.0722	0.1406	0.2541	0.3437	0.4202	0.5175
	318.15	S	10.0371	9.6282	8.7247	7.5337	6.5505	6.0668	5.3172
		S-O	0.0000	0.0407	0.1307	0.2494	0.3474	0.3956	0.4702
	328.15	S	15.1271	14.3697	13.2713	11.2457	9.9479	9.0200	8.2598
		S-O	0.0000	0.0499	0.1225	0.2564	0.3422	0.4036	0.4539

S-O 指盐析率，S-O = $(m_4-m_5)/m_4$ [65]，其中，m_4 指双氰胺在水中的溶解度，m_5 指双氰胺在氯化物溶液中的溶解度；S 指溶解度，单位为 g 双氰胺/100g（NaCl + H_2O、KCl+ H_2O 或 LiCl+ H_2O）；标准不确定度 u，$u(T)$ = 0.01K，$u(p)$ = 0.5kPa，$u_r(S)$ = 0.0004，$u_r(w)$ = 0.002。

通过计算，三种盐对溶解在水中的双氰胺的盐析率均随着盐溶液浓度的增加而增加。除此之外，实验温度一定或者盐溶液组成一定时，NaCl 对双氰胺的盐析率明显大于 KCl。与此同时，LiCl 对双氰胺的盐析率相比其他两种盐而言是最大的。例如，318.15K 条件下，当盐溶液浓度为 25%时，LiCl 对双氰胺的盐析率为 0.4702，NaCl 对双氰胺的盐析率为 0.4302，KCl 对双氰胺的盐析率为 0.3129。298.15K 下，当 NaCl 溶液浓度从 1%增加到 25%时，其对双氰胺的盐析率从 0.0306 增加到 0.4232；当 KCl 溶液浓度从 1%增加到 25%时，其对双氰胺的盐析率从 0.0285 增加到 0.3561；对于 LiCl，当其浓度从 1%增加到 25%时，盐析率从 0.0653 增加到 0.5234。通过比较，很明显可以看到相同条件下，LiCl 对溶解在水中的双氰胺的盐析效果最佳。Noubigh 等[66]报道过 NaCl、KCl 和 LiCl 对一些酚类化合物的盐析作用并研究了不同体系的固液相平衡数据。由于盐析剂的加入可以减小溶液中的金属离子水合数，为了得到理想的晶体产品就要提高溶液中双氰胺的有效浓度。

金属离子的水合数是配位体在其周围直接与之键合的水分子数，也就是以水作为配体的金属离子的配位数，它们是通过金属-氧键（M–O）直接结合的。研究表明水对阴阳离子都有溶剂化作用，但是盐析效应一般体现在水对盐析剂阳离子上。Rasaiah 等[67]通过研究得到：离子半径越小，水合数越小；林联君等[68]用球形氢键模型的方法对 Li^+、Na^+和 K^+的水合数进行了研究，分别是 4、5.2 和 6.4，因此，Li^+对双氰胺的盐析效应更强。从表 2-27 中的数据也能明显看出，同温度下三种盐析剂中氯化锂对双氰胺的盐析率略高。

对于盐析结晶行为，一般用 Stechenov[69]方程来表达其盐析效应的强弱：

$$\lg\frac{S_0}{S} = K_S \times w_{salt} \tag{2-106}$$

式中，K_S 为 Stechenov 常数；w_{salt} 为盐析剂的质量分数；S_0 为双氰胺在水中的溶解度；S 为双氰胺在已知组成的氯化物水溶液中的溶解度。

图 2-11 中绘制了 298.15K、308.15K、318.15K、328.15K 下 $\lg(S_0/S)$ 对 w_{salt} 的图。可以看出，双氰胺在三种盐析剂水溶液中的相对溶解度大小与之前测定的数据趋势是一致的。

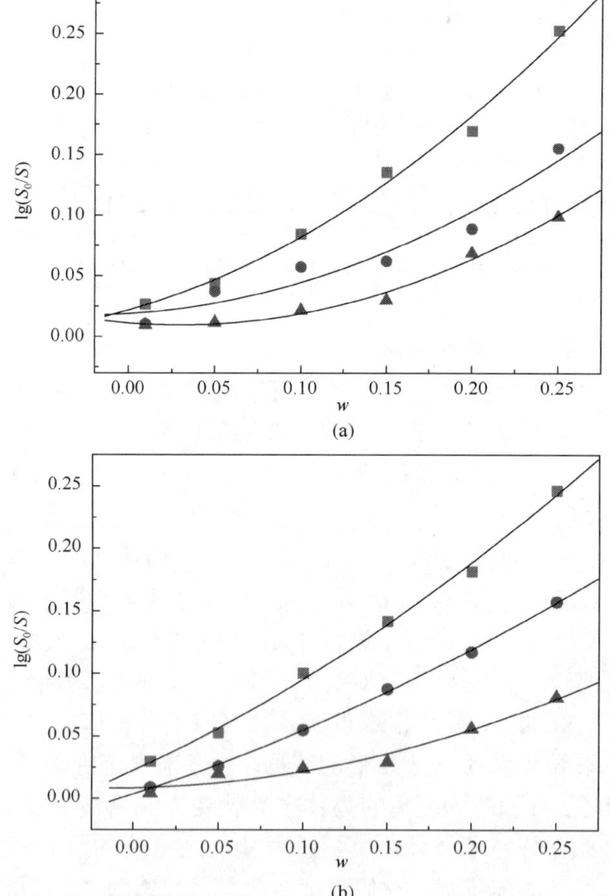

(a)

(b)

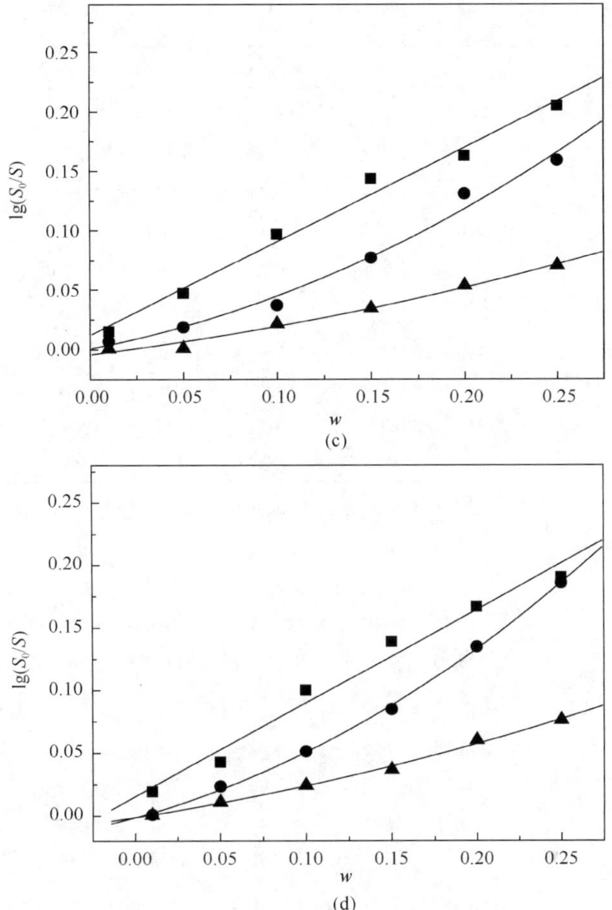

图 2-11　不同温度下不同盐溶液对双氰胺溶解过程的影响

(a) T=298.15K，(b) T=308.15K，(c) T=318.15K，(d) T=328.15K；■ LiCl，● NaCl，▲ KCl

基于式(2-103)～式(2-105)，计算了双氰胺在三种盐溶液中的标准确摩尔溶解焓 $\Delta_{sol}H_m^\circ$、标准摩尔溶解熵 $\Delta_{sol}S_m^\circ$ 及标准摩尔溶解吉布斯自由能 $\Delta_{sol}G_m^\circ$，计算结果列于表 2-28。

表 2-28　双氰胺在不同盐溶液中溶解过程的标准摩尔溶解焓、熵和吉布斯自由能

溶剂	T/K	$w=0.01$	$w=0.05$	$w=0.10$	$w=0.15$	$w=0.20$	$w=0.25$
		$\Delta_{sol}H_m^\circ/(J\cdot mol^{-1})$					
$NaCl+H_2O$	298.15	33181.76	36662.20	38110.66	31933.71	27787.10	36227.19
	308.15	34028.78	35365.65	35786.88	32649.83	30033.87	33474.47
	318.15	34875.81	34069.10	33463.11	33365.95	32280.63	30721.74
	328.15	35722.83	32772.55	31139.34	34082.06	34527.40	27969.02

续表

溶剂	T/K	w = 0.01	w = 0.05	w = 0.10	w = 0.15	w = 0.20	w = 0.25
		$\Delta_{sol}S_m^{\circ}/(J\cdot mol^{-1}\cdot K^{-1})$					
	298.15	71.93	83.07	87.42	66.59	52.30	79.28
	308.15	74.72	78.79	79.75	68.95	59.71	70.21
	318.15	77.43	74.65	72.33	71.24	66.88	61.42
	328.15	80.05	70.64	65.14	73.46	73.84	52.89
$NaCl+H_2O$		$\Delta_{sol}G_m^{\circ}/(J\cdot mol^{-1})$					
	298.15	11735.65	11894.79	12047.85	12078.67	12193.63	12587.63
	308.15	11002.30	11085.59	11212.24	11400.85	11633.36	11840.41
	318.15	10241.45	10318.47	10452.06	10699.79	11000.17	11182.54
	328.15	9453.97	9592.11	9764.92	9976.21	10296.34	10611.20
		$\Delta_{sol}H_m^{\circ}/(J\cdot mol^{-1})$					
	298.15	34637.44	36088.57	33756.61	33079.49	36484.85	38367.56
	308.15	34482.52	34984.57	33775.69	33266.54	35027.89	36311.26
	318.15	34327.60	33880.57	33794.76	33453.58	33570.94	34254.96
	328.15	34172.67	32776.57	33813.83	33640.63	32113.98	32198.65
		$\Delta_{sol}S_m^{\circ}/(J\cdot mol^{-1}\cdot K^{-1})$					
	298.15	76.82	81.48	73.60	71.22	81.89	87.59
$KCl+ H_2O$	308.15	76.31	77.85	73.67	71.84	77.08	80.81
	318.15	75.82	74.32	73.73	72.44	72.43	74.24
	328.15	75.34	70.90	73.79	73.02	67.92	67.87
		$\Delta_{sol}G_m^{\circ}/(J\cdot mol^{-1})$					
	298.15	11732.91	11793.03	11811.80	11843.81	12068.61	12251.36
	308.15	10967.26	10996.47	11075.46	11128.46	11273.85	11409.53
	318.15	10206.64	10235.74	10338.49	10407.04	10526.38	10634.43
	328.15	9450.88	9509.71	9600.92	9679.74	9824.71	9923.98
		$\Delta_{sol}H_m^{\circ}/(J\cdot mol^{-1})$					
	298.15	35489.08	32226.62	31869.03	31673.60	34809.79	38622.96
	308.15	34936.63	33473.96	32742.97	33020.19	34642.99	38480.97
	318.15	34384.17	34721.30	33616.92	34366.79	34476.18	38338.99
	328.15	33831.71	35968.64	34490.86	35713.38	34309.38	38197.00
$LiCl+H_2O$		$\Delta_{sol}S_m^{\circ}/(J\cdot mol^{-1}\cdot K^{-1})$					
	298.15	79.25	68.04	66.03	64.47	74.18	85.35
	308.15	77.43	72.16	68.91	68.92	73.63	84.87
	318.15	75.66	76.14	71.69	73.22	73.10	84.42
	328.15	73.95	80.00	74.40	77.38	72.58	83.98

续表

溶剂	T/K	w = 0.01	w = 0.05	w = 0.10	w = 0.15	w = 0.20	w = 0.25
		$\Delta_{sol}G_m^\circ/(J\cdot mol^{-1})$					
$LiCl+H_2O$	298.15	11860.39	11939.04	12183.67	12450.94	12691.76	13177.03
	308.15	11077.04	11237.90	11508.92	11783.87	11952.68	12325.92
	318.15	10311.62	10496.28	10805.81	11073.10	11219.02	11479.43
	328.15	9563.57	9715.44	10075.23	10320.00	10490.60	10637.39

由表 2-28 可以看出，双氰胺在氯化钠、氯化钾和氯化锂三种盐溶液中的溶解过程均是吸热的。另外，计算了双氰胺溶解过程的标准摩尔溶解吉布斯自由能，结果显示，所有体系的吉布斯自由能均是正值，但是用吉布斯自由能的正负来判断过程的自发性是对于非平衡过程而言的，由 $dG_m = dG_m^\circ + RT\ln Q$ 计算，Q 是体系没有达到平衡之前的溶质浓度。因此，若 Q 小于 x，dG 就是正值，溶解过程就会发生。基于这种考虑，推断双氰胺在氯化钠、氯化钾和氯化锂盐溶液的溶解过程是自发的。

2.4　双氰胺介稳区宽度及成核动力学

在冷却结晶过程中，双氰胺的介稳区宽度受很多因素影响，如饱和温度、搅拌强度、纯度、溶剂组成和降温速率等。表 2-29 中列出了双氰胺分别在甲醇、乙醇和水三种纯溶剂中的介稳区宽度数据。

表 2-29　不同温度下双氰胺在不同溶剂中的介稳区宽度

溶剂	T_0/K	ΔT_{max}/K				
		$b = 6K\cdot h^{-1}$	$b = 12K\cdot h^{-1}$	$b = 18K\cdot h^{-1}$	$b = 24K\cdot h^{-1}$	$b = 30K\cdot h^{-1}$
水	283.15	1.98	2.28	2.69	2.94	3.25
	293.15	2.77	3.16	3.48	3.54	3.97
	303.15	2.91	3.35	3.76	3.89	4.26
	313.15	3.19	3.66	3.97	4.52	4.65
	323.15	3.46	4.04	4.23	4.78	5.14
甲醇	283.15	0.26	0.66	0.98	1.19	1.57
	293.15	1.24	1.48	1.88	2.17	2.58
	303.15	1.46	1.93	2.33	2.54	2.85
	313.15	1.69	2.23	2.63	2.96	3.11
	323.15	1.91	2.63	3.12	3.58	3.94
乙醇	283.15	0.82	0.95	1.13	1.34	1.58
	293.15	0.96	1.12	1.36	1.51	1.79
	303.15	1.18	1.33	1.57	1.77	1.94
	313.15	1.46	1.57	1.82	1.93	2.17
	323.15	1.78	1.86	1.98	2.09	2.37

b 指降温速率；标准不确定度为 $u, u(T) = 0.01K$, $u(p) = 0.5\ kPa$, $u(\Delta T_{max}) = 0.02K$。

一般地，降温速率一定，介稳区宽度随饱和温度的升高逐渐降低，但是也有很多化合物的介稳区宽度随着饱和温度的升高而增加。张向阳等[70]测定了洛伐他汀在不同纯溶剂中的介稳区宽度，其变化规律是随着温度的升高介稳区宽度逐渐增加。在本节中实验温度选择 283.15K、293.15K、303.15K、313.15K、323.15K。图 2-12 展示的是不同温度下双氰胺在三种纯溶剂(甲醇、乙醇、水)中的介稳区宽度。对这三个体系，可以看到图中直线斜率和截距有所不同，其主要依赖于饱和温度的改变。双氰胺的介稳区宽度随温度升高而增加，其主要原因可能是温度的升高加快了溶质的扩散，降低了溶质分子的碰撞机会，这样会导致较低的成核速率，因此晶体析出时刻会滞后。晶体成核析出需要时间，也就是说，在搅拌速率比较大的情况下，晶核没有足够的时间形成可见晶体，因此介稳区宽度变宽。同样的缘故，双氰胺的介稳区宽度随着降温速率线性增加而增加。为了得到粒度分布均匀的双氰胺晶体，工业上一般需要在介稳区内控制结晶过程。

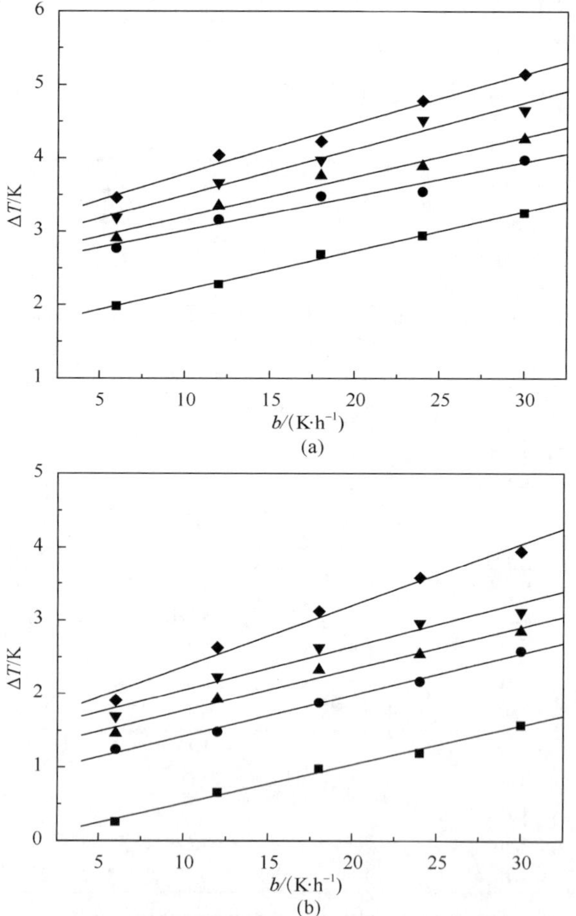

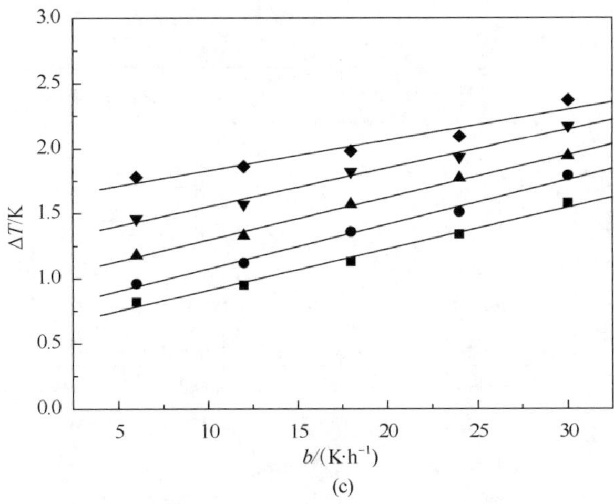

(c)

图 2-12　不同溶剂和不同降温速率对双氰胺冷却结晶介稳区宽度的影响

(a) 水，(b) 甲醇，(c) 乙醇；■ 283.15K，● 293.15K，▲ 303.15 K，▼ 313.15K，◆ 323.15 K

除此之外，从图 2-12 和表 2-29 可以看到，相同条件下双氰胺在纯水中的介稳区宽度比其在甲醇和乙醇中的介稳区宽度稍大，这可能是由溶质和溶剂分子之间的交互作用、所选溶剂的极性，以及双氰胺在三种溶剂中溶解度不同(一定温度下，溶解度的不同代表不同的过饱和度)导致的。溶剂极性可以用 $E_T(30)$ [71]值来表征，甲醇的 $E_T(30)$ 值是 55.4kcal · mol^{-1}，乙醇的 $E_T(30)$ 值是 51.9kcal · mol^{-1}，乙醇+水(4∶1) 的 $E_T(30)$ 值是 53.7kcal · mol^{-1}，有机溶剂的 $E_T(30)$ 值越大则该溶剂的极性越强。基于 self-consistent Nývlt-like 模型、Kubota 模型和经典 3D 成核模型，由双氰胺在不同溶剂中的介稳区宽度数据计算介稳区成核动力学参数，其用于推算双氰胺在不同溶剂中的成核机理，由三种成核动力学模型计算得到的，截距和斜率列于表 2-30 中，由图 2-13～图 2-15 可得到这些参数。

表 2-30　双氰胺在不同溶剂中的成核动力学参数

溶剂	T_0/K	self-consistent Nývlt-like 模型		经典 3D 成核模型		Kubota 模型	
		$-\varphi$	β	10^2F	Z	n	N_m/k_nV
水	283.15	2.200	0.308	0.438	0.232	2.241	0.126
	293.15	2.357	0.209	0.801	0.198	3.792	4.438
	303.15	2.587	0.179	1.367	0.185	4.558	16.567
	313.15	2.981	0.252	2.533	0.218	2.972	4.197
	323.15	3.063	0.222	3.227	0.206	3.508	10.188

续表

溶剂	T_0/K	self-consistent Nývlt-like 模型		经典 3D 成核模型		Kubota 模型	
		$-\varphi$	β	10^2F	Z	n	N_m/k_nV
甲醇	283.15	5.538	0.425	4.904	0.250	0.085	0.057
	293.15	4.068	0.449	7.481	0.258	1.214	0.107
	303.15	3.853	0.388	9.775	0.255	1.427	0.172
	313.15	3.762	0.410	12.285	0.265	1.576	0.254
	323.15	3.645	0.385	9.828	0.251	1.598	0.344
乙醇	283.15	3.424	0.472	2.862	0.260	1.119	0.044
	293.15	3.831	0.407	8.178	0.251	1.457	0.052
	303.15	3.934	0.351	12.383	0.243	1.847	0.077
	313.15	3.927	0.281	15.051	0.223	2.559	0.120
	323.15	3.919	0.245	16.264	0.211	3.076	0.239

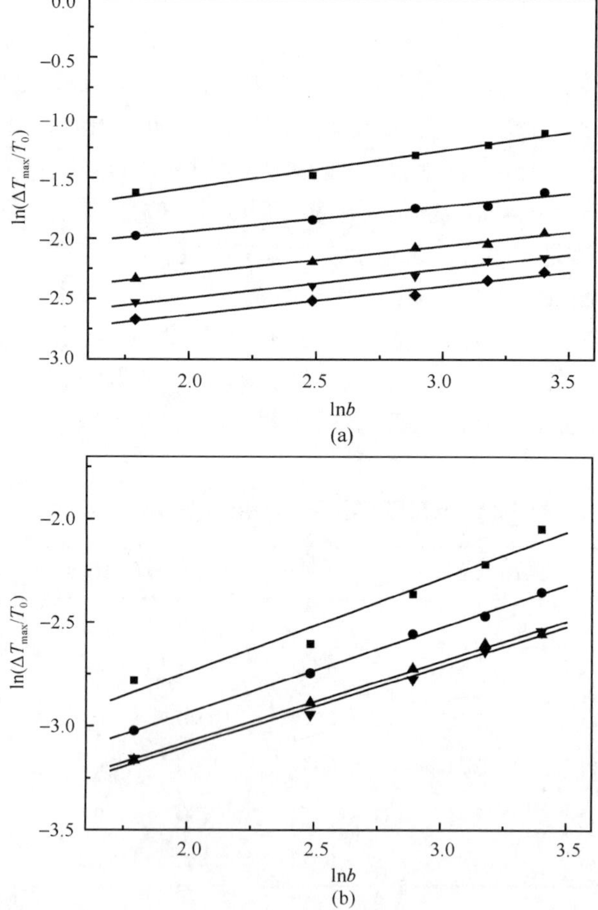

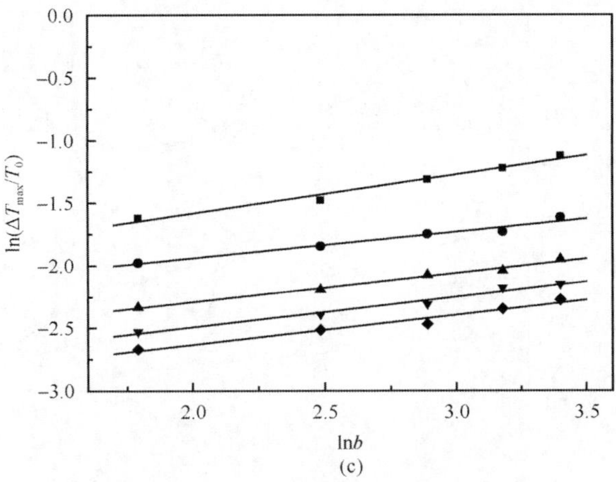

(c)

图 2-13　self-consistent Nývlt-like 模型对双氰胺在不同溶剂中的介稳区宽度的关联图

(a) 水，(b) 甲醇，(c) 乙醇；(a) 和 (c) 中，■ 283.15K，● 293.15K，▲ 303.15K，▼ 313.15K，◆ 323.15K；(b) 中，■ 293.15K，● 303.15K，▲ 313.15K，▼ 323.15K

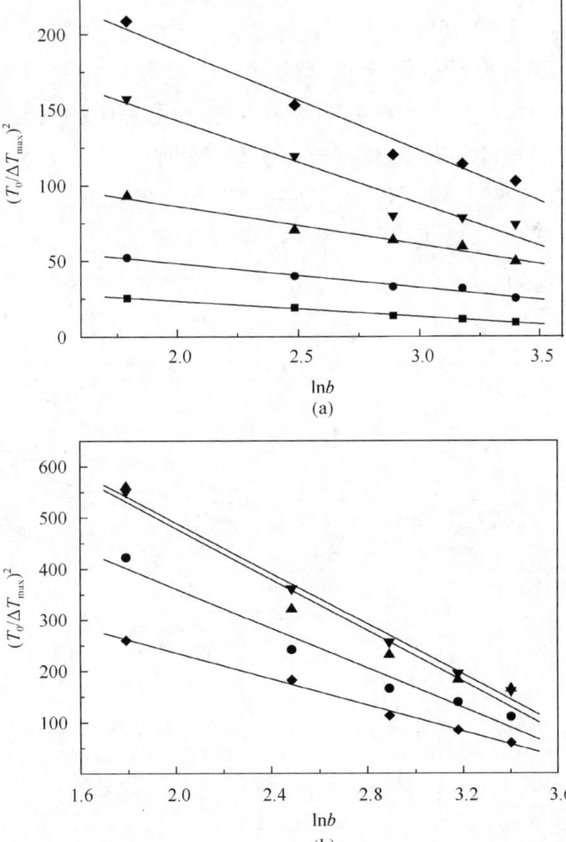

(b)

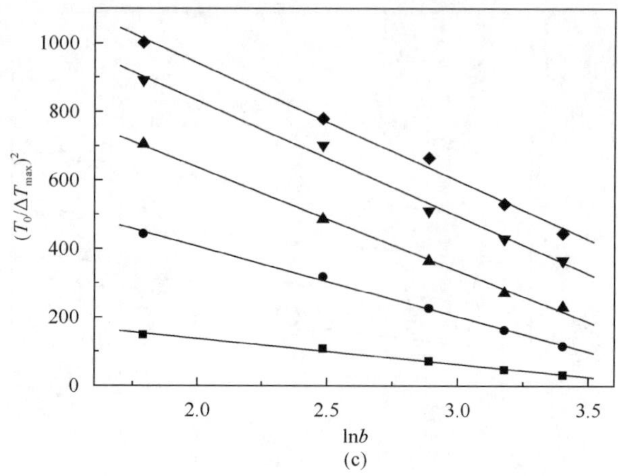

图 2-14　经典 3D 成核模型对双氰胺在不同溶剂中的介稳区宽度的关联图

(a)水，(b)甲醇，(c)乙醇；(a)和(c)中，■ 283.15K，● 293.15K，▲ 303.15K，▼ 313.15 K，◆ 323.15K；(b)中，■ 293.15K，● 303.15K，▲ 313.15K，▼ 323.15K

近似成核级数常用于推断晶体的成核机理，双氰胺在水和甲醇中结晶成核的平均成核级数约为 4.42 和 2.46。对于乙醇体系，平均成核级数有 60%都超过了 3.00。在文献中报道[72]，通过介稳区测定推算的近似成核级数 m 大于 3 表明，晶体在溶液中的成核是连续成核机理，因此双氰胺在甲醇和乙醇中相对较低的成核级数表明晶体在溶液中析出成核的机理为瞬时成核机理(即时成核)；显然，根据平均的成核级数数值大小可以推断出双氰胺在水中的成核机理为连续成核。图 2-15 是用 $\lg(\Delta T_{max})$ 对 $\ln b$ 作图，通过 Kubota 模型计算的双氰胺在水、甲醇、乙醇中的近似成核级数的数值分别为 3.41、1.45、2.01。由该模型计算的双氰胺在水中的近似成核级数大于 3，在甲醇和乙醇中的近似成核级数均小于 3，这与由前面两种成核动力

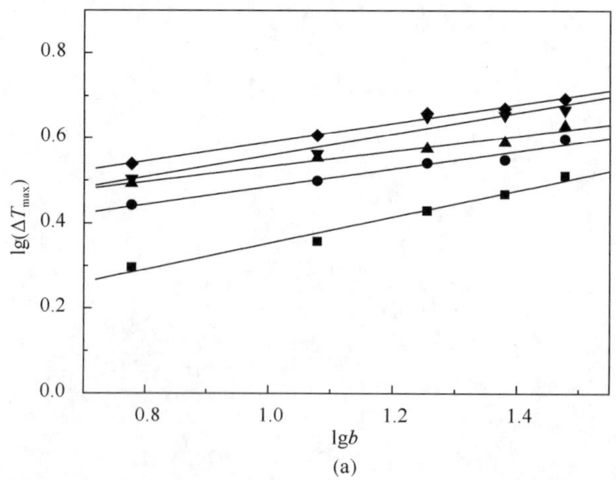

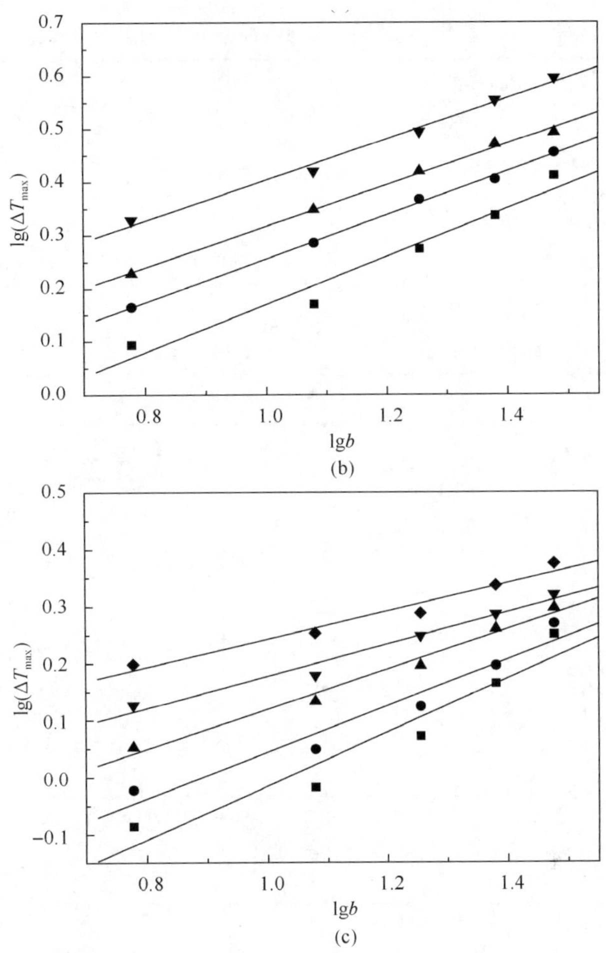

图 2-15　Kubota 模型对双氰胺介稳区宽度的关联图

(a)水，(b)甲醇，(c)乙醇；(a)和(c)中，◆ 283.15K，▼ 293.15K，▲ 303.15K，● 313.15K，■ 323.15K；(b)中，▼ 293.15K，▲ 303.15K，● 313.15K，■ 323.15K

学模型得到的双氰胺在几种纯溶剂中的近似成核级数而推断出的成核机理是一致的。另外，一种成核机理也验证了另一种成核机理的正确性。

根据式(2-107)计算的 $\ln(F^{1/2})$ 和 $-\varphi$ 分别对 $1/T_0$ 的线性关系列于表 2-31，并且绘制在图 2-16 中。双氰胺在乙醇中成核需要的活化能稍低于其在水和甲醇中的，如双氰胺在水、甲醇、乙醇中成核需要的活化能分别为 $1.431\text{kJ}\cdot\text{mol}^{-1}$、$1.293\text{kJ}\cdot\text{mol}^{-1}$ 和 $1.021\text{kJ}\cdot\text{mol}^{-1}$，由此看来双氰胺在水中成核需要的能量更高一些。

表 2-31　双氰胺在不同溶剂中成核需要的活化能 E_{sat}

溶剂	Plot 函数	截距	E_{sat}/(kJ · mol^{-1})
水	$-\varphi(1/T_0)$	7.445	1.431
	$[\ln(F^{1/2})](1/T_0)$	3.983	1.955
甲醇	$-\varphi(1/T_0)$	0.372	1.293
	$[\ln(F^{1/2})](1/T_0)$	9.918	1.954
乙醇	$-\varphi(1/T_0)$	7.184	1.021
	$[\ln(F^{1/2})](1/T_0)$	9.702	1.900

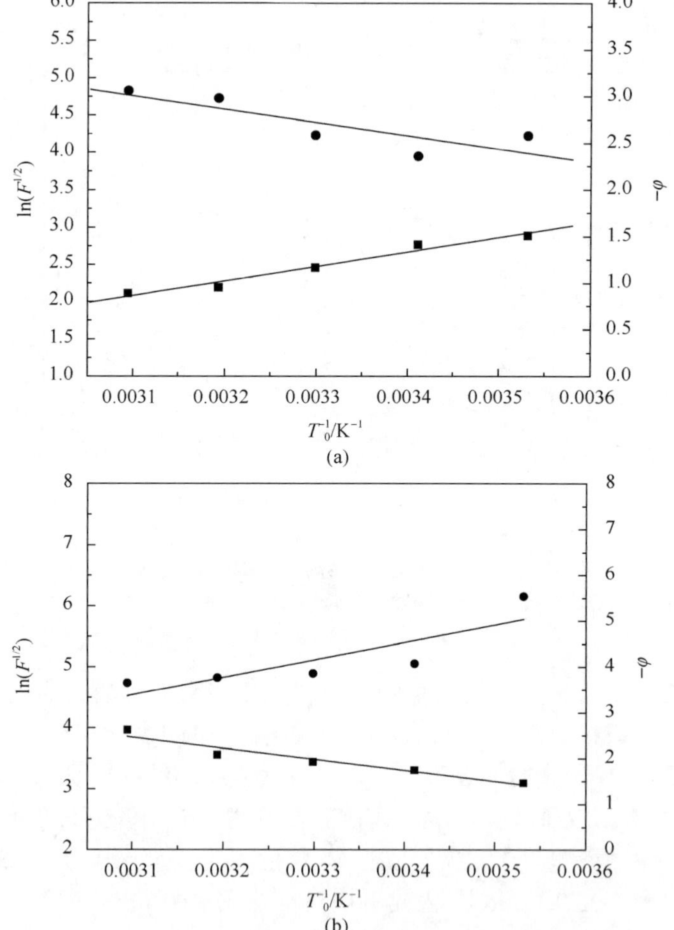

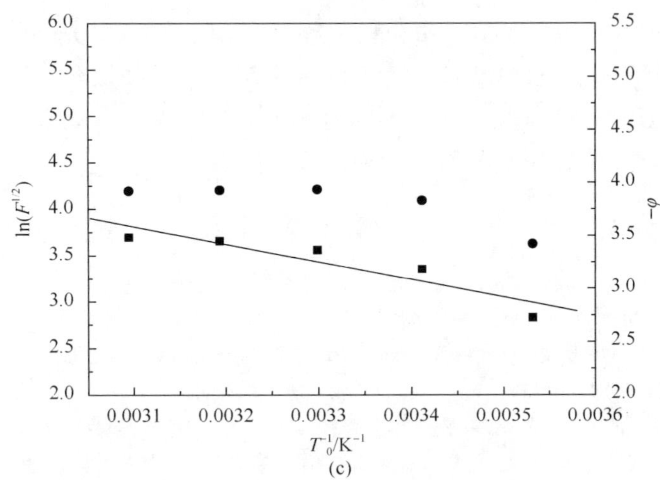

(c)

图 2-16　双氰胺在不同溶剂中成核的 ln($F^{1/2}$) 和$-\varphi$ 对 T_0^{-1} 的线性关系图

● $-\varphi$，■ ln($F^{1/2}$)；(a) 水，(b) 甲醇，(c) 乙醇

Sangwal 提出，$-\varphi$ 和 ln($F^{1/2}$) 作为温度的函数这一关系可以用 Arrhenius-type 方程来表达：

$$\ln y = y_0 - \frac{E_{\text{sat}}}{RT} \tag{2-107}$$

式中，ln$y$ 为$-\varphi$ 或 ln($F^{1/2}$)；指前因子 y_0 为 T_0 趋于无限大时$-\varphi_0$ 或[ln($F^{1/2}$)]$_0$ 的外推值；E_{sat} 为晶体在溶液中成核需要的活化能。

2.5　本 章 小 结

(1) 采用平衡法测定了双氰胺在水、甲醇、乙醇、乙二醇、丙酮、*N,N*-二甲基甲酰胺六种纯溶剂及水+甲醇、水+乙二醇、水+*N,N*-二甲基甲酰胺混合溶剂中的固液相平衡数据。

(2) 测定了 298.15～328.15 K 下双氰胺在三种碱金属氯化物盐(氯化钠、氯化钾、氯化锂)溶液中的溶解度。同时考察了三种盐对双氰胺的盐析效应，三种碱金属盐溶液浓度(质量分数)从 1%变化到 25%，双氰胺在三种碱金属盐溶液中的溶解度(x_e)变化范围是 2.4236×10^{-3}～14.9933×10^{-3}(NaCl)，2.7058×10^{-3}～14.9912×10^{-3}(KCl)和 2.0026×10^{-3}～14.3697×10^{-3}(LiCl)。相应的盐析率变化范围分别为 0.89%～46.69%(NaCl)、0.87%～35.61%(KCl)和 4.9%～52.34%(LiCl)。

(3) 测定了 293.15～323.15K 下双氰胺在甲醇、乙醇和水中的介稳区宽度，双氰胺在水中的介稳区宽度变化范围为 1.98～5.14℃，在甲醇和乙醇中的介稳区宽度变化范围分别为 0.26～3.94℃和 0.82～2.37℃。用 self-consistent Nývlt-like 模型、Kubota 模型和经典的 3D 成核模型对介稳区宽度进行关联拟合，得到了近似成核级数，由此推断出了双氰胺在三种不同溶剂中的成核机理：双氰胺在水中的成核机理为瞬时成核，而在甲醇和乙醇中为连续成核。

参考文献

[1] 王静康. 化学工业手册: 结晶(上卷). 2 版. 北京: 化学工业出版社, 1996

[2] 彭笑刚. 物理化学讲义. 北京: 高等教育出版社, 2012

[3] 周利民. 添加剂对硫酸钙结晶过程的影响. 天津: 天津轻工业学院硕士学位论文, 2000

[4] 李文钊. 核黄素结晶分离纯化研究. 天津: 天津大学博士学位论文, 2007

[5] 黎文超. 合成碳酸二苯酯相关体系固液平衡研究. 湖北: 武汉工程大学硕士学位论文, 2008

[6] 陈素宁. 癸二酸、壬二酸和 NTS 酸生产中固液平衡的测定与研究. 天津: 天津大学硕士学位论文, 2009

[7] Prausnitz J M,Lichenthaler R N, Azevedo E G. Molecular Thermodynamics of Fluid-Phase Equilibria. 3th ed. New York: Pearson Education, 1999

[8] Hao H, Wang J, Wang Y. Solubility of dexamethasone sodium phosphate in different solvents. J Chem Eng Data, 2004, 49(6):1697-1698

[9] Buchowski H. Solubility of solids in liquids: one-parameter solubility equation. Fluid Phase Equilib, 1986, 25(3): 273-278

[10] 刘国柱, 程淑颖, 王莅,等. 2-戊基蒽醌在 TMB/TOP 中溶解度的测定与关联. 化工学报, 2004, 55(4): 640-642

[11] Jouyban-Gharamaleki A, Hanaee J. A novel method for improvement of predictability of the CNIBS/R-K equation. Int J Pharmaceut, 1997, 154(2): 245-247

[12] Noubigh A, Jeribi C, Mgaidi A. Solubility of gallic acid in liquid mixtures of(ethanol+ water) from(293.15 to 318.15) K. J Chem Thermodyn, 2012, 55: 75-78

[13] Jouyban A, Acree W E. Prediction of drug solubility in ethanol-ethyl acetate mixtures at various temperatures using the Jouyban-Acree model. J Drug Deliv Sci Tec, 2007, 17(2): 159-160

[14] Jouyban A, Chan H K, Chew N Y, et al. Solubility prediction of paracetamol in binary and ternary solvent mixtures using Jouyban-Acree model. Chem Pharmaceut Bull, 2006, 54(4): 428-431

[15] 栾清华. 五水 L-乳酸钙结晶过程研究. 天津: 天津大学博士学位论文, 2015

[16] Khoubnasabjafari M, Shayanfar A, Martinez F, et al. Generally trained models to predict solubility of drugs in carbitol+water mixtures at various temperatures. J Mole Liq, 2016, 219: 435-438

[17] 陈钟秀, 顾飞燕, 胡望月. 化工热力学. 3 版. 北京: 化学工业出版社, 2012

[18] Wilson G M. Vapor-liquid equilibrium.XI. A new expression for the excess free energy of mixing. J Am Chem Soc, 1964, 86(2): 127-130

[19] Renon H, Prausnitz J M. Local compositions in thermodynamic excess functions for liquid mixtures. AIChE J, 1968, 14(1): 135-144

[20] 侯怀宇, 谢刚, 刘国华, 等. 用 NRTL 方程预测三元、四元液态合金体系的热力学数据. 金属学报, 1999, 35(3): 292-295

[21] 朱自强, 吴有庭. 化工热力学. 北京: 化学工业出版社, 2009

[22] Abrams D S, Prausnitz J M. Statistical thermodynamics of liquid mixtures: a new expression for the excess Gibbs energy of partly or completely miscible systems. AIChE J, 2004, 21(1): 116-128

[23] Guggenheim E A. Mixtures: The Theory of the Equilibrium Properties of Some Simple Classes of Mixtures Solutions and Alloys (The International Series of Monographs on Physics). London: Clarendon Press, 1952

[24] Fredenslund A. Vapor-Liquid Equilibria Using UNIFAC: A Group-Contribution Method. New York: Elsevier, 2012

[25] Fredenslund A, Jones R, Prausnitz J M. Group-contribution estimation of activity coefficients in nonideal liquid mixtures. AIChE J, 1975, 21: 1086-1099

[26] Klamt A, Eckert F. COSMO-RS: a novel and efficient method for the a priori prediction of thermophysical data of liquids. Fluid Phase Equilibr, 2000, 172 (1): 43-72

[27] Lin S T, Sandler S I. Apriori phase equilibrium prediction from a segment contribution solvation model. Ind Eng Chem Res, 2002, 41 (5): 899-913

[28] Hopfield J J. Neural networks and physical systems with emergent collective computational abilities. Pro Natl Acad Sci USA, 1982, 79 (8): 2554-2558

[29] Rumelhart D E, Hinton G E, Williams R J, et al. Learning representations by back-propagating errors. Nature, 1986, 323 (6088): 533-536

[30] Lippmann R P. An introduction to computing with neural nets. Acm Sigarch Computer Architecture News, 1987, 16 (1): 7-25

[31] Wiener H. Structural determination of paraffin boiling points. J Am Chem Soc, 1947, 69 (1): 17-20

[32] Wiener H. Relation of the physical properties of the isomeric alkanes to molecular structure: surface tension, specific dispersion, and critical solution temperature in aniline. J Phys Colloid Chem, 1948, 52 (6): 1082-1089

[33] Sprunger L M, Gibbs J, Proctor A, et al. Linear free energy relationship correlations for room temperature ionic liquids: revised cation-specific and anion-specific equation coefficients for predictive applications covering a much larger area of chemical space. Ind Eng Chem Res, 2009, 48 (8): 4145-4154

[34] Abraham M H, Ibrahim A, Zissimos A M. Determination of sets of solute descriptors from chromatographic measurements. J Chromatogr A, 2004, 1037 (1–2): 29-47

[35] 丁绪淮，谈遒. 工业结晶. 北京: 化学工业出版社, 1985

[36] 宋彦梅. 甘氨酸结晶过程及多晶型现象研究. 天津: 天津大学硕士学位论文, 2004

[37] Sangwal K. Solubility of ammonium oxalate in water-aceton mixtures and metastable zone width of their solutions. Chem Eng Res Des, 2014, 92 (3): 491-499

[38] 赵建海, 汪瑾, 宋兴福, 等. 六氨氯化镁初级成核研究. 化工学报, 2005, 56 (2): 281-284

[39] 丁海兵. 粗对苯二甲酸结晶过程的研究与模拟. 天津: 天津大学硕士学位论文, 2004

[40] 施荣伟. 间苯二甲腈结晶精制工艺的研究. 天津: 天津大学硕士学位论文, 2007

[41] 王灵涛. 乙酰甲胺磷冷却结晶过程研究. 天津: 天津大学硕士学位论文, 2007

[42] 武洁花. 头孢唑林钠结晶过程研究. 天津: 天津大学博士学位论文, 2007

[43] 孟彩红. 罗红霉素的合成方法研究. 北京: 北京化工大学硕士学位论文, 2006

[44] Mullin W. Crystallization. 4th ed. London: Butterworth-Heine-mann, 2001

[45] 曹语晴, 李军, 罗建洪, 等. 四水硝酸钙结晶动力学研究. 无机盐工业, 2012, 44 (12): 22-25

[46] Laguerie C, Angelino H. Industrial Crystallization: Growth Rate of Citric Acid Monohydrate Crystals in A Liquid Fluidized Bed. New York: Springer, 1976: 135-143

[47] 孟庆芬. 盐卤体系中硼酸(盐)介稳区性质的研究. 西宁: 中国科学院青海盐湖研究所硕士学位论文, 2007

[48] 叶铁林. 化工结晶过程原理及应用. 北京: 北京工业大学出版社, 2006

[49] Nývlt J. The Kinetics of Industrial Crystallization. New York: Elsevier, 1985

[50] Kubota N. A new interpretation of metastable zone widths measured for unseeded solutions. J Cryst Growth, 2008, 310: 629-634

[51] Sangwal K. A novel self-consistent Nývlt-like equation for metastable zone width determined by the polythermal method. Cryst Res Technol, 2009, 44: 231-247

[52] Sangwal K. Effect of impurities on the metastable zone width of solute-solvent systems. J Cryst Growth, 2009, 311: 4050-4061

[53] Sangwal K. Novel approach to analyze metastable zone width determined by the polythermal method: physical interpretation of various parameters. Cryst Growth Des, 2009, 9: 942-950

[54] Xu S J, Wang J K, Zhang K K, et al. Nucleation behavior of eszopiclone-butyl acetate solutions from metastable zone widths. Chem Eng Sci, 2016, 155: 248-257

[55] Kobari M, Kubota N, Hirasawa I. Computer simulation of metastable zone width for unseeded potassium sulfate aqueous solution. J Cryst Growth, 2011, 317 (1): 64-69

[56] Oshima Y. Study on melamine. Ⅲ. Synthesis of melamine from dicyandiamide by means of liguid ammonia under pressure. Science Reports of the Research Institutes, Tohoku University. Ser. A, Physics, Chemistry and Metallurgy, 1951, 3: 126-129

[57] Reichardt C. Solvatochromic dyes as solvent polarity indicators. Chem Rev, 1994, 94: 2319-2358

[58] Ellison S L R, Rosslein M, Williams A. EURACHEM/CITAC Guide: Quantifying Uncertainty in Analytical Measurement. 2nded. 2000

[59] Smith J M, van Ness H C, Abbott M M. Introduction to Chemical Engineering Thermodynamics. 7th ed. Boston: McGraw-Hill Higher Education Press, 2005

[60] Noubigh A, Mgaidi A, Elise P. Temperature and salt addition effects on the solubility behaviour of some phenolic compounds in water. J Chem Thermodyn, 2017, 39: 297-303.

[61] Zhang H, Yin Q X, Liu Z K, et al. Measurement and correlation of solubility of dodecanedioic acid in different pure solvents from T=(288.15 to 323.15) K. J Chem Thermodyn, 2014, 68: 270-274

[62] Meng Z B, Hu Y H, Kai Y M. Thermodynamics of solubility of thiomalic acid in different organic solvents from 278.15K to 333.15K. Fluid Phase Equilibr, 2013, 352: 1-6

[63] Sousa J M M V, Almeida J P B, Ferreira A G M, et al. Solubility of HFCs in lower alcohols. Fluid Phase Equilibr, 2011, 303 (2): 115-119

[64] Khoshkbarchi M K,Vera J H. Effect of NaCl and KCl on the solubility of amino acids in aqueous solutions at 298.2K: measurements and modeling. Ind Eng Chem Res，1997，36 (6)：2445-2451

[65] Whitehouse B G. The effects of temperature and salinity on the aqueous solubility of polynuclear aromatic hydrocarbons. Mar Chem, 1984, 14 (4): 319-332

[66] Noubigh A,Abderrabba M, Provost E. Temperature and salt addition effects on the solubility behaviour of some phenolic compounds in water. J Chem Thermodyn, 2007, 39 (2): 297-303

[67] Koneshan S,Rasaiah J C, Lynden-Bell R M, et al. Solvent structure, dynamics, and ion mobility in aqueous solutions at 25℃. J Phys Chem B, 1998, 102 (21): 4193-4204

[68] 林联君, 房春晖, 房艳, 等. 球形氢键模型预测电解质溶液中的离子水合数. 盐湖研究, 2006, 3: 43-48

[69] Eisen E O, Joffe J. Salt effects in liquid-liquid equilibria. J Chem Eng Data, 1966, 11 (4): 480-484

[70] Zhang X Y, Yang Z Q, Chai J, et al. Nucleation kinetics of lovastatin in different solvents from metastable zone widths. Chem Eng Sci, 2015, 133: 62-69

[71] Christian R. Solvatochromic dyes as solvent polarity indicators. Chem Rev, 1994, 94: 2319-2358

[72] Sangwal K. Recent developments in understanding of the metastable zone width of different solute solvent systems. J Cryst Growth, 2011, 318: 103-109

第 3 章　双氰胺冷却-盐析耦合结晶过程

3.1　工业结晶方法

工业结晶方法一般可分为溶液结晶法、熔融结晶法、升华法、沉淀法四类[1]。其中溶液结晶法是应用最广泛的一种，按照结晶过程过饱和度产生的方法特征，溶液结晶法主要可分为五种基本类型：冷却法、蒸发法、真空冷却法、盐析法和反应结晶法[2]。

3.1.1　冷却法

冷却法的结晶过程基本上不去除溶剂，而是使溶液冷却降温，成为过饱和溶液。此法适用于溶解度随温度的降低而显著下降的物系，即图 3-1 中溶解度曲线特征以曲线Ⅳ为代表的那些物系，它们具有较大的 $dC^{*}/d\theta$ 值。

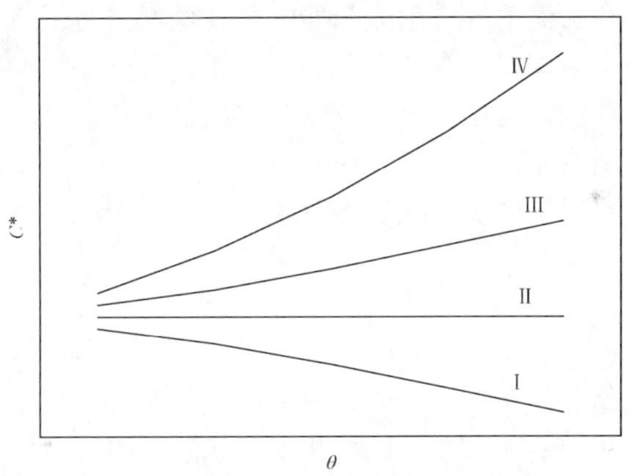

图 3-1　溶解度曲线的分类

冷却的方法又可分为自然冷却、间壁冷却及直接接触冷却。

(1) 自然冷却是使溶液在大气中冷却而结晶，最简单的冷却结晶器是无搅拌的结晶釜，热的结晶母液置于釜中，自然冷却结晶，但所得晶体纯度较差，容易发生结块现象。另外，设备所占空间较大，生产能力较低。由于这种结晶过程设备造价低，安装使用条件要求不高，目前在某些产品量不大，对产品纯度及粒度要求不严格的情况下，仍在使用。

(2) 间壁冷却是应用广泛的工业结晶方法，在几种结晶方法中冷却法结晶消耗能量较少，但冷却传热面的传热系数较低，所允许采用的温差又小，所以一般多用在产量较小的场合，或生产规模虽较大但其结晶方法不合算的场合。间壁冷却法的主要困难在于冷却表面上常会有晶体结出，称为晶疤或晶垢，使冷却效果下降，而从冷却面上清除晶疤往往需消耗较多的工时。

(3) 直接接触冷却法包括已采用的以空气为冷却剂与溶液直接接触冷却的方法；与结晶母液不互溶的碳氢化合物等惰性液体(如乙烯、氟利昂)为冷却剂使溶液与之直接接触而冷却的方法，借助于这些惰性液体的蒸气气化而直接制冷；以及近年来受到重视的采用专业的液态冷冻剂使溶液与之直接接触而冷却，在冷却过程中冷冻剂气化的方法。这种直接接触冷却有效地克服了间壁冷却的缺点。

目前，在润滑油脱蜡、水脱盐及某些无机盐生产中使用这个方法。结晶设备有简单釜状、回转式、湿壁塔式等多种类型[3]。

3.1.2 蒸发法

蒸发法是去除一部分溶剂的结晶法，它使溶液在加压、常压或减压下加热蒸发而浓缩以达到过饱和。此法主要适用于溶解度随温度的降低而变化不大的物系或具有逆溶解度的物系，如图 3-1 中曲线Ⅰ、Ⅱ所代表的 $dC^*/d\theta$ 值很小或为负值的物系。晒盐是目前最简单的应用太阳能的蒸发结晶过程。蒸发法结晶消耗的热能最多，加热面的结垢问题也会使操作遇到困难，故除了这两类物系外，一般不常采用。为了节省热能，常由多个蒸发结晶器组成多级蒸发器，使操作压力逐渐降低，以便重复利用热能。

目前蒸发法主要用于糖及盐类的工业生产过程。结晶设备有自然循环及强迫循环的蒸发结晶器等[4]。

3.1.3 真空冷却法

真空冷却法是使溶剂在真空下闪急蒸发而绝热冷却，实质上是以冷却及去除一部分溶剂的浓缩两种效应来产生过饱和度。此法适用于 $dC^*/d\theta$ 值中等的物系，如图 3-1 曲线Ⅲ所代表的物系。这是 20 世纪 50 年代以来更多采用的结晶方法，这种方法所用的主体设备较简单，操作稳定。最突出之处是器内无换热面，因而不存在晶垢妨碍传热而需经常清理的问题，且设备的防腐蚀问题也比较容易解决。同时，操作人员的劳动条件好，劳动生产率高，为大规模生产中首先考虑的结晶方法。真空冷却法的操作压力一般可低至 0.001Mpa，甚至更低。真空的产生常采用多级蒸气喷射泵及热力压缩机，其能量消耗远远高于不用真空的冷却法。在大型生产中常由多个真空冷却结晶器组成多级结晶器，使操作真空度逐级提高，以节约前级的喷射泵的能量消耗。

近几年来遍及世界的能源危机使这种结晶方法的优势地位也受到威胁，人们在寻觅降低它的能量消耗的措施，或考虑用直接接触冷却法取代它的可能性。

上述三种主要结晶方法的适用范围的划分并不是绝对的。例如，$dC^*/d\theta$ 值中等的物系也可采用冷却法；相反地，$dC^*/d\theta$ 值较高的物系也可以采用真空冷却法。

3.1.4　盐析法

另一种生产过饱和溶液的方法是向物系加入某些物质，来降低溶质在溶剂中的溶解度，这在工业中也是常见的方法。所加入的物质可以是固体，也可以是液体或气体，这种物质往往叫做稀释剂或沉淀剂。对所加物质的要求为：能溶解于原溶液中的溶剂，但不溶解于被结晶的溶质，而且在有必要时溶剂与稀释剂的混合物易于分离(如用蒸馏法)。这种结晶法之所以叫做盐析法，是因为 NaCl 是一种最常用的沉淀剂。例如，在联合制碱法中，向低温的饱和氯化铵母液中加入 NaCl，利用共同离子效应，使母液中的氯化铵尽可能多地结晶出来，以提高其产率。又如，向某些有机化合物的水溶液中加盐使之结晶出来，更是人们熟知的方法。液体稀释剂也是常用的物质，例如，在不纯的混合水溶液中加入适当溶剂(如甲醇、异丙醇、丙酮)以制取纯的无机盐等。此法也常用于使不溶于水的有机物质从可溶于水的有机溶剂中结晶出来，此时加入溶液中的是一定量的水，因此也可以叫做“水析”结晶法。还可使用气体，例如，气态氨溶于无机盐水溶液以后可改变这些盐的溶解度，使溶液过饱和而便于无机盐结晶出来。盐析法是这些方法的统称。

盐析法的优点有：①可与冷却法结合，提高溶质从母液中的回收率；②结晶过程可把温度保持在较低的水平，这对不耐热物质的结晶有利；③在某些情况下，杂质在溶剂与稀释剂的混合物中有较高的溶解度，而保留在母液中，从而简化了晶体的提纯。此法最大的缺点是常需回收设备以处理母液，分离溶剂和稀释剂。

3.1.5　反应结晶法

气体与液体或液体与液体之间进行化学反应以产生固体沉淀，这在化工生产中是很常见的情况。这显然是反应产物在液相中的浓度超过饱和浓度的结果。小心控制过饱和度，也可获得符合粒度分布要求的晶体产品。反应结晶法在有些情况下所使用的结晶器可以是一般的通用型；但也有一些反应结晶过程，例如，从硫酸及含氨焦炉气生产$(NH_4)_2SO_4$、从盐水及窑炉气生产碳酸氢钠等，要求使用专用的特殊型设备。

3.2　双氰胺冷却-盐析耦合结晶过程研究

一般来说，过饱和度产生速度越慢，产品的粒度则越大[5]。结晶过程由于搅拌等其他因素的影响，产品的粒度存在一个极限值。同时，如果过饱和度产生速度太慢，生产成本则增加太多。因而不同体系需要根据具体产品的物性和产品的市场要求来对结晶工艺进行综合的优化，以期在较低的成本下得到最好的产品。对于很多产品的生产过程，如果产品粒度大且均匀，能简化后续的离心分离和干燥过程，节约后续处理成本。因而，结晶过程优化也能起到降低生产成本的作用。

3.2.1 温度对双氰胺结晶过程的影响

冷却结晶过程中，温度是必不可少的考察因素，温度决定溶液的饱和度，直接影响结晶过程。本节首先考察不同温度对双氰胺冷却-盐析耦合结晶过程的影响。其他影响因素都控制不变(降温速率：$0.1K\cdot min^{-1}$，搅拌速率一定，盐析剂质量分数为 5%，40 目晶种添加量为理论产量的 1%)实验结果见表 3-1。

表 3-1 不同温度下双氰胺晶体产品的筛分结果

目数	303.15K		313.15K		323.15K		333.15K		343.15K	
	m'/g	w	m'/g	w	m'/g	w	m'/g	w	m'/g	w
24	0.0041	0.0021	1.1198	0.2506	1.9701	0.2366	3.4323	0.2463	3.0864	0.1693
40	1.4610	0.8716	2.6215	0.5867	5.0207	0.6029	6.7719	0.4859	11.0212	0.6044
60	0.0900	0.0537	0.4044	0.0905	0.5208	0.0625	2.4635	0.1767	2.7578	0.1512
80	0.0704	0.0420	0.1812	0.0406	0.4172	0.0501	0.8015	0.0575	0.6818	0.0374
100	0.0889	0.0530	0.0536	0.0120	0.2770	0.0333	0.2053	0.0147	0.3649	0.0200
120	0.0763	0.0455	0.0173	0.0039	0.1278	0.0153	0.0578	0.0041	0.0534	0.0029
140	0.0525	0.0313	0.0172	0.0038	0.1181	0.0142	0.0635	0.0046	0.1338	0.0073
160	0.0615	0.0367	0.0203	0.0045	0.0912	0.0110	0.0407	0.0029	0.0637	0.0035
200	0.0421	0.0251	0.0461	0.0103	0.0658	0.0079	0.0563	0.0040	0.0954	0.0052
S	40～60		24～40		24～40		24～40		24～40	
M/%	92.53		83.73		83.95		73.22		73.37	
A/μm	439.04		503.66		499.43		497.62		465.15	
NaCl 质量分数/%	0.00001		0.00001		0.00001		0.00017		0.00010	
Y/%	86.26		93.72		92.88		90.35		89.92	

S 为主粒度目数；M 为主粒度质量分数；A 为平均粒度；Y 为产率；m'为对应目数的标准筛上的双氰胺质量；w 为质量分数。

双氰胺产品筛分后，用式(2-76)计算晶体粒度分布的变异系数和中间粒度，计算结果见表 3-2 和表 3-3。

表 3-2 不同实验条件下双氰胺晶体产品中间粒度表

温度/K	MS/μm	降温速率/($K\cdot min^{-1}$)	MS/μm	搅拌速率/($r\cdot min^{-1}$)	MS/μm	晶种添加量/%	MS/μm	陈化时间/min	MS/μm	盐析剂含量/%	MS/μm
303.15	373.67	0.1	477.22	100	509.54	1	1128.37	10	435.01	1	513.11
313.15	477.22	0.2	437.19	200	560.02	5	693.77	20	431.22	3	507.10
323.15	474.98	0.3	435.94	250	486.67	10	575.42	30	422.06	6	529.92
333.15	510.12	0.4	504.90	300	584.58	15	515.16	40	417.12	9	534.43
343.15	451.31	0.5	423.14	400	622.09	20	474.07	50	433.08	12	525.42

表 3-3　不同实验条件下双氰胺晶体产品粒度分布变异系数表

温度/K	CV	降温速率/($K \cdot min^{-1}$)	CV	搅拌速率/($r \cdot min^{-1}$)	CV	晶种添加量/%	CV	陈化时间/min	CV	盐析剂含量/%	CV
303.15	0.48	0.1	0.51	100	0.58	1	0.74	10	0.51	1	0.57
313.15	0.51	0.2	0.50	200	0.58	5	0.65	20	0.51	3	0.55
323.15	0.51	0.3	0.49	250	0.53	10	0.61	30	0.49	6	0.58
333.15	0.53	0.4	0.54	300	0.56	15	0.57	40	0.50	9	0.58
343.15	0.50	0.5	0.50	400	0.62	20	0.54	50	0.51	12	0.58
				500	0.56					15	0.57

图 3-2 绘制的是温度对双氰胺盐析结晶过程的影响。由图 3-2 可以看到，温度对平均粒度有显著的影响，双氰胺产品的平均粒度随温度先增加，之后趋于平缓，最后减小。当实验温度从 30℃增加至 40℃，其平均粒度急剧增加，从 439.04μm 增加到 503.66μm，同时当温度为 40℃时双氰胺产品的平均粒度达到最大值，之后随着温度的增加，产品的平均粒度略微降低，保持在 498.00μm 左右；当温度升高至 70℃时，产品的平均粒度显著降低（由 497.62μm 降低至 465.15μm），同时在 70℃时产品粒度也达到了温度考查范围内的最小值。

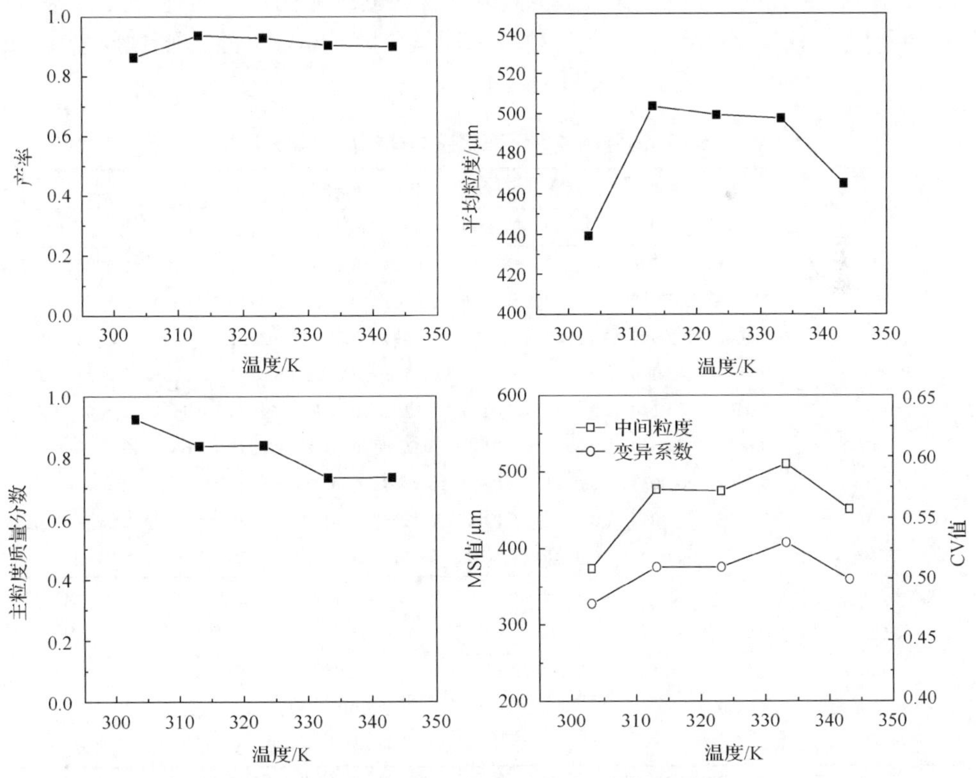

图 3-2　不同温度下双氰胺晶体产品的各个指标

高温使体系的过饱和度比低温下大，而且体系的过饱和度过大会使晶体出现“老化”“聚结”[6]等一系列二次成核现象，而这些现象又会引起产品的粒度分布不均一，使得晶体产品的变异系数增大，即产品中晶体的粒度参差不齐。从图 3-2、表 3-2 和表 3-3 看，温度对主粒度质量分数有显著的影响，并且主粒度质量分数随温度的升高而逐渐减小；温度对产率的影响并不明显，这一组实验得到双氰胺产品的产率都在 90%左右，其中当温度为 40℃时，产率达到最大值(93.72%)，此时的晶体中间粒度为 477.22μm，变异系数为 0.51；产品的变异系数在实验温度考察范围内由 0.48 变化到 0.53，相应的中间粒度由 373.67μm 变化到 510.12μm。为了提高产率，在结晶过程中还加入了一定量的盐析剂(氯化钠)，对于结晶产品中盐析剂的含量，采用福尔哈德法对氯离子进行测定，最终双氰胺产品中盐析剂含量不超过 0.2%。

3.2.2 降温速率对双氰胺结晶过程的影响

在冷却结晶过程中，降温速率是重要的控制因素，不同的降温速率会导致不同的晶体成核和生长速率，合适的降温速率有利于控制晶体产品的晶型。本节研究了 0.1～0.5K·min^{-1} 下双氰胺冷却-盐析耦合结晶产品的各个指标，其他实验条件控制不变(40℃，搅拌速率一定，盐析剂质量分数 5%，40 目晶种添加量为理论产值的 1%)具体的实验筛分结果见表 3-4。

表 3-4 不同降温速率下双氰胺晶体产品的筛分结果

目数	0.1K·min^{-1}		0.2K·min^{-1}		0.3K·min^{-1}		0.4K·min^{-1}		0.5K·min^{-1}	
	m'/g	*w*	*m'*/g	*w*	*m'*/g	*w*	*m'*/g	*w*	*m'*/g	*w*
24	1.1198	0.2506	0.7275	0.1756	0.6123	0.1397	0.8018	0.1790	0.2774	0.0638
40	2.6215	0.5867	2.8120	0.6786	2.9503	0.6731	2.4213	0.5404	2.7908	0.6426
60	0.4044	0.0905	0.2567	0.0619	0.3695	0.0843	0.3905	0.0872	0.8345	0.1921
80	0.1812	0.0406	0.1970	0.0475	0.1545	0.0352	0.3521	0.0786	0.1827	0.0420
100	0.0536	0.0120	0.1905	0.0460	0.1206	0.0275	0.2275	0.0508	0.1047	0.0241
120	0.0173	0.0039	0.0580	0.0140	0.028	0.0064	0.2073	0.0463	0.1117	0.0257
140	0.0172	0.0038	0.0284	0.0069	0.0404	0.0092	0.1246	0.0278	0.019	0.0043
160	0.0203	0.0045	0.0755	0.0182	0.0305	0.0070	0.0724	0.0162	0.0159	0.0036
200	0.0461	0.0103	0.0191	0.0046	0.0449	0.0102	0.0175	0.0039	0.0177	0.0040
S	24～40		24～40		24～40		24～40		40	
M/%	83.73		85.42		81.28		71.94		70.96	
A/μm	503.66		485.41		454.37		446.50		441.14	
NaCl 质量分数/%	0.0001		0.0001		0.00001		0.00002		0.00001	
Y/%	93.72		87.66		91.42		94.04		90.31	

S 为主粒度目数；*M* 为主粒度质量分数；*A* 为平均粒度；*Y* 为产率；*m'*为对应目数的标准筛上的双氰胺质量；*w* 为质量分数。

由图 3-3 可知，降温速率对双氰胺产品的平均粒度影响显著，平均粒度随降温速率增大而减小。当降温速率从 0.1K·min^{-1} 增加到 0.5K·min^{-1} 时，产品的平均粒度从 503.66μm 减小到 441.14μm；当降温速率增加到 0.3K·min^{-1} 时，平均粒度降低为 454.37μm；当降温速率为 0.4K·min^{-1}，产品的平均粒度为 446.50μm，相比 0.3K·min^{-1} 的降温速率下得到的产品的平均粒度略有降低相差不大。降温速率的变化对产品的产率影响不大，这一组实验的平均产率都在 90%以上。当降温速率为 0.4K·min^{-1}，产率达到最大值(94.04%)。由双氰胺产品的平均粒度可以得到，降温速率过大，成核速率增大，细晶容易生成，对大粒度的晶体生长不利，导致平均粒度偏小，因此必须选择合适的降温速率才能得到粒度合适的晶体产品。当降温速率超过 0.4K·min^{-1} 时，产品会发生严重聚结，从而导致双氰胺产品质量较差。

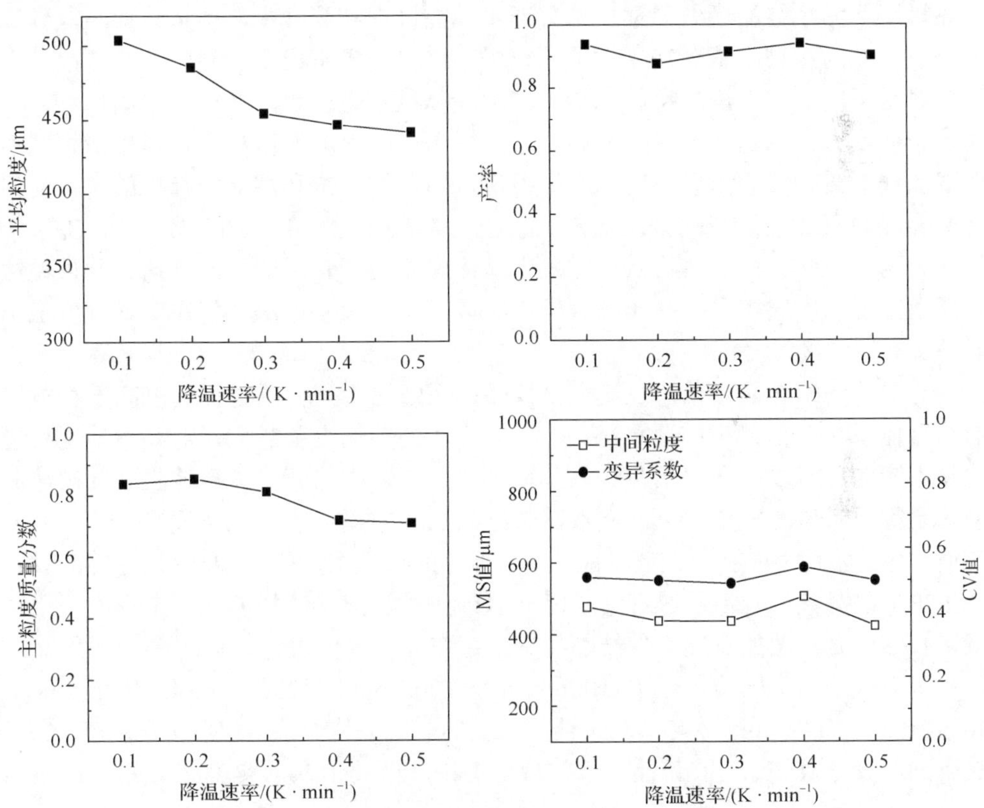

图 3-3　不同降温速率下双氰胺晶体产品的各个指标

通过对实验得到的产品筛分，计算了其中间粒度(MS)和变异系数(CV)，由图 3-3 中可以看到，晶体产品的中间粒度和变异系数变化趋势基本一致。当降温速率从 0.1K·min^{-1} 增加到 0.4K·min^{-1} 时，双氰胺产品的中间粒度从 423.31μm 变化到 504.90μm，其中在降温速率为 0.4K·min^{-1} 时晶体的中间粒度达到最大值，双氰胺产品的变异系数从 0.49 变化到了 0.54；同时在 $0.4\mathrm{K}\cdot\mathrm{min}^{-1}$ 的降温速率下，其变异系数值达到最大值 0.54。

3.2.3 搅拌速率对双氰胺结晶过程的影响

Strickland-Constable 等[7]在实验中消除了过饱和溶液中的微粒，并采用适当的操作条件，排除了其他一切可以产生晶核的因素，然后用玻璃棒接触容器中的晶种，或者使晶种沿着结晶器底部慢慢滑动，Clontz 等则用各种材料的棒与晶体接触，并且接触的能量是可控的[8,9]。这两项研究表明，即使进行一次很普通的接触，也可以产生大量的晶核，还发现被接触的晶体并没有因为外在接触产生损失，因此认为这与晶体的磨损现象不同，后者会在晶粒上留下痕迹。Larson 等[10,11]用置于显微镜下的小结晶槽做观察，结果证实：在过饱和溶液中，晶体只要与固体物做能量很低的接触，就会产生大量的粒子。这种结果是出乎意料的。这与晶体在干燥时是不同的，干燥时接触机会更多，晶体也不会长大，在空气中固体物需要比这个能量大很多的能量碰撞晶体，才会得到一些很细的微粒。在显微镜下观察发现晶体被接触后会出现不同程度的损伤，但是在过饱和溶液中，接触产生的损伤又会在数百秒之后自动修复而消失，也就是常常说到的“再生现象”。Garside 等认为当晶体和其他固体物接触时发生晶体表面的破碎，即二次成核。此种说法实质上是说二次成核只能是接触成核，这虽不是公认的说法，但在一定程度上也反映了实际情况。

对于相同的结晶物系，在没有搅拌时体系结晶所需要的过饱和度高于有搅拌的结晶体系[12]。但是搅拌速率越大，由此产生的剪切力就越大，对晶体的生长过程是不利的。所以，在双氰胺结晶过程的研究中，搅拌形式、搅拌强度及溶液流型均是需要考察的重要部分。在双氰胺结晶过程中搅拌能强化传质与传热，并使传质均匀，而且还能有效控制结晶速率，搅拌的过程中产生的剪切流会打碎晶粒，产生更多的晶核，控制结晶速率。除此以外，外加搅拌还能够在一定程度上控制双氰胺结晶介稳区的宽度，使结晶能够全部在介稳区内进行。

本节考察了不同搅拌速率($100\mathrm{r}\cdot\mathrm{min}^{-1}$、$200\mathrm{r}\cdot\mathrm{min}^{-1}$、$250\mathrm{r}\cdot\mathrm{min}^{-1}$、$300\mathrm{r}\cdot\mathrm{min}^{-1}$、$400\mathrm{r}\cdot\mathrm{min}^{-1}$、$500\mathrm{r}\cdot\mathrm{min}^{-1}$)对双氰胺结晶过程的影响，其他条件控制为：温度 40℃，盐析剂质量分数 5%，40 目晶种添加量为理论产值的 10%。实验结果见表 3-5。

表 3-5 不同搅拌速率下双氰胺晶体产品的筛分结果

目数	$100\mathrm{r}\cdot\mathrm{min}^{-1}$		$200\mathrm{r}\cdot\mathrm{min}^{-1}$		$250\mathrm{r}\cdot\mathrm{min}^{-1}$		$300\mathrm{r}\cdot\mathrm{min}^{-1}$		$400\mathrm{r}\cdot\mathrm{min}^{-1}$		$500\mathrm{r}\cdot\mathrm{min}^{-1}$	
	m'/g	w	m'/g	w	m'/g	w	m'/g	w	m'/g	w	m'/g	w
24	0.0430	0.0124	0.3894	0.1088	0.3734	0.1309	0.4819	0.1508	0.2348	0.0726	0.1152	0.0347
40	1.4574	0.4189	1.5726	0.4393	1.4108	0.5007	1.2823	0.4014	1.1146	0.3447	1.4881	0.4480

续表

目数	100r·min^{-1}		200r·min^{-1}		250r·min^{-1}		300r·min^{-1}		400r·min^{-1}		500r·min^{-1}	
	m'/g	*w*	*m'*/g	*w*	*m'*/g	*w*	*m'*/g	*w*	*m'*/g	*w*	*m'*/g	*w*
60	0.9718	0.2794	0.4586	0.1281	0.6758	0.2145	0.5007	0.1567	0.6946	0.2148	0.7348	0.2212
80	0.4909	0.1411	0.4388	0.1226	0.3041	0.0841	0.2683	0.0840	0.4615	0.1427	0.4254	0.1281
100	0.3727	0.1071	0.3705	0.1035	0.1071	0.0296	0.1468	0.0460	0.2395	0.0741	0.1861	0.0560
120	0.1295	0.0372	0.1679	0.0469	0.0471	0.0130	0.0517	0.0162	0.1469	0.0454	0.0763	0.0230
140	0.0392	0.0113	0.0358	0.0100	0.0356	0.0098	0.0238	0.0075	0.1249	0.0386	0.0616	0.0185
160	0.0128	0.0037	0.0427	0.0119	0.0367	0.0101	0.0295	0.0092	0.1098	0.0340	0.0538	0.0162
200	0.0459	0.0132	0.0348	0.0097	0.0262	0.0072	0.0188	0.0059	0.0538	0.0166	0.0350	0.0105
S	40～60		40～60		40～60		40～60		40～60		40～60	
M/%	69.83		56.74		71.52		55.81		55.95		66.92	
A/μm	334.09		372.30		419.29		376.27		331.63		337.01	
NaCl 质量分数/%	0.0002		0.0003		0.0004		0.0002		0.0004		0.0003	
Y/%	85.88		88.62		89.61		78.25		79.26		81.64	

S 为主粒度目数；*M* 为主粒度质量分数；*A* 为平均粒度；*Y* 为产率；*m'*指对应目数的标准筛上的双氰胺质量；*w* 为质量分数。

图 3-4 是搅拌速率对双氰胺冷却-盐析耦合结晶过程的影响。实验中设定搅拌速率为 100r·min^{-1}、200r·min^{-1}、250r·min^{-1}、300r·min^{-1}、400r·min^{-1} 和 500r·min^{-1}，从图 3-4 中可以看到，双氰胺产品的平均粒度呈现先增加后降低的趋势，表现为正态分布。当搅拌速率从 200r·min^{-1} 增加到 250r·min^{-1}，平均粒度逐渐增大，搅拌速率从 250r·min^{-1} 增加到 500r·min^{-1}，平均粒度逐渐降低，当搅拌速率为 250r·min^{-1} 时，双氰胺产品的平均粒度达到了最大值 419.29μm；可见，搅拌速率对平均粒度的影响很显著，搅拌速率不同，输入体系的能量不同，进而会导致双氰胺晶体的二次成核速率不同，结晶过程是结晶动力学控制过程，即成核和生长速率竞争的过程，当成核速率大于生长速率时，一般晶体颗粒比较小，当成核速率小于生长速率时，得到的晶体颗粒比较大。因此要得到大颗粒的晶体产品，就要控制合适的搅拌速率。由表 3-5 中数据可以得到，双氰胺产品主粒度都是 40～60 目，因此双氰胺的主粒度和加入晶种的粒度大小关系很大。在结晶过程中，搅拌速率太小会导致溶液分散不均匀，局部溶液浓度过大，过饱和度也增大，容易出现二次成核甚至是爆发成核的现象，导致结晶局部产品的粒度偏小，影响产品的粒度分布。搅拌速率过高时晶粒与晶粒间、晶粒与器壁间、晶粒与搅拌桨间相互碰撞，容易导致二次成核的发生，从而晶粒在宏观上表现为破碎。

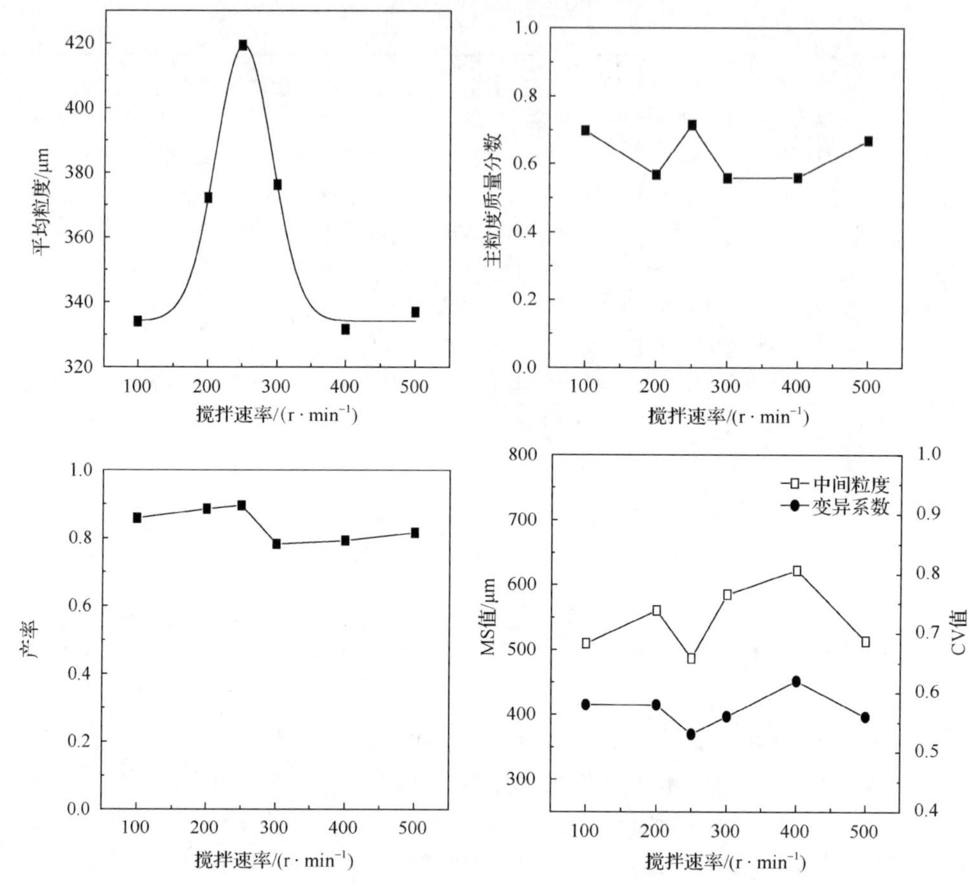

图 3-4　不同搅拌速率下双氰胺晶体产品的各种指标

由图 3-4 可以看到，搅拌速率对主粒度质量分数的影响不明显，主粒度质量分数分布在 55%～75%，在 $250r \cdot min^{-1}$ 的搅拌速率下，主粒度质量分数最大(71.52%)。双氰胺产品的产率维持在 80%左右，其中当搅拌速率为 $250r \cdot min^{-1}$ 时产率达到最大值 89.61%。筛分后计算了相应的中间粒度(MS)和变异系数(CV)。当搅拌速率从 $100r \cdot min^{-1}$ 增加到 $500r \cdot min^{-1}$ 时，双氰胺产品的中间粒度从 486.67μm 变化到 622.09μm，其中在搅拌速率为 $250r \cdot min^{-1}$ 时达到最小值 486.67μm；产品的变异系数从 0.53 变化到 0.62，其中在搅拌速率为 $250r \cdot min^{-1}$ 时达到最小值(0.53)。

3.2.4　晶种加入量对双氰胺结晶过程的影响

在冷却结晶过程中，晶种的加入有利于及时地控制结晶产品的粒度分布。因此本节研究了不同晶种加入量对双氰胺冷却-盐析耦合结晶过程的影响。其他影响因素控制为：40℃，搅拌速率 $250r \cdot min^{-1}$，盐析剂加入量为溶液质量的 5%。双氰胺晶体产品筛分结果见表 3-6。

表 3-6　不同晶种加入量时双氰胺晶体产品的筛分结果

目数	0.01		0.05		0.10		0.15		0.20	
	m'/g	w	m'/g	w	m'/g	w	m'/g	w	m'/g	w
24	0.0077	0.0028	0.1384	0.0402	0.0428	0.0122	0.1067	0.0277	0.1098	0.0276
40	0.3445	0.1243	0.7004	0.2036	1.1823	0.3379	1.5952	0.4147	1.9456	0.4888
60	0.6310	0.2277	1.2246	0.3559	1.0253	0.2931	1.0886	0.2830	1.0233	0.2571
80	0.8017	0.2893	0.7508	0.2182	0.5841	0.1670	0.4815	0.1252	0.4532	0.1139
100	0.5992	0.2162	0.3295	0.0958	0.3281	0.0938	0.2376	0.0618	0.2369	0.0595
120	0.0950	0.0343	0.0579	0.0168	0.0784	0.0224	0.0716	0.0186	0.0498	0.0125
140	0.0426	0.0154	0.0414	0.0120	0.0684	0.0196	0.0370	0.0096	0.0291	0.0073
160	0.0599	0.0216	0.0512	0.0149	0.0766	0.0219	0.0675	0.0175	0.0658	0.0165
200	0.0576	0.0208	0.0624	0.0181	0.0940	0.0269	0.0875	0.0227	0.0435	0.0109
S	60～80		60～80		40～60		40～60		40～60	
M/%	50.70		57.41		63.10		67.97		64.59	
A/μm	226.99		294.98		306.42		334.82		355.75	
NaCl 质量分数/%	0.0006		0.0006		0.0004		0.0003		0.0004	
Y/%	72.29		87.83		84.53		89.08		87.56	

S 为主粒度目数；M 为主粒度质量分数；A 为平均粒度；Y 为产率；m'指对应目数的标准筛上的双氰胺质量；w 为质量分数。

在结晶过程中加入晶种，可以很好地吸收过饱和度，从而减少自发成核，使晶体数量减少，则晶体粒度增大。另外，当晶种加入量太少时，二次成核就在结晶过程中表现为主要成核形式，会导致产品的晶体粒度分布宽，甚至出现双峰；整体生产能力也会相应地下降。再者，晶种提供的生长面不够，消耗体系过饱和度的速率小于体系由于溶析剂或盐析剂的加入而新产生过饱和度的速率，当体系累计的过饱和度超出介稳区后体系就会产生大量细晶来抵消体系的高过饱和度，产品晶体粒度也容易呈双峰分布；而加入的晶种量太大时，结晶体系中生长单元比生长点少，会导致晶体粒度小，晶体粒度分布宽，而且晶种加入量大对于高附加值的产品工业来说是非常不经济的。

由图 3-5 可以得到，其他条件不变，双氰胺产品的平均粒度受晶种加入量的影响较为显著，整体来看，产品的平均粒度是随晶种加入量的逐渐增多而增加的。当晶种加入量从 1%增加到 20%时，双氰胺产品的平均粒度从 226.99μm 增加到 355.75μm，冷却结晶过程中应该在临近晶体析出时加入晶种，过早与过晚加入都不合适，加入过晚溶液就会爆发成核，失去了加晶种的意义。晶种加入量对主粒度质量分数影响较为显著，随着晶种加入量的增加，主粒度质量分数逐渐增加。晶种加入量从 1%增加到 20%时，主粒度质量分数从 50.70% 增加到 67.97%，而产品产率基本上都接近 90%，从产品来看，晶种加入量为 1%和 5%时得到的产品均是细晶，为粉末和针状细晶。由表 3-6 中也可以明显地看出，当晶种加入量从1%增加到 20%时，双氰胺产品的主粒度目数从 60～80 目变化到 40～60 目，主粒度目数明显逐渐减小。由此可见，晶种加入量会明显影响产品的主粒度及平均粒度。

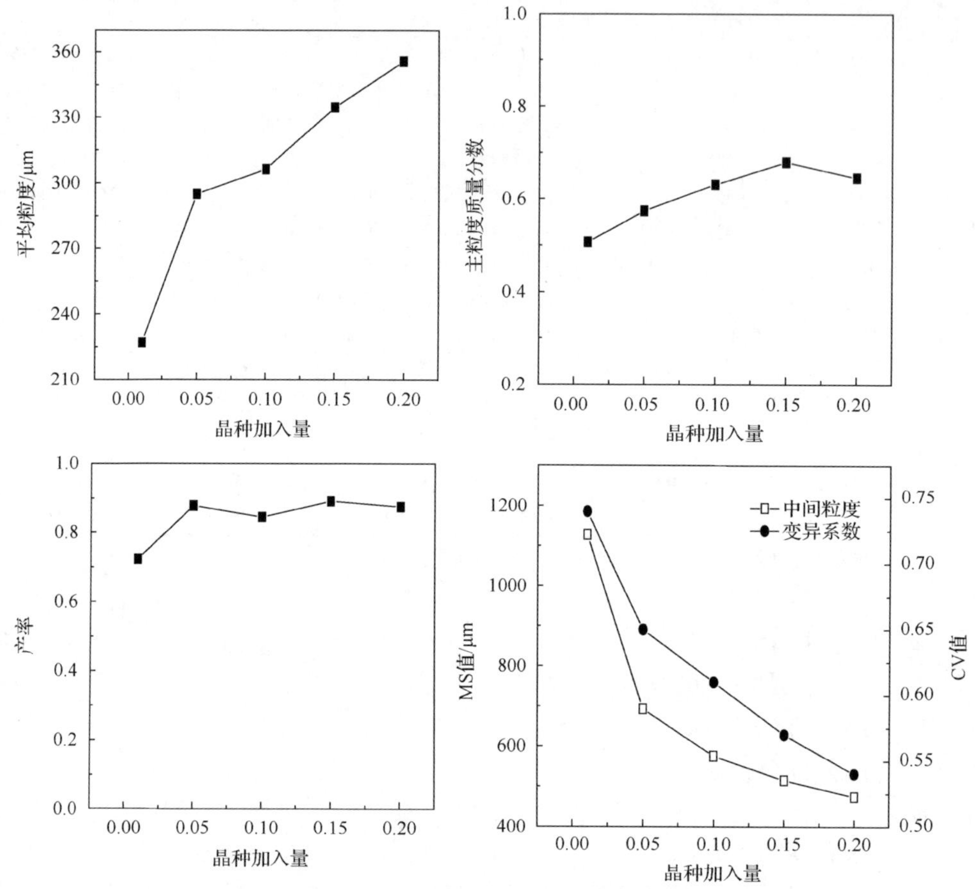

图 3-5　不同晶种加入量时双氰胺晶体产品的各种指标

3.2.5　陈化时间对双氰胺结晶过程的影响

对于生长速率较慢的结晶物系，加入晶种后陈化一段时间是很有必要的。首先，陈化能使晶种在母液中充分分散，陈化过程中晶种表面的小晶体不断被碰撞而进入结晶体系成为新的晶核，为晶体的生长提供更大的表面积；其次，陈化可以使晶种或新晶核不断长大，充分消耗体系的过饱和度[13]，保证晶体产品的粒度及晶型。在研究陈化时间对双氰胺冷却-盐析耦合结晶过程的影响时控制其他实验条件为：40℃，搅拌速率 250r · min^{-1}，盐析剂添加量 5%，60 目晶种加入量为理论产值的 15%。不同陈化时间下得到的双氰胺产品筛分结果见表 3-7。

表 3-7　不同陈化时间下双氰胺晶体产品的筛分结果

目数	10min		20min		30min		40min		50min	
	m'/g	w	m'/g	w	m'/g	w	m'/g	w	m'/g	w
24	0.0019	0.0005	0.0023	0.0006	0.0191	0.0047	0.0022	0.0006	0.0154	0.0039
40	2.5611	0.6215	2.3292	0.6170	2.7742	0.6768	2.5718	0.6580	2.3595	0.6033
60	0.6627	0.1608	0.6863	0.1818	0.547	0.1335	0.6834	0.1748	0.8264	0.2113
80	0.3668	0.0890	0.3851	0.1020	0.2428	0.0592	0.2956	0.0756	0.3279	0.0838
100	0.2659	0.0645	0.1561	0.0413	0.1133	0.0276	0.1414	0.0362	0.1832	0.0468
120	0.0436	0.0106	0.042	0.0111	0.0095	0.0023	0.0500	0.0128	0.0355	0.0091
140	0.0309	0.0075	0.0255	0.0068	0.0089	0.0022	0.0303	0.0078	0.0289	0.0074
160	0.0310	0.0075	0.0358	0.0095	0.0114	0.0028	0.0339	0.0087	0.0136	0.0035
200	0.0323	0.0078	0.021	0.0056	0.0111	0.0027	0.0148	0.0038	0.0466	0.0119
S	40～60		40～60		40～60		40～60		40～60	
M/%	80.65		79.86		81.03		83.28		81.64	
A/μm	366.56		362.81		365.40		365.46		365.12	
NaCl 质量分数/%	0.0005		0.0005		0.0006		0.0005		0.0006	
Y/%	96.49		92.03		95.89		90.75		90.81	

S 为主粒度目数；M 为主粒度质量分数；A 为平均粒度；Y 为产率；m'指对应目数的标准筛上的双氰胺质量；w 为质量分数。

由图 3-6 可以看到，当陈化时间从 10min 增加到 50min 的过程中，双氰胺产品的平均粒度起初随陈化时间的延长逐渐增大；当平均粒度增加到 365μm 左右时基本趋于稳定；陈化时间对产品主粒度质量分数的影响不是很明显，主粒度质量分数均在 80%左右。陈化时间对产率的影响也不是很显著，产率均在 90%以上。双氰胺晶体产品中间粒度从 417.12μm 变化到 435.01μm，陈化时间为 30min 时，中间粒度达到中间值 422.06μm；其变异系数从 0.49 变化到 0.51，陈化时间为 30min 时，变异系数达到 0.49；陈化时间为 30min 时，产率达到了 95.89%。

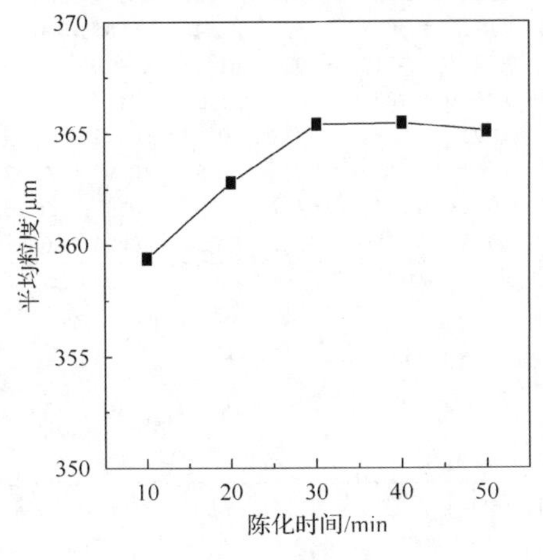

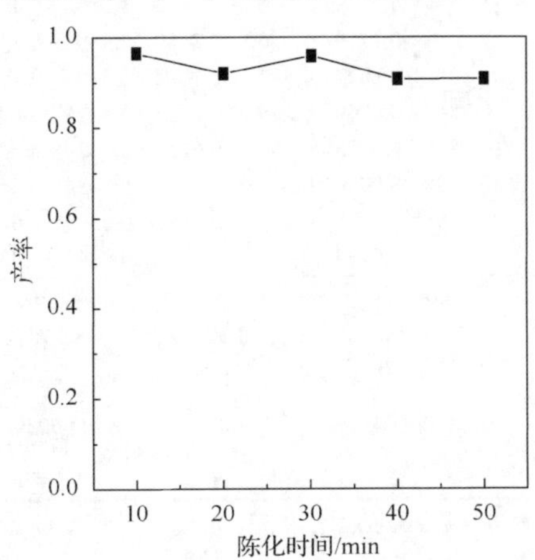

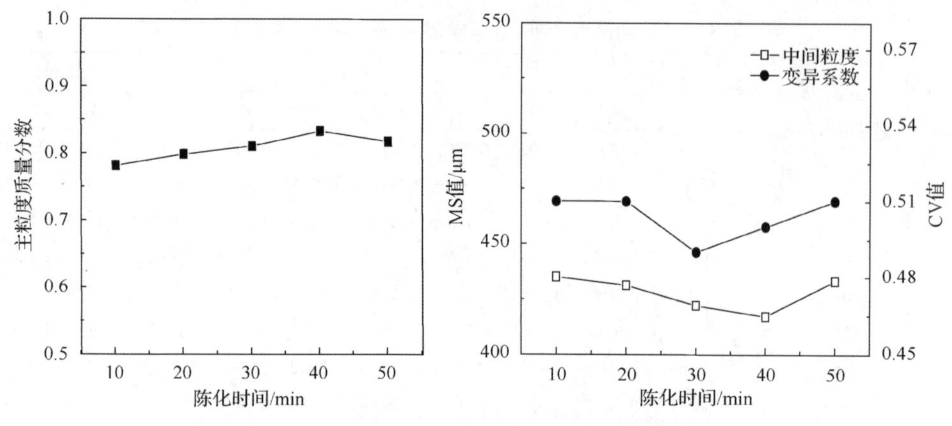

图 3-6　不同陈化时间下双氰胺晶体产品的各种指标

3.2.6　盐析剂加入量对双氰胺结晶过程的影响

在结晶热力学部分对盐析结晶的基础数据进行了测定，并计算了盐析率，实验结果表明选择的几种盐(氯化钠、氯化钾、氯化锂)的盐析率在一定程度上有所差异。综合成本及各种盐对双氰胺的盐析结果，本节选择氯化钠作为双氰胺结晶工艺中的盐析剂。

本节选用了溶液质量的 1%、3%、6%、9%、12%和 15%作为考察不同盐析剂加入量的水平，研究了不同盐析剂加入量对双氰胺冷却-盐析耦合结晶工艺所得产品的各种指标(产率、平均粒度、主粒度质量分数、中间粒度 MS、变异系数 CV)的影响。具体的结果见表 3-8 和图 3-7。

表 3-8　不同盐析剂加入量下双氰胺晶体产品的筛分结果

目数	1%		3%		6%		9%		12%		15%	
	m′/g	*w*	*m′*/g	*w*	*m′*/g	*w*	*m′*/g	*w*	*m′*/g	*w*	*m′*/g	*w*
24	0.0919	0.0242	0.1418	0.0332	0.1341	0.0341	0.1035	0.0266	0.0924	0.0226	0.0575	0.0140
40	1.6249	0.4279	1.9100	0.4473	1.5838	0.4028	1.452	0.3725	1.6701	0.4092	1.5235	0.3709
60	1.0479	0.2759	1.0500	0.2459	0.9804	0.2493	1.1985	0.3074	1.0397	0.2548	1.5187	0.3697
80	0.3882	0.1022	0.4330	0.1014	0.6194	0.1575	0.5917	0.1518	0.6084	0.1491	0.5629	0.1370
100	0.2847	0.0750	0.2790	0.0653	0.3261	0.0829	0.3301	0.0847	0.4627	0.1134	0.3162	0.0770
120	0.0845	0.0223	0.0912	0.0214	0.0828	0.0211	0.0922	0.0237	0.0782	0.0192	0.0585	0.0142
140	0.0788	0.0207	0.0583	0.0137	0.0634	0.0161	0.0605	0.0155	0.0696	0.0171	0.0398	0.0097
160	0.0655	0.0172	0.0344	0.0081	0.0524	0.0133	0.0578	0.0148	0.0337	0.0083	0.0395	0.0096
200	0.052	0.0137	0.0202	0.0047	0.0341	0.0087	0.0257	0.0066	0.0221	0.0054	0.0226	0.0055
S	40～60		40～60		40～60		40～60		40～60		40～60	
M/%	70.38		69.32		65.21		67.99		65.77		74.06	
A/μm	334.20		337.15		333.79		330.88		331.31		332.31	
NaCl 质量分数/%	0.00034		0.00031		0.00039		0.00032		0.00035		0.00035	
Y/%	87.75		92.03		90.47		91.38		96.75		96.14	

S 为主粒度目数；*M* 为主粒度质量分数；*A* 为平均粒度；*Y* 为产率；*m′*指对应目数的标准筛上的双氰胺质量；*w* 为质量分数。

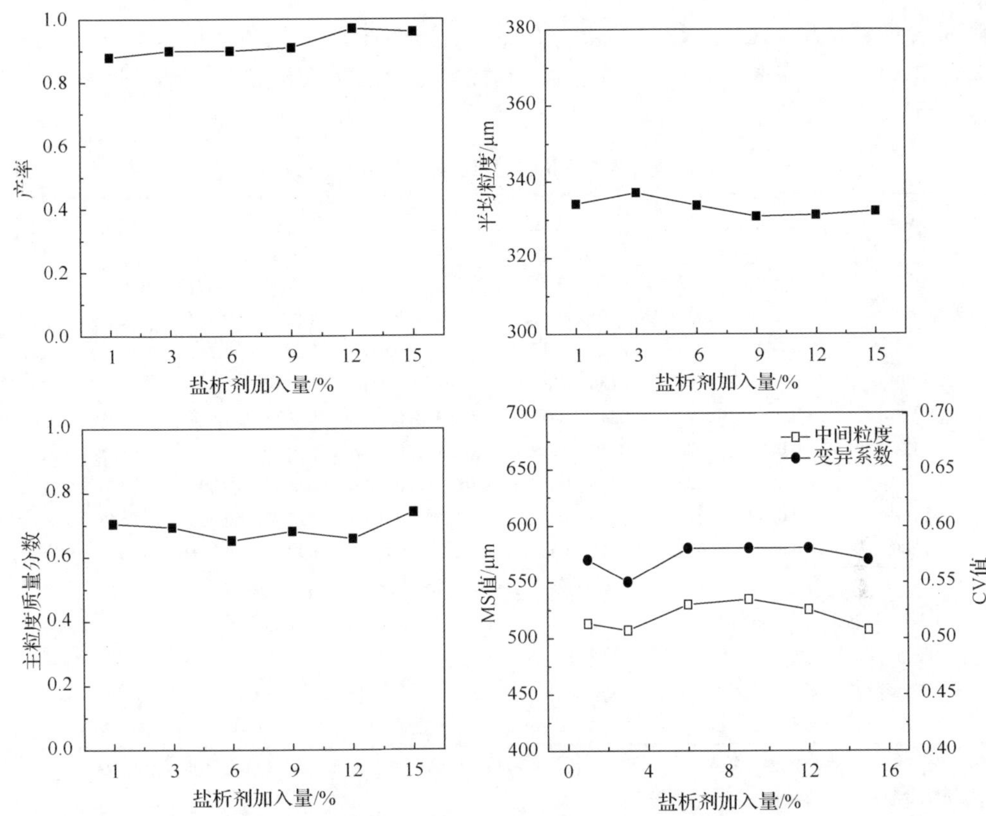

图 3-7　不同盐析剂加入量下双氰胺晶体产品的各种指标

由图 3-7 可知，盐析剂的加入量对双氰胺的平均粒度和主粒度质量分数影响都不显著，当盐析剂的浓度(质量分数)从 1%增加到 15%，双氰胺产率从 87.75%增加到了 96.75%，平均粒度变化不大，基本维持在 334μm 左右，主粒度质量分数从 65.21%增加到 74.06%。在饱和的双氰胺溶液冷却过程中加入氯化钠作为盐析剂，盐析剂的加入量主要对产品产率有贡献，加入盐析剂的目的是增大原本饱和双氰胺溶液的过饱和度，通过加入盐析剂来降低双氰胺在原溶液中的溶解度，使其析出。在有搅拌的条件下，当过饱和溶液流速较大，流过正在生长的晶体表面时，在流体边界层中存在的剪应力可以把附着在晶体上面的粒子扫落，成为新的晶核，如果没有较大的剪应力，则这些粒子会并入正在生长的粒子。只有粒度大于一定的临界值，粒子才会逐渐长大而不至于溶解[2]。

3.2.7　双氰胺冷却-盐析耦合结晶工艺优化

为了研究不同因素对产品指标影响的主次顺序，本节做了正交实验，用以研究双氰胺冷却结晶的最佳工艺。将正交实验得到的最佳工艺及得到的产品指标和单因素实验结果进行比较，用以选择最佳工艺条件。正交实验的具体过程与单因素实验的步骤基本相同，正交实验设计、实验筛分及正交极差分析结果见表 3-9～表 3-11。

表 3-9　正交实验得到的双氰胺晶体产品的筛分结果 1

目数	1		2		3		4		5	
	m'/g	w	m'/g	w	m'/g	w	m'/g	w	m'/g	w
24	0.0128	0.0123	0.0176	0.0180	0.0100	0.0083	0.3674	0.0819	0.0539	0.0174
40	0.6556	0.6316	0.7506	0.7659	1.0366	0.8593	1.9003	0.4234	1.0209	0.3294
60	0.0441	0.0425	0.0497	0.0507	0.0317	0.0263	1.2912	0.2877	1.0184	0.3286
80	0.1058	0.1019	0.0156	0.0159	0.0196	0.0162	0.4911	0.1094	0.4408	0.1422
100	0.1112	0.1071	0.0342	0.0349	0.0259	0.0215	0.2016	0.0449	0.2983	0.0962
120	0.0298	0.0287	0.0258	0.0263	0.0223	0.0185	0.0562	0.0125	0.0628	0.0203
140	0.0233	0.0224	0.0270	0.0276	0.0217	0.0180	0.0310	0.0069	0.0474	0.0153
160	0.0192	0.0185	0.0345	0.0352	0.0249	0.0206	0.0371	0.0083	0.0543	0.0175
200	0.0251	0.0242	0.0227	0.0232	0.0091	0.0075	0.0522	0.0116	0.0497	0.0160
S	40～60		40～60		40～60		40～60		40～60	
M/%	67.41		80.03		88.65		71.11		65.80	
A/μm	353.11		393.87		414.35		375.00		310.87	
NaCl 质量分数/%	0.00042		0.00039		0.00037		0.00052		0.00043	
Y/%	87.76		54.85		58.22		101.01		74.18	

S 为主粒度目数；M 为主粒度质量分数；A 为平均粒度；Y 为产率；m'指对应目数的标准筛上的双氰胺质量；w 为质量分数。

表 3-10　正交实验得到双氰胺晶体产品的筛分结果 2

目数	6		7		8		9	
	m'/g	w	m'/g	w	m'/g	w	m'/g	w
24	0.0906	0.0243	2.5839	0.3009	4.4989	0.5180	2.1661	0.2621
40	1.2390	0.3329	2.9275	0.3409	2.0301	0.2338	2.4180	0.2926
60	0.8508	0.2286	2.1304	0.2481	1.0198	0.1174	2.5421	0.3076
80	0.4739	0.1273	0.3459	0.0403	0.2804	0.0323	0.5285	0.0639
100	0.3778	0.1015	0.2152	0.0251	0.1751	0.0202	0.2752	0.0333
120	0.1036	0.0278	0.0410	0.0048	0.0591	0.0068	0.0824	0.0100
140	0.1736	0.0466	0.0672	0.0078	0.0630	0.0073	0.0555	0.0067
160	0.2203	0.0592	0.0542	0.0063	0.0896	0.0103	0.0705	0.0085
200	0.2201	0.0591	0.1382	0.0161	0.1047	0.0121	0.0708	0.0086
S	40～60		24～40		24～40		40～60	
M/%	56.15		64.18		75.18		60.02	
A/μm	297.07		483.5907		567.83		454.8802	
NaCl 质量分数/%	0.00041		0.00051		0.00043		0.00046	
Y/%	85.69		101.89		100.58		100.32	

S 为主粒度目数；M 为主粒度质量分数；A 为平均粒度；Y 为产率；m'指对应目数的标准筛上的双氰胺质量；w 为质量分数。

表 3-11　正交实验分析结果

编号	实验因素				指标			
	温度(A)/℃	搅拌速率(B)/(r·min^{-1})	降温速率(C)/(K·min^{-1})	晶种加入量(D)/g	产率	平均粒度/μm	CV	MS/μm
1	30	150	0.25	0.35	87.76%	353.11	0.53	461.45
2	30	250	0.40	0.55	54.85%	393.87	0.49	410.74
3	30	350	0.55	0.75	58.22%	414.35	0.46	383.45
4	40	150	0.40	0.75	101.01%	375.00	0.55	506.79
5	40	250	0.55	0.35	88.60%	335.72	0.60	566.94
6	40	350	0.25	0.55	85.69%	297.07	0.64	655.00
7	50	150	0.55	0.55	101.89%	483.59	0.57	608.68
8	50	250	0.25	0.75	100.58%	567.83	0.61	913.76
9	50	350	0.40	0.35	100.32%	454.88	0.58	624.69
	K_1	66.94%	96.89%	91.34%	92.23%			
	K_2	91.77%	81.34%	85.39%	80.81%			
	K_3	100.93%	81.41%	82.90%	86.60%			
A	优水平	A3	B1	C1	D1			
	R	33.99%	15.55%	8.44%	11.42%			
	主次顺序		A>B>D>C					
	优组合	40	150	0.25	0.35			
	K_1	387.11	403.9	406.00	381.24			
	K_2	335.93	432.47	407.92	391.51			
	K_3	502.1	388.77	411.22	452.39			
B	优水平	A3	B2	C3	D3			
	R	166.17	15.13	5.22	71.15			
	主次顺序		A>D>B>C					
	优组合	50	250	0.55	0.75			
	K_1	0.49	0.55	0.59	0.57			
	K_2	0.60	0.57	0.54	0.566			
	K_3	0.59	0.56	0.543	0.54			
C	优水平	A1	B1	C2	D3			
	R	0.11	0.02	0.05	0.03			
	主次顺序		B > D > C > A					
	优组合	40	250	0.25	0.35			
	K_1	418.55	525.64	676.74	551.03			
	K_2	576.24	630.48	514.07	558.14			
	K_3	715.71	554.38	519.69	601.33			
D	优水平	A3	B2	C1	D3			
	R	297.16	104.84	162.67	50.3			
	主次顺序		A>C>B>D					
	优组合	50	250	0.25	0.75			

根据表 3-9 中的实验结果，运用 SPSS 软件对其进行了极差分析，按照产率、平均粒度和中间粒度越大越好，变异系数越小越好的原则对它们分别按单指标进行极差分析，计算结果见表 3-11。因素 A 在产率中是主要因素，按该指标要求应定 3 水平为优水平。同理，因素 D 按平均粒度指标的要求 3 水平为优；因素 C 按变异系数指标的要求也是 2 水平为优；因素 B 按其在中间粒度指标中的影响定为 2 水平。这样综合各个因素对双氰胺结晶过程的影响，平衡因素水平的较优组合即定为 A3B2C2D3(即 50℃，搅拌速率 250r·min^{-1}，降温速率 0.4K·min^{-1}，晶种加入量为 0.75g)。

为了验证双氰胺冷却-盐析耦合结晶工艺正交实验得到产品的指标，以及实验的可重复性，本节按照最佳工艺条件再次进行了 3 组验证实验，得到的双氰胺晶体的具体筛分结果如表 3-12 所示。

表 3-12 验证实验中双氰胺晶体的筛分结果

目数	1		2		3	
	m'/g	w	m'/g	w	m'/g	w
24	2.7919	0.3257	3.1942	0.3725	3.1110	0.3689
40	3.0506	0.3558	2.5191	0.2938	2.6914	0.3191
60	1.6085	0.1876	1.5491	0.1807	1.3792	0.1635
80	0.4669	0.0545	0.5892	0.0687	0.5442	0.0645
100	0.2606	0.0304	0.2885	0.0336	0.2659	0.0315
120	0.0531	0.0062	0.0623	0.0073	0.0946	0.0112
140	0.0674	0.0079	0.0729	0.0085	0.0768	0.0091
160	0.0801	0.0093	0.0978	0.0114	0.0840	0.0100
200	0.0935	0.0109	0.0849	0.0099	0.1434	0.0170
S	24～40		24～40		24～40	
M/%	68.15		66.63		66.80	
A/μm	495.78		506.87		510.03	
NaCl 质量分数/%	0.00041		0.00035		0.00044	
Y/%	99.16		99.19		97.40	

S 为主粒度目数；M 为主粒度质量分数；A 为平均粒度；Y 为产率；m'指对应目数的标准筛上的双氰胺质量；w 为质量分数。

由表 3-12 可知，得到的晶体平均粒度为 495.78μm、506.87μm、510.03μm，产率为 99.16%、99.19%、97.40%。

3.3 本 章 小 结

本章系统研究了冷却-盐析耦合结晶过程纯化双氰胺，获得了最佳工艺条件：结晶温度为 50℃，降温速率为 0.4K·min^{-1}，搅拌速率为 250r·min^{-1}，陈化时间为

30min，晶种加入量为理论产值的 10%，盐析剂加入量为溶液总质量的 12 %。在最佳工艺条件下，晶体平均粒度为 504.23μm，平均中间粒度为 673.25μm，平均变异系数为 0.58，平均产率为 98.58%。

参 考 文 献

[1] 王静康. 化学工业手册: 结晶.(上卷). 2 版. 北京 : 化学工业出版社, 1996

[2] 丁绪淮, 谈遒. 工业结晶. 北京: 化学工业出版社, 1985

[3] Deicha G. Les lacunes des cristaux et leurs inclusions fluides. Signification dans la genèse desgîtes minéraux et des roches. Retour Au Numéro, 1955, 6: 15-46

[4] Mullin J W, Williams J R. Comparison between indirect and direct contact cooling methods for the crystallisation of potassium sulphate. Chem Eng Res Des, 1984, 62: 296-302

[5] 华和维. 过硫酸铵连续结晶工艺与设备研究. 西安: 西安石油大学硕士学位论文, 2013

[6] 张春桃. 头孢曲松钠溶析结晶过程研究. 天津: 天津大学博士学位论文, 2007

[7] Mason R E A, Strickland-Constable R F. Breeding of crystal nuclei. Trans Faraday Soc, 1966, 62: 455

[8] Clontz N A, McCabe W L. Contact nucleation of magnesium sulfate heptahydrate. Chem Eng Prog Symp, 1971, 67: 6

[9] 郭祀远, 李琳. 溶液过程理论与电磁处理技术. 广州: 华南理工大学出版社, 2009

[10] Garside J, Larson M A. Direct observation of secondary nuclei production. J Cryst Growth, 1978, 43: 694

[11] Khambaty S, Larson M A.Crystal regeneration and growth of small crystals in contact nucleation. Ind Eng Chem Fundam, 1978, 17: 160

[12] 华和维. 过硫酸铵连续结晶工艺与设备研究. 西安: 西安石油大学硕士学位论文, 2013

[13] 陈建新. 氢化可的松结晶过程研究. 天津: 天津大学博士学位论文, 2005

第4章　离子交换法-结晶耦合技术制备高品质双氰胺

4.1　引　　言

当前医药、电子、印染、皮革等行业对高纯度双氰胺的需求量越来越大，高纯度双氰胺呈现出供不应求的状况，开发一种高效、节能、科学的生产工艺路线迫在眉睫。传统的双氰胺生产工艺是将脱钙过滤后的双氰胺溶液冷却结晶除杂，这样生产的产品存在纯度低、产量低、能耗高等问题。所以，本章首次提出用离子交换法来脱除双氰胺母液中的钙离子，革新双氰胺提纯除杂工艺，以节能降耗、提质增值为目的，实现获得高纯度双氰胺产品的工艺技术的突破，从而生产出高品质的双氰胺产品。

目前，随着科学技术的进步，高效的吸附除杂材料尤其是离子交换树脂的研发、推广和应用步入了成熟阶段。其中各类吸附溶液中的吸附剂产品种类多样，专一性的多功能吸附材料及其应用技术日益成熟，这为本章研究内容的顺利实施提供了基础。

本章研究内容的顺利实施为高纯度双氰胺制备技术走向应用奠定理论基础并提供技术指导，对今后进一步开展科技攻关以满足国内外各个领域对高品质双氰胺产品的需求，提高化工产品的附加值，改善煤炭领域的转化产品结构，实现煤炭资源的科学合理利用、节能减排，最大限度提高煤炭的清洁利用，推动煤炭-电石产业链的发展具有直接的促进作用。

图4-1中虚线内为本章的主要研究范围，研究内容见图4-2，具体如下：

(1)通过比较四种树脂对双氰胺结晶母液中钙离子的脱除率，筛选出脱除率最高的树脂。在离子交换柱内用4%的盐酸溶液和4%的氢氧化钠溶液对新树脂进行预处理，然后用8%盐酸对交换达到饱和状态的树脂进行再生。

(2)分别研究了静态离子交换实验的工艺条件(树脂用量、温度、搅拌速率、时间)和动态离子交换的工艺条件(温度、流速、离子交换柱高径比)，同时探讨了动态交换过程中的贯穿曲线及其影响因素，最终得出了贯穿函数。

(3)根据离子交换树脂的结构特点，建立离子交换过程中的分形模型，从而探究树脂与双氰胺结晶母液进行离子交换过程的分形维数，同时以树脂作为一种多孔介质探究了钙离子在孔通道内的扩散规律，获得了孔通道一级反应扩散方程的稳定态解。

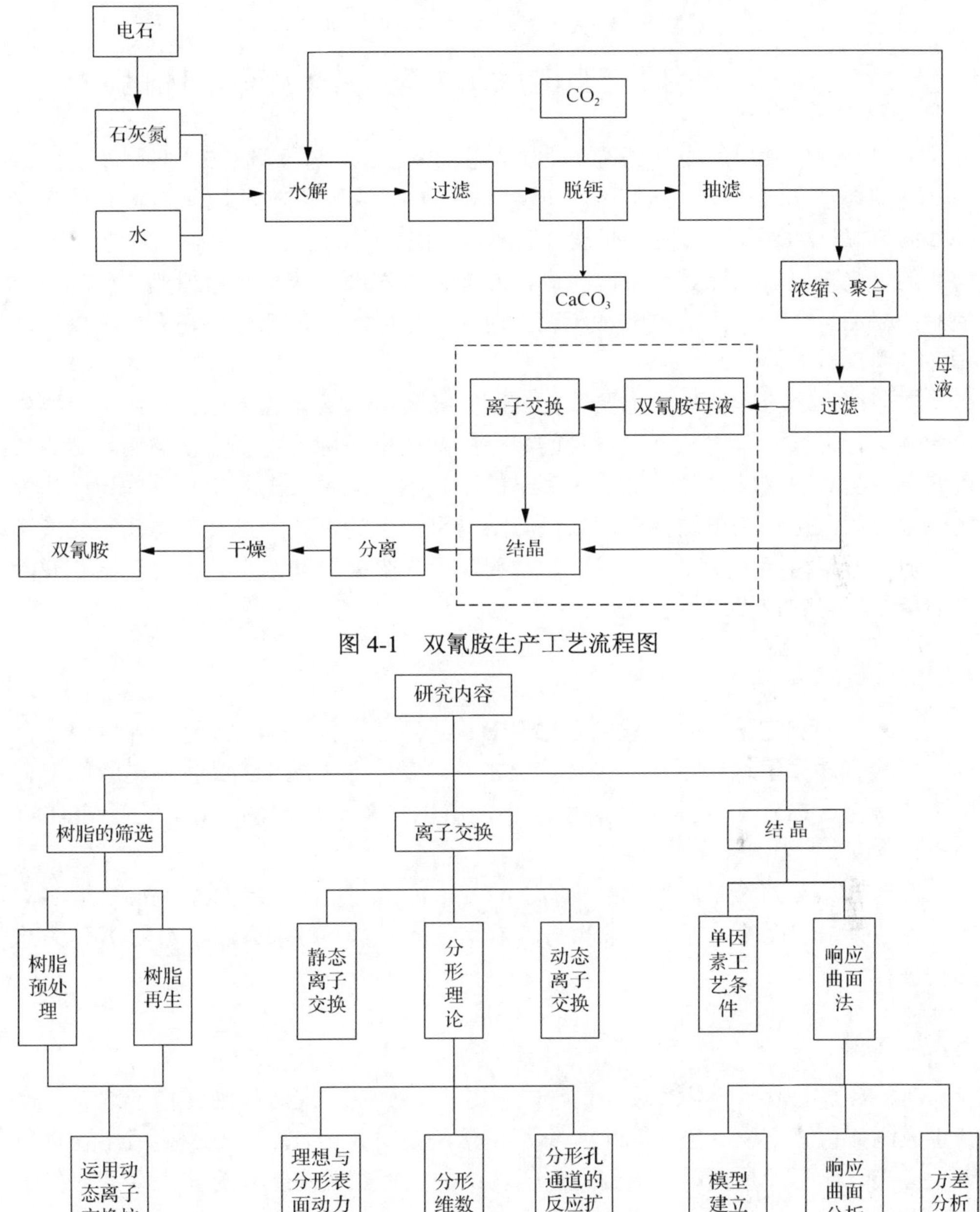

图 4-1　双氰胺生产工艺流程图

图 4-2　本章研究内容

(4) 对经过离子交换后的双氰胺结晶母液进行结晶工艺研究，考察不同因素(如降温速率、搅拌速率、晶种粒度、陈化时间)对双氰胺结晶产品的影响，进而通过响应曲面法优化结晶工艺，最终通过验证实验得到最佳工艺条件。

4.2 离子交换树脂的筛选及静态离子交换优化

当前国内外常用的脱除钙离子的方法主要有沉淀法、萃取法、吸附法、膜过滤法、结晶法和离子交换法等[1]。在这些方法中，离子交换法因具有选择性高、操作简单、分离效率高等优点而被广泛应用。但此方法也有一些不足之处，例如，树脂的一次投资费用比其他方法要高，在操作过程中要求高，新树脂预处理与交换后的树脂再生时产生的废酸、废碱会对环境造成污染，此外，还需要考虑树脂循环利用次数的问题。

本节在筛选树脂过程中主要依据树脂的吸附饱和量、选择性、利用率、再生等特性进行筛选。首先从不同型号的树脂中筛选出四种阳离子交换树脂，然后考察四种树脂对双氰胺结晶母液中钙离子的脱除率，从中选出脱除率高的树脂作为实验用树脂。用筛选出的树脂对双氰胺结晶母液中的钙离子进行静态离子交换实验，通过考察树脂用量、交换温度、搅拌速率、交换时间四个因素对钙离子脱除率的影响，得到较优的工艺条件。

4.2.1 分析方法

钙离子的测定采用乙二胺四乙酸(EDTA)滴定法[2]。EDTA 是一种氨羧络合剂，多数金属离子均可以与它形成稳定的络合物，所以 EDTA 被广泛应用于金属离子滴定。EDTA 在水中溶解度较小，所以实验选用它的二钠盐(Na_2EDTA)分析钙含量。

标定 EDTA 溶液常用的基准物有 Zn、ZnO、$CaCO_3$、Bi、Cu、$MgSO_4\cdot 7H_2O$ 等，为减少系统误差，需使基准物与滴定物保持一致。故本方法以 $CaCO_3$ 作为基准物进行标定。

1. 原理

Ca^{2+}的测定是在样品溶液 pH 为 12～13 时，钙-羧酸或铬蓝黑 R 指示剂与 Ca^{2+} 会生成酒红色络合物，当用 EDTA 标准溶液滴定时，EDTA 与 Ca^{2+}生成络合物，当反应接近化学计量点时，酒红色络合物中的 Ca^{2+}会被 EDTA 夺出，释放出指示剂，溶液即显示出指示剂的游离颜色，故溶液从红色变为蓝色，即为滴定终点。反应式如下：

$$Ca^{2+} + In^{-}(\text{蓝色}) \longrightarrow CaIn^{+}(\text{酒红色})$$

$$Ca^{2+} + Y^{4-} \longrightarrow CaY^{2-}$$

$$CaIn^{+}(\text{酒红色}) + Y^{4-} \longrightarrow CaY^{2-} + In^{-}(\text{蓝色})$$

2. 试剂

(1) 盐酸：盐酸与水体积比为 1∶1。

(2) 氨水：氨水与水体积比为 1∶10。

(3) 三乙醇胺：三乙醇胺与水体积比为 1∶3。

(4) NaOH 溶液：$0.01mol\cdot L^{-1}$。

(5) 甲基红指示液：称量 0.1g 甲基红指示剂粉末，溶于少量乙醇中，然后移入 50mL 容量瓶，稀释至刻度。

(6) 铬蓝黑 R 指示液：称量 0.5g 铬蓝黑 R 指示剂粉末，溶于少量乙醇中，然后移入 100mL 容量瓶，稀释至刻度。

(7) $CaCO_3$ 标准溶液：$0.01mol\cdot L^{-1}$。称取 0.25g 左右干燥后的 $CaCO_3$ 于 250mL 烧杯中，以少量水润湿，盖上表面皿。从烧杯嘴处滴加 2mL 盐酸(5mL 盐酸+5mL 水制成)，使 $CaCO_3$ 完全溶解，然后加适量水，放到加热板上加热至微沸并保持几分钟，冷却后用水冲洗烧杯壁和表面皿，转移至 250mL 容量瓶中定容至刻度，摇匀备用。

(8) EDTA 待标液：$0.02mol\cdot L^{-1}$。称取 3.75g 左右的 EDTA 二钠盐(Na_2EDTA)于 250mL 烧杯中，加水温热溶解，冷却后转移至 500mL 容量瓶中定容至刻度，摇匀备用。

3. 具体步骤

1) EDTA 溶液标定

移取 25mL $CaCO_3$ 标准溶液于锥形瓶中，滴一滴甲基红，加氨水(5mL 氨水+50mL 水制成)中和 $CaCO_3$ 标准溶液至颜色变黄。加入 20mL $0.1mol\cdot L^{-1}$ NaOH 溶液，加入少量钙指示剂，摇匀，使指示剂溶解，溶液呈红色，用 EDTA 溶液滴定，Ca^{2+}标准溶液由酒红色变至纯蓝色即可。记录 EDTA 所用体积。

2) 样品 Ca^{2+}含量滴定

取适量样品(一般 $0.2mol\cdot L^{-1}$ 样品液取 0.25g)于 25mL 容量瓶中，定容至刻度。将 25mL 容量瓶中溶液全部移至 250mL 锥形瓶中，加入 20mL $0.1mol\cdot L^{-1}$ NaOH 溶液，使溶液 pH＞12，加入 5mL 三乙醇胺(50mL 三乙醇胺+150mL 水配制)，再加入少量钙指示剂，摇匀使指示剂溶解，此时溶液呈酒红色，用 EDTA 滴定，使 Ca^{2+}标准溶液由酒红色变至纯蓝色即可。记录 EDTA 所用体积。

4. 结果计算

1) 样品中 Ca^{2+}质量浓度

$CaCO_3$ 标准溶液质量浓度采用式(4-1)计算。

$$c_{CaCO_3} = \frac{m_{CaCO_3} \times \dfrac{40}{100.09}}{250} \text{ mg} \cdot \text{mL}^{-1} \tag{4-1}$$

EDTA 质量浓度

$$m_{EDTA} = \frac{c_{CaCO_3} \times 25.00}{V_{EDTA}} \text{ mg} \cdot \text{mL}^{-1} \tag{4-2}$$

样品中 Ca^{2+}质量浓度

$$c_{样} = \frac{m_{EDTA} \times V_{EDTA}}{m_{样}} \text{ mg} \cdot \text{g}^{-1} \tag{4-3}$$

2) 样品中 Ca^{2+}摩尔浓度

EDTA 摩尔浓度

$$c_{EDTA} = \frac{m_{CaCO_3} \times 1000 \times \dfrac{25.00}{250}}{100.09 \times V_{EDTA}} \text{ mol} \cdot \text{L}^{-1} \tag{4-4}$$

样品中 Ca^{2+}质量浓度

$$c_{样} = \frac{c_{EDTA} \times V_{EDTA} \times 1000}{25.00} \text{ mol} \cdot \text{L}^{-1} \tag{4-5}$$

5. 注意事项

$CaCO_3$ 基准试剂加 HCl 溶解时，速度要慢，以防反应剧烈产生 CO_2 气泡导致 $CaCO_3$ 溶液飞溅损失。络合滴定反应进行较慢，因此滴定速度不宜太快，尤其临近终点时，更应缓慢滴定，并充分摇动。滴定应在 30～40℃进行，若室温太低，应将溶液略加热。滴定至溶液呈纯蓝色在 30s 内不返色即为终点。

本方法中涉及的试剂溶液浓度可根据样品浓度范围稍作调整。

4.2.2 树脂的筛选及静态法工艺优化

1. 树脂筛选

分别取预处理后的 D001、001×4、001×7、001×8 型树脂，在温度为 45℃、时间为 30min、搅拌速率为 250r · min^{-1}、树脂用量为 40mL（湿树脂空隙率为 0.42）条件下，对不同体积双氰胺结晶母液中的钙离子进行静态离子交换实验，绘制交换后的双氰胺溶液中钙离子脱除率的变化曲线，结果如表 4-1 和图 4-3 所示。

表 4-1　交换液体积-钙离子脱除率实验数据

序号	双氰胺体积/mL	钙离子脱除率/%			
		001×7	001×8	001×4	D001
1	40	0.9718	0.9579	0.9383	0.9313
2	80	0.9422	0.9285	0.9131	0.8962
3	120	0.9154	0.8836	0.8794	0.8569
4	160	0.9013	0.8681	0.8527	0.7826
5	200	0.8632	0.8555	0.8261	0.7559
6	240	0.8421	0.8205	0.7882	0.7433
7	280	0.7997	0.7839	0.7503	0.6858
8	320	0.7787	0.7321	0.7152	0.6227
9	360	0.7716	0.6844	0.6479	0.5567
10	400	0.7406	0.6227	0.5623	0.5273

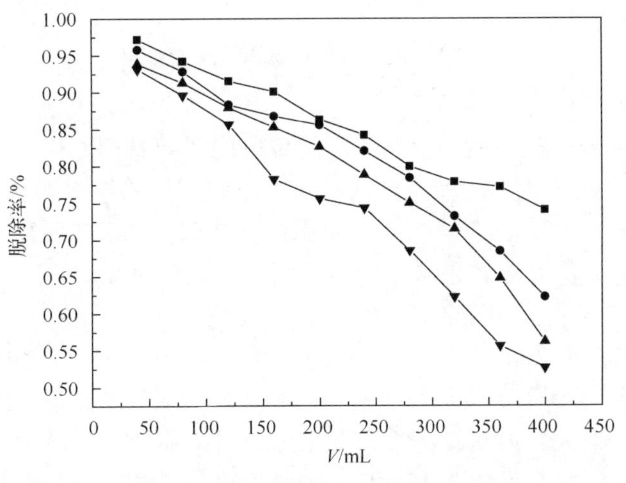

图 4-3　四种树脂对脱钙效果的影响

■ 001×7；● 001×8；▲ 001×4；▼ D001

由图 4-3 可知，001×7 型树脂对双氰胺结晶母液中的 Ca^{2+}脱除率最大，同时吸附饱和量也最大。因此本实验选用 001×7 型阳离子交换树脂进行 Ca^{2+}的交换研究。

2. 树脂用量对钙离子脱除效果的影响

按照 4.2.1 节中所述的实验方法，向三口烧瓶中分别加入 20mL、25mL、30mL、35mL、40mL、45mL、50mL、55mL、60mL、65mL 001×7 型的阳离子交换树脂

(空隙率为 0.42)，然后分别加入 200mL 双氰胺结晶母液，在 45℃下进行离子交换 30min，搅拌速率为 250r · min^{-1}，测定交换完全后双氰胺母液中的 Ca^{2+}浓度，计算树脂对 Ca^{2+}的脱除率，实验结果如图 4-4 所示。

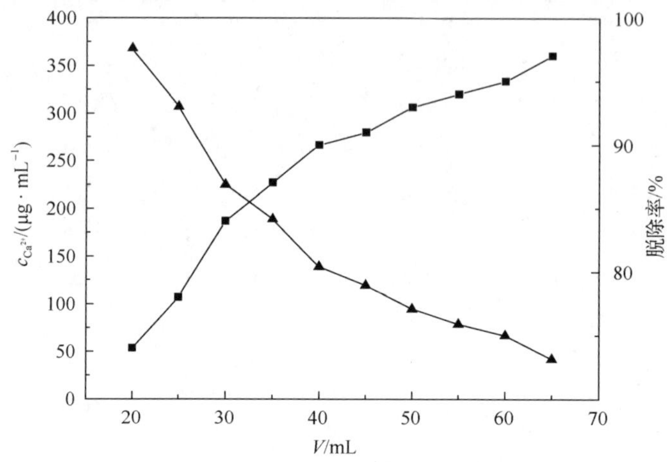

图 4-4　树脂用量对脱钙效果的影响

▲钙离子浓度；■脱除率

由图 4-4 可知，在树脂用量考察区间范围内，随着树脂用量的增加，单位体积树脂对 Ca^{2+}的吸附量逐渐减小，同时随着树脂用量的不断增加，Ca^{2+}的脱除率不断增大。当树脂用量在 20～30mL 范围内变化时，Ca^{2+}的脱除率增大较快，曲线斜率变化较快。从处理效果来看，当树脂用量达到 40mL 时，Ca^{2+}的脱除率已经达到 90.00%。当树脂用量大于 40mL 时，曲线斜率变小，Ca^{2+}的脱除率增加变缓，当树脂用量为 50mL 时，Ca^{2+}的脱除率可达 94.25%，此时钙离子浓度为 83mg · kg^{-1}，已经达到医药级双氰胺对钙含量的行业要求。此后继续增加树脂的用量，脱除率增加不大。但从经济性角度来分析，树脂使用量越大处理成本越高，综合考虑高品质双氰胺行业要求和 Ca^{2+}的脱除率，在本实验中树脂用量选择 40～50mL 为最佳。

3. 温度对钙离子脱除效果的影响

向三口烧瓶中分别加入 40mL 左右的树脂(空隙率为 0.42)，加入 200mL 双氰胺结晶母液，搅拌速率为 250r · min^{-1}，分别在 25℃、30℃、35℃、40℃、45℃、50℃、55℃、60℃、65℃、70℃的温度下交换 30min，测定交换完全后双氰胺母液中的 Ca^{2+}含量，分别计算树脂对 Ca^{2+}的脱除率，实验结果如图 4-5 所示。

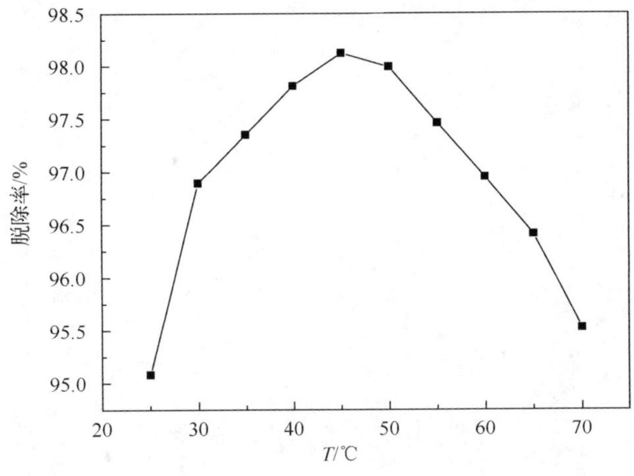

图 4-5　温度对 Ca^{2+}脱除率的影响

由图 4-5 可见，随着温度从 25℃升高到 45℃，钙离子的脱除率从 95.08%增大至 98.12%；温度在 45～50℃时脱除率达到最大；温度在 50～70℃时，随着温度的升高，钙离子的脱除率由 97.99%降低到 95.52%。在温度考察范围内脱除率先增大后减小的原因可能是：当温度升高时，液体的黏滞力下降，同时加剧了母液中钙离子的无规则运动，使得溶液中钙离子的浓度分布更加均匀，两相间液膜变薄，这样就增加了钙离子与树脂进行离子交换的速率[3]。当温度过高时，高温条件会使树脂的结构遭到破坏，使树脂丧失交换性能，最终导致树脂对钙离子的选择性降低，脱除率减小。因此，实验中选择交换温度为 45～50℃为最佳。

4. 时间对钙离子脱除效果的影响

向三口烧瓶中分别加入 40mL 左右的树脂(空隙率为 0.42)，加入 200mL 双氰胺结晶母液，搅拌速率为 $250r \cdot min^{-1}$，交换温度为 45℃，进行离子交换的时间分别为 5min、20min、35min、50min、65min、80min、95min、110min、125min、140min，测定交换完全后双氰胺母液中的 Ca^{2+}含量，分别计算树脂对 Ca^{2+}的脱除率，实验结果如图 4-6 所示。

由图 4-6 可知，随着交换时间的延长，在 0～40min 内，Ca^{2+}的脱除率逐渐增大且增大速率较快。在 40～70min 内，树脂对 Ca^{2+}的脱除率也逐渐增大，此时增大的速率变缓，出现速率先增大后变缓的原因可能是刚开始进行离子交换时 Ca^{2+}主要与树脂的外表面接触而进行表面的离子交换，在不断搅拌下，树脂表面与结晶母液两相界面上的离子扩散比较容易进行。随着离子交换反应的不断进行，母

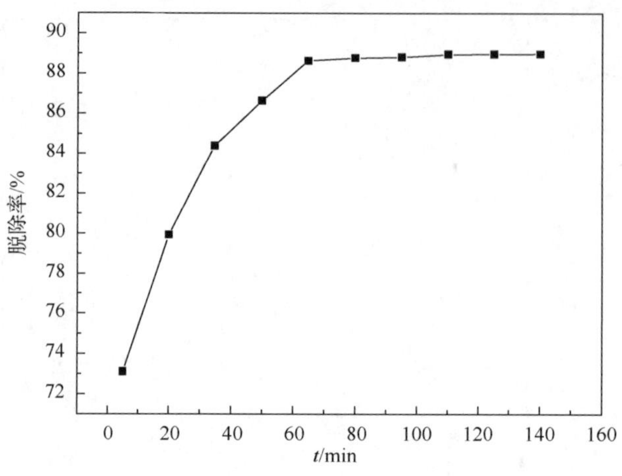

图 4-6 时间对 Ca^{2+}脱除率的影响

液中未进行离子交换的 Ca^{2+}的浓度逐渐减小，同时在树脂表面交换达到饱和的情况下 Ca^{2+}开始沿树脂的孔道向树脂的内部不断移动，树脂的内部孔道有的全部通透，有的一端通另一端封闭，从而增大了树脂对溶液中钙离子的扩散阻力，进而降低了离子交换速率。当交换时间超过 70min 时离子交换达到平衡，树脂与母液中钙离子间的交换已经达到了饱和状态，如果此时不及时取出处于饱和状态下的树脂，很可能使已经交换的钙离子重新回到母液中，这样就使交换过程达到了动态平衡。为确保反应完全，实验中选择离子交换反应时间为 80min。

5. 搅拌速率对钙离子脱除效果的影响

向三口烧瓶中分别加入 40mL 左右的树脂(空隙率为 0.42)，加入 200mL 双氰胺结晶母液，交换温度控制在 45℃，分别在搅拌速率为 $100r\cdot min^{-1}$、$150r\cdot min^{-1}$、$200r\cdot min^{-1}$、$250r\cdot min^{-1}$、$300r\cdot min^{-1}$、$350r\cdot min^{-1}$、$400r\cdot min^{-1}$ 下进行离子交换 30min，测定交换完全后双氰胺结晶母液中 Ca^{2+}含量，分别计算树脂对 Ca^{2+}的脱除率，实验结果如图 4-7 所示。

由图 4-7 可知，树脂在脱除双氰胺结晶母液中所含钙离子的过程中，在搅拌速率由 $100r\cdot min^{-1}$ 增加为 $250r\cdot min^{-1}$ 时，钙离子脱除率随搅拌速率的增大而增大，表明在适当的搅拌速率范围内，提高钙离子的脱除率可通过增大搅拌速率来实现，这是因为增大搅拌速率可以减小树脂相与母液间的液膜厚度，有利于母液中传质过程的进行。可见离子交换过程中随着搅拌速率的提高，液膜变薄，引起液膜扩散过程加快。当搅拌速率达到 $250r\cdot min^{-1}$ 时，钙离子的脱除率达到最大，为 97.35%，此时液膜厚度达到最小值，搅拌速率对离子交换的速度影响变小。当搅拌速率大于 $250r\cdot min^{-1}$ 时，树脂对母液中的钙离子的脱除率随搅拌速率的增大而减小。出现这一结果说明搅拌速率对钙离子的脱除效果有重要影响。当搅拌速率继续增大

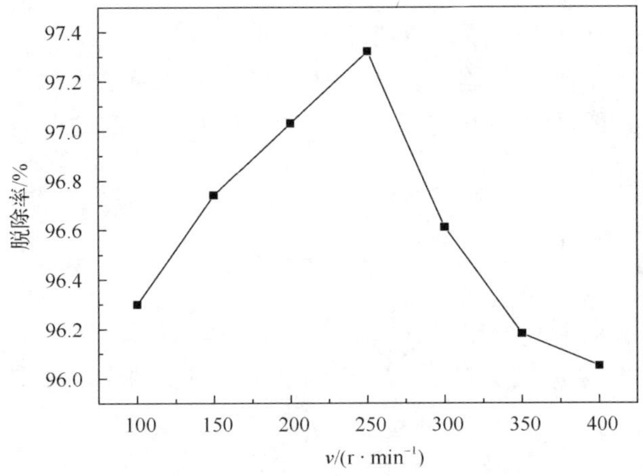

图 4-7　搅拌速率对脱钙效果的影响

时，被交换溶液流动阻力增大，这样阻碍了母液中钙离子的传质过程，较大的搅拌速率也可能使离子交换树脂间的摩擦、机械碰撞加剧，甚至可能使树脂得到破坏，使树脂的机械损失变大，最终导致树脂的交换性能下降，这样就增大了生产成本。因此，综合考虑经济性，搅拌速率在 $250\mathrm{r \cdot min^{-1}}$ 左右时脱除钙离子的效果较好，所以选择搅拌速率为 $250\mathrm{r \cdot min^{-1}}$ 为最佳。

4.3　动态离子交换及贯穿曲线

4.3.1　引言

离子交换分离过程是指运用特定的离子交换树脂处理某一体系中的分离物，此过程必须在一定参数的工艺条件下，在特定结构的设备中进行。动态离子交换过程所需的工艺条件与设备的设计都要以离子交换热力学和离子交换动力学为理论基础。动态离子交换过程一般在交换柱中进行，因此动态离子交换法也叫柱过程法[4]。为了使交换过程高效、合理，既要研究交换设备的结构与设计，又要考虑交换过程的工艺条件。这个过程就涉及许多工程问题，可以说离子交换分离工程不仅涉及微观的离子交换行为，而且也涉及许多宏观方面的离子交换规律。因此，离子交换过程所研究的范围包括：离子交换过程所需工艺条件、交换所需设备。同时，动态离子交换是一种动态平衡反应，为了使交换过程顺利进行，交换后的钙离子必须随时脱离树脂，这样才能保证交换树脂与新的被交换液接触，下部交换后的液体流出形成动态平衡。动态交换行为反映在离子交换过程中的贯穿曲线上，而贯穿曲线受进液流速、树脂床层高径比、交换温度等因素的影响，通过对交换过程进行模拟可以揭示这些因素对离子交换的影响规律。

本节将在离子交换动力学理论研究的基础上，通过 001×7 型阳离子交换树脂对双氰胺结晶母液中的 Ca^{2+}进行脱除，从而对动态交换过程的离子交换原理进行系统研究，为设计既经济合理又高效可行的动态离子交换过程提供技术指导。

4.3.2　柱过程脱除钙离子的贯穿原理

1. 贯穿曲线

图 4-8 为贯穿曲线图，横坐标为交换后溶液体积(*V*)，纵坐标为交换后溶液中钙离子浓度(*c*)。贯穿曲线反映了一定流速下，不同时刻流出液中钙离子浓度的变化规律。

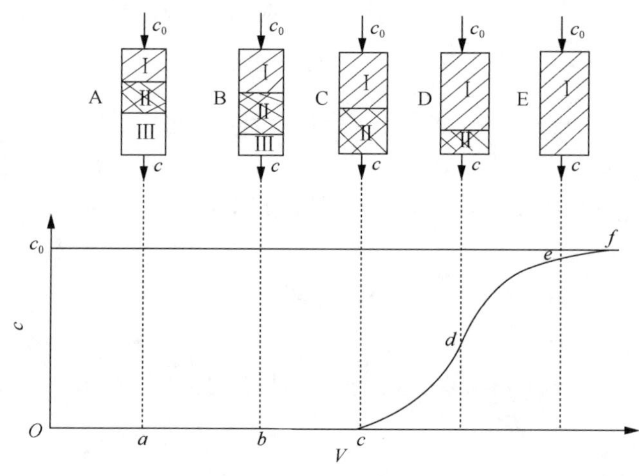

图 4-8　贯穿曲线

在图 4-8 上 A 时刻：交换柱内的树脂由交换饱和段Ⅰ、未饱和段Ⅱ、新树脂段Ⅲ组成。Ⅰ段内树脂已失去交换能力，Ⅱ段树脂正在与钙离子进行离子交换，Ⅲ段内树脂未与离子接触。在 A 时刻，交换柱出液口流出的交换液中不含有需交换的钙离子，此时树脂床层还没有贯穿，如图 4-8 中 *a* 点所示。

在图 4-8 上 B 时刻：饱和段Ⅰ增加，Ⅱ段减少，Ⅲ段减少，出液口流出的交换液中不含有需交换的钙离子，如图 4-8 中 *b* 点所示。

在图 4-8 上 C 时刻：饱和段Ⅰ继续增加，Ⅱ段减少，Ⅲ段消失。出液口流出的交换液中开始有需交换的钙离子出现，此时树脂床层已经贯穿，如图 4-8 中 *c* 点所示。

在图 4-8 上 D 时刻：饱和段Ⅰ继续增加，Ⅱ段继续减少，出液口流出的交换液中钙离子浓度增加，如图 4-8 中 *d* 点所示。

在图 4-8 上 E 时刻：Ⅱ段消失，交换柱内树脂达到饱和状态。树脂完全失去交换能力，交换柱出液口流出的交换液中的钙离子浓度已经接近母液的初始浓度，如图 4-8 中 e 点所示。

树脂的利用率可表示为贯穿容量与饱和容量之比。若交换后的交换液中有钙离子出现，表明树脂床层已经贯穿。在实际操作中当第一个钙离子流出时很难被测到，为了测试方便，工程中规定，交换液中被交换离子浓度达到初始溶液中被交换离子浓度的 3%～5%时，说明树脂床层已经贯穿。当交换液中被交换的离子浓度达到初始溶液中被交换离子浓度的 95%～97%时，说明树脂已经饱和，失去了交换能力[5]。

2. 影响贯穿曲线的因素

能够影响树脂吸附平衡、处理容量、交换速率的因素，都会影响贯穿曲线及树脂的交换效率[5]。

1) 亲和力

离子交换树脂对被交换离子的选择性越强，亲和力就越大，离子在树脂床层中的流动速度就越慢，间接反映出进行离子交换的树脂床层高度变高，反映到贯穿曲线上表现为贯穿点出现较晚、所能处理的溶液体积变大，这样树脂的利用率就变大。

2) 交换温度

在进行离子交换前必须使交换柱温度升高到所需操作条件，高温条件有利于离子交换的顺利进行，可提高交换效率，但也不宜过高，过高的温度会破坏树脂，使树脂的交换性能下降，降低交换效率。

3) 床层高径比

增加床层高径比（H/R）也就是增加了交换柱中树脂床层高度，这样不仅可以延长交换离子与树脂的交换时间，提高离子交换效率，而且能够很好地改善交换柱内液体与树脂之间的力学性能，使液体分布更加均匀，避免发生沟流现象。增大床层高径比还能改善柱内树脂填充情况，减小壁效应带来的误差，有利于离子交换的顺利进行。但是，交换柱床层也不能太高，太高会增加床层阻力，降低交换效率。

4) 树脂粒度大小

离子交换过程是固液相扩散过程，树脂粒度越小、越均匀，越有利于离子交换，使传质速率加快，但树脂粒度太小会增加床层阻力。树脂粒度对交换离子贯穿曲线的影响如图 4-9 所示。

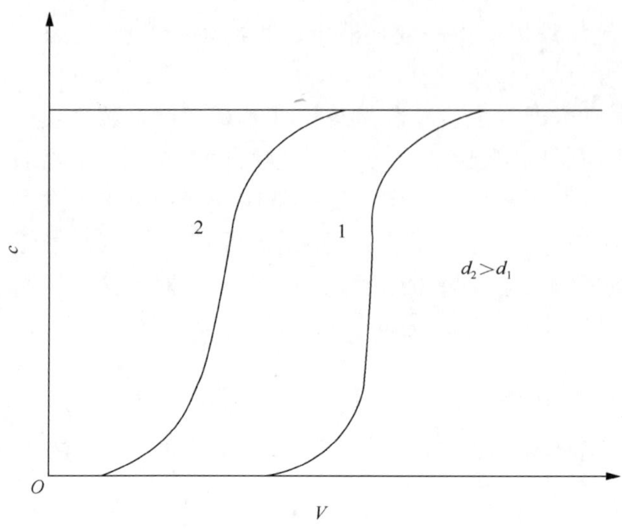

图 4-9　不同树脂粒度下的贯穿曲线

5) 液体流速

为了提高树脂-离子的交换效率，在交换过程中必须使树脂与被交换母液有足够长的交换时间，如果进液流速太快，会导致接触时间变短，被交换离子还没来得及交换就与树脂分离，这时所得到的贯穿曲线的形状变平，同时流速太快会增大流体阻力。但是，液体流速也不能太慢，太慢会使交换柱内液体出现严重纵向返混现象，使接触时间变短，从而降低交换效率。图 4-10 反映了液体流速对动态离子交换的影响。

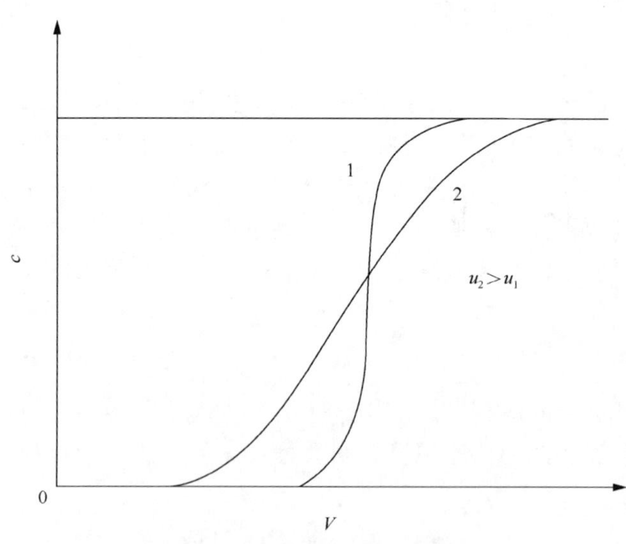

图 4-10　不同流速下的贯穿曲线

3. 贯穿函数

贯穿曲线可以很好地反映被交换离子进行动态离子交换过程，为了很好地表示这一过程需要引入一些参数，有以下三个假设[5]：

(1) 交换液的进液流速要大于树脂相中钙离子浓度波的移动速度；

(2) 液相是活塞流型，没有纵向返混；

(3) 贯穿曲线的波形不变，且匀速运动。

离子交换过程中，溶液中钙离子浓度的变化率 α 为

$$\alpha=1-\frac{c}{c_0} \tag{4-6}$$

或

$$c/c_0=1-\alpha \tag{4-7}$$

式中，c 为交换后流出液中钙离子浓度，$\mu g\cdot L^{-1}$；c_0 为结晶母液中钙离子浓度，$\mu g\cdot L^{-1}$；α 为 t 时刻时树脂与钙离子的交换效率。

将式(4-7)对 t 进行微分得

$$\frac{d(c/c_0)}{dt}=-\frac{d\alpha}{dt} \tag{4-8}$$

式(4-8)表示钙离子浓度的变化速率，同时也表示母液的传质速率。

为了得到 $\frac{d(c/c_0)}{dt}$，需用一个容易微分的函数表示，即

$$\frac{d\alpha}{dt}=P(1-\alpha) \tag{4-9}$$

式(4-9)表示从时间 t 到 $t+\Delta t$ 这段时间内交换离子进入树脂相内的概率。用 $-\frac{d(c/c_0)}{dt}$ 代替 $\frac{d\alpha}{dt}$，c/c_0 代替 $1-\alpha$，式(4-9)可变为式(4-10)：

$$\frac{d(c/c_0)}{c/c_0}=-P dt \tag{4-10}$$

通过对式(4-10)积分可得到钙离子贯穿曲线的表达式，概率函数 P 表示如下：

$$P=\frac{\beta}{t_m}\left(\frac{t-t_B}{t_m}\right)^{\beta-1} \tag{4-11}$$

式中，β 为形状因子；t_B 为贯穿时间，min；t_m 为中间时间，min；P 为贯穿函数。

将式(4-11)代入式(4-10)，得

$$c / c_0 = \exp\left[-\left(\frac{t - t_B}{t_m}\right)^{\beta}\right] \tag{4-12}$$

式(4-12)表示交换柱内的母液中钙离子的浓度分布曲线，当其从交换柱流出以后就是贯穿曲线，表达式如下：

$$c / c_0 = 1 - \exp\left[-\left(\frac{t - t_B}{t_m}\right)^{\beta}\right] \tag{4-13}$$

将式(4-13)两边分别取对数得

$$\lg\ln\left(\frac{1}{1 - c / c_0}\right) = \beta\lg(t - t_B) - \beta\lg t_m \tag{4-14}$$

式(4-14)为贯穿函数的模型表达式，将实验所得数据以 $\lg(t - t_B)$ 为横坐标，$\lg\ln\left(\frac{1}{1 - c / c_0}\right)$ 为纵坐标得到一直线，直线斜率为 β。当 $c = c_0$ 时，可得 t_m 的值。

4.3.3　流速对钙离子交换的影响

分别将 3 份 100mL 预处理好的湿树脂(空隙率为 0.42)装入离子交换柱内，交换柱规格为 φ25mm×200mm，交换温度为 50℃，将双氰胺结晶母液分别以 $1\text{mL}\cdot\text{min}^{-1}$、$5\text{mL}\cdot\text{min}^{-1}$、$10\text{mL}\cdot\text{min}^{-1}$ 的流速通入离子交换柱中，每隔一段时间收集 40mL 交换后的流出液，测定流出液中 Ca^{2+}的浓度，分别绘制出贯穿曲线，如图 4-11 所示。根据贯穿曲线来探究进液流速对钙离子交换的影响。

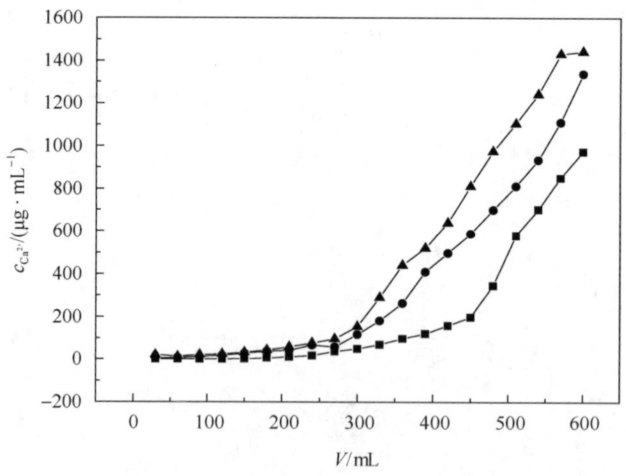

图 4-11　不同流速下的贯穿曲线

■ $1\text{mL}\cdot\text{min}^{-1}$；● $5\text{mL}\cdot\text{min}^{-1}$；▲ $10\text{mL}\cdot\text{min}^{-1}$

由图 4-11 可以看出，随着进液流速从 1mL·min^{-1} 增大到 10mL·min^{-1}，处理结晶母液的量逐渐变小，这是由于进液流速越大，加快了交换体系的贯穿速度，缩短了溶液在离子交换柱中的停留时间，树脂相与溶液的接触时间变短，双氰胺结晶母液没有与交换树脂充分接触就流出了交换柱，这样使得树脂的利用率下降。同时，母液流速变大会加大树脂对母液的流动阻力，这样使得贯穿点提前出现。相反，减小结晶母液的进液流速，可以使交换柱内的树脂与双氰胺结晶母液的交换时间延长，同时也提高了树脂的利用率，钙离子贯穿曲线的贯穿点相应推迟，这样对钙离子的交换效果较好。但母液的进液流速太慢，会使交换柱内交换母液的纵向返混现象变得更加严重，从而间接使交换柱中树脂床层高度增加，操作时间延长，效率降低，影响到经济效益。所以本实验的流速选用 5mL·min^{-1}。

4.3.4　树脂床层高径比对钙离子交换的影响

将 3 份 100mL 的湿树脂分别装入高径比为 2.8∶1、5.3∶1、10.8∶1 的离子交换柱内，控制母液进液流速为 5mL·min^{-1}，交换柱内交换温度分别为 50℃。每隔一段时间用量筒依次收集流出液约 40mL，测出交换后流出液中钙离子的浓度，绘制出贯穿曲线如图 4-12 所示。根据贯穿曲线来探究高径比对钙离子交换的影响。

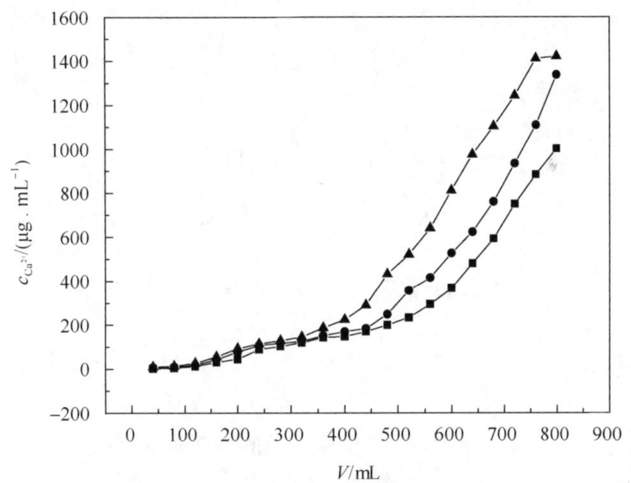

图 4-12　不同高径比下的贯穿曲线

▲2.8∶1；●5.3∶1；■10.8∶1

由图 4-12 可以看出，随着高径比由 2.8∶1 增大到 10.8∶1，贯穿曲线的贯穿点依次向右移动，导致贯穿曲线的贯穿时间相应变长，同时 100mL 湿树脂交换达到饱和时所能处理母液的量变大。出现这一现象的原因主要是当树脂的量一定时，增加树脂床层高径比也就是增加了树脂床层高度，高度的增加不仅可以延长树脂与双氰胺结晶母液的交换时间，而且还可以使离子交换柱内树脂的填充更加均匀，进而改善离子交换柱内树脂相与母液之间的流动力学情况，使母液在树脂相中分布更加均匀，避免了交换母液在树脂层中出现沟流而影响交换效率，同时也降低了母液交换柱壁之间的壁效应，这样既提高了离子交换的效率，又提高了实验的准确度，有利于离子交换的顺利进行。由此可见，树脂床层高径比越大，树脂床层高度越高，进行交换的时间越长，树脂对钙离子交换效率就越高，但是树脂床层高径比也不宜太高，高径比过高会增加树脂床层对母液的阻力，改变母液在床层中的流动路径，影响交换柱内树脂的交换效果，选高径比为 5.3∶1 为最佳。

4.3.5　温度对钙离子交换的影响

分别将 3 份 100mL 预处理好的湿树脂(空隙率 0.42)装入离子交换柱中，控制母液进液流速为 5mL·min^{-1}，交换柱内交换温度分别为 40℃、45℃、50℃。每隔一段时间用量筒依次收集流出液约 40mL，测出交换后流出液中钙离子的浓度，绘制贯穿曲线，结果如图 4-13 所示。

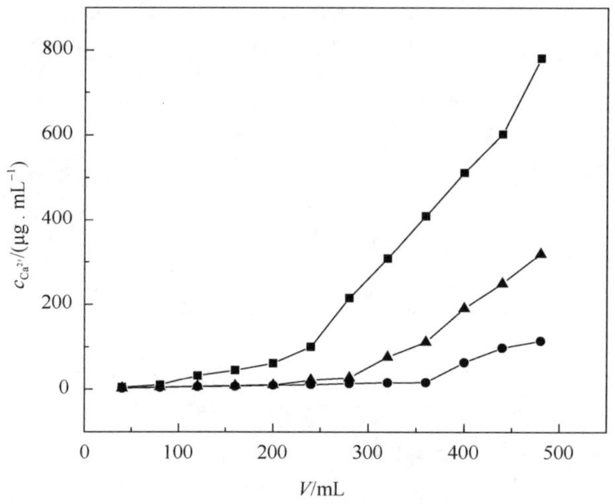

图 4-13　不同温度下的贯穿曲线

■ 40℃；▲ 45℃；● 50℃

由图 4-13 可以看出，随着温度从 40℃升高到 50℃，树脂对钙离子的吸附量明显增多，脱除率也相应增大，这一升温过程表明交换温度升高促进了树脂与钙离子的交换速率，也说明离子交换过程是一个吸热过程。能够出现这一规律，可能是温度升高有利于树脂中旧键的断裂，使得钙离子与树脂之间形成新的离子键，所以吸附过程表现为吸热过程；还可能是当温度升高时，结晶母液的黏滞力下降，母液中的钙离子的无规则运动加剧，使得溶液中钙离子浓度梯度变小，液膜相应变薄，这样增加了钙离子进入树脂孔道进行离子交换的机会。但交换温度不是越高越好，当温度过高时，高温条件会使树脂的结构遭到破坏，降低树脂的交换性能，从而降低了树脂对钙离子的脱除率。所以本实验的交换温度选用45～50℃为最佳。

4.3.6　贯穿函数模型

用式(4-14)分别对图4-11中流速为10mL·min^{-1}条件下的点、图4-12中高径比为2.8∶1条件下的点进行处理，实验结果如表4-2和表4-3所示，再以$\lg(t-t_B)$为横坐标，以$\lg\ln\left(\frac{1}{1-c/c_0}\right)$为纵坐标作图，结果分别如图4-14和图4-15所示。

1) v=10mL·min^{-1}

表4-2　模型参数实验数据

v=10mL·min^{-1}	$\lg(t-t_B)$	0.9031	1.0414	1.1461	1.2304	1.3010
	$\lg\ln\left(\frac{1}{1-c/c_0}\right)$	–1.8597	–1.7468	–1.6323	–1.5461	–1.4572

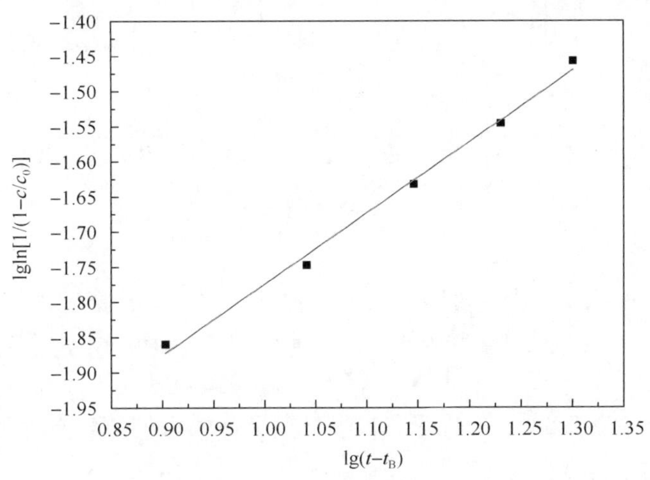

图4-14　贯穿函数模型

从图4-14中可以看出，贯穿曲线的贯穿函数模型为一条直线，模型的相关系数 R^2=0.992，直线的截距为–2.78，贯穿曲线的贯穿函数模型可较好地描述 Ca^{2+} 贯穿曲线。

在进液流速 v=10mL·min^{-1} 条件下，Ca^{2+}贯穿函数模型的数学方程如下：

$$\lg\ln\left(\frac{1}{1-c/c_0}\right)=1.01\ln(t-1)-2.78 \tag{4-15}$$

式中，c 为 t 时刻的浓度，$\mu g \cdot L^{-1}$；c_0 为初始浓度，$\mu g \cdot L^{-1}$。

2) 高径比 H/R 为 2.8∶1

表 4-3　贯穿曲线的贯穿函数模型实验数据

H/R=2.8∶1	$\lg(t-t_B)$	0.8451	1.1761	1.3617	1.4913	1.5910
	$\lg\ln\left(\frac{1}{1-c/c_0}\right)$	–1.9512	–1.6940	–1.5089	–1.4059	–1.2755

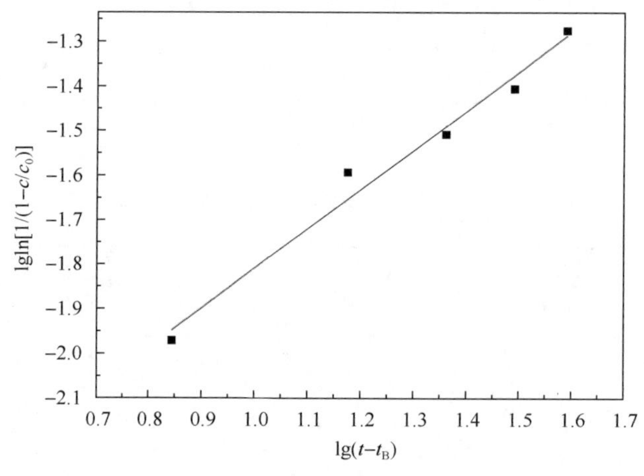

图 4-15　贯穿函数模型

从图 4-15 中可以看出，贯穿曲线的贯穿函数模型为一条直线，模型的相关系数 R^2=0.973，直线的截距为–2.69467，贯穿曲线的贯穿函数模型可较好地描述 Ca^{2+} 贯穿曲线。

在高径比 H/R=2.8∶1 条件下，Ca^{2+}贯穿函数模型的数学方程如下：

$$\lg\ln\left(\frac{1}{1-c/c_0}\right)=0.8844\ln(t-1)-2.69467 \tag{4-16}$$

式中，c 为 t 时刻的浓度；c_0 为初始浓度。

通过动态离子交换过程，分别拟合出了进液流速、树脂床层高径比两因素下的贯穿曲线方程。从图 4-14、图 4-15 中可分别看出两拟合方程都为直线，在上述两个工艺条件下的贯穿函数方程的相关系数分别为 0.992、0.973，说明在该动态离子交换过程中拟合得到的贯穿函数模型可很好地描述 Ca^{2+}的贯穿曲线。

4.4　多孔分形介质理论应用于双氰胺离子交换过程

4.4.1　引言

多孔分形介质是一类结构相对较复杂的物体，这种介质是由许多孔道结构构成的网状空间体。Bear[6]给出了多孔介质的定义：是指物体内部有多相介质占据其孔隙空间。孔隙的构架构成了多孔介质的构造，孔隙内的多相介质既可以是气相流体，也可以是液相流体。多孔介质的主要特点是比表面积大。多孔介质内的小孔道可以是连通的，也可以是一部分连通，还有可能全不连通，这样就构成了复杂网状结构。Coppens 等[7]对多孔分形介质中孔通道的扩散方程进行了深入研究。在化工领域，分形理论已经成功地用于颗粒[8]、表面化学反应[9]、催化反应[10]及膜分形[11]等方面。

4.4.2　分形的数学基础

1. 分形几何理论

分形几何学是由 Mandelbrot 最早提出并且通过科学论证建立的一门探究自然界中复杂结构的数学理论[12]。他出版的《分形对象：形、机遇和维数》是第一部提到分形这一词的著作。分形物体最初的意思是指“极不规则的、复杂的”物体。而 Mandelbrot 最开始是想用分形来解决自然界中传统的几何学所不能解决的一些复杂的、无规则的几何现象。分形几何理论的出现，使传统几何学不能够解决的不规则的、复杂的几何现象变得容易解决。自此以后，分形理论在不同科学领域被广泛应用，并且得到各领域的广泛关注，直到 1982 年，Mandelbrot 出版了他的第一部关于分形理论的著作“*The Fractal Geometry of Nature*”，标志着分形理论这一学科的形成。

分形几何学与欧氏几何学的对比如表 4-4 所示。

表 4-4　几何学对比

几何学	对象	特征长度	表达方式	维数
欧氏几何学	较简单的物体	有	数学公式	0 或正整数(1、2 、3)
分形几何学	复杂物体	无	迭代语言	一般是分数(也可以是整数)

2. 分形维数

分形维数通常是用来表示复杂物体结构的一个重要参数。它被用来表示复杂物体的相似性和物体的不规则程度。应用于多孔介质，分形维数定量表征孔隙/颗粒大小分布、孔隙表面粗糙程度和流线弯曲程度等微观结构复杂程度。因此，多孔介质分形维数的精确预测是客观描述分形多孔介质流体流动与传递特性的首要任务之一[13]。随着分形学科的发展，如今对分形维数的定义和计算方法有许多种说法，主要包括如下几种：Hausdorff 维数、相似维数、盒维数、信息维数、关联维数、谱维数等。

其中 Hausdorff 维数是分形理论的基础之一，现在的分形几何理论就是在这一基础上建立起来的，但是 Hausdorff 维数有其局限性，它只适合分形理论的理论推导，在实际应用中对许多分形计算问题是没有办法解决的。相反，盒维数由于计算方法较简单，面对复杂问题便于应用，所以在分形理论中得到了广泛的应用。

关于分形维数的理论，文献[14]～[17]已详细介绍。为保持本书的完整性和系统性，此处简要介绍 Hausdorff 维数、相似维数、盒维数、信息维数，并详细介绍谱维数。

1) Hausdorff 维数 D_H

对于每一个已知维数的物体，通过已知维数的物体来度量相同维数的物体，可得到确定的数值 N。如果用低于分形维数的已知物体来度量，结果则为无穷大。如果用高于分形维数的已知物体来度量，结果则为 0。

$$D_{\mathrm{H}} = \lim_{\delta \to 0} \frac{\ln N(\delta)}{\ln(1/\delta)} \tag{4-17}$$

Hausdorff 维数的实际应用较为困难，因用于覆盖的 U_i 的大小可以是任意的，只要小于 δ 就行，实际应用中并不方便。若采用尺寸均一进行覆盖则简单得多，如后面的盒维数。

2) 相似维数 D_{sm}

相似维数(similarity dimension)是指所用标度不变的一种维数。假设分形整体 S 由 N 个非重叠的部分 $s_1, s_2, \cdots, s_n$ 组成，如果每部分 s_i 经放大 $1/r_i$ 倍后可与 S 相等，当相似比相同时，即 $r_i = r$ 时，相似维数为

$$D_{\mathrm{sm}} = \lim_{r \to 0} \frac{\ln N}{\ln(1/r)} \tag{4-18}$$

如果 r_i 不全相等，则有

$$\sum_{i=1}^{N} r_i^{D_{\mathrm{sm}}} = 1 \tag{4-19}$$

对于不等的两标度(r_1、r_2)的康托分形，有

$$r_1^{D_{sm}} + r_2^{D_{sm}} = 1 \tag{4-20}$$

当 r_1=0.25、r_2=0.4 时，D_{sm}=0.611。

3) 盒维数 D_b

盒维数(box dimension)是一个应用十分广泛的维数，不仅因为它在计算中比较简单，而且通过经验估计也比较容易，其思想就是用尺度相同的盒子去表示对象。这些对象可以是圆形，也可是方形，既可相交，也可不相交。如果用某些盒子把对象全部表示出来，当尺寸 δ 趋于 0 时，盒子的个数的对数 $\ln N$ 与尺寸倒数的对数 $\ln(1/\delta)$ 之比，就是所求的盒维数。

假设 F 是全集 R^n 上的一个任意的有界子集，N_δ 是用 δ 表示的 F 集的最少个数，则盒维数可以定义为如下方程：

$$D_b = \lim_{\delta \to 0} \frac{\ln N_\delta(F)}{\ln(1/\delta)} \tag{4-21}$$

实际上盒维数是 Hausdorff 维数的一个特殊情况。人们认为盒维数是一个较大集合，能用形状相同的较小集合来表示，但是 Hausdorff 维数是用不同形状的较小集合来表示。由于盒维数是由相同形状较小集合确定的，在计算过程中比 Hausdorff 维数的计算简单得多，因此得到广泛使用。

4) 信息维数 D_I

若不但要考虑 Hausdorff 维数中所需尺寸为 δ 的盒子的个数 $N(\delta)$ 或单位边长格子的个数，还要考虑分形集的元素在盒子中出现的概率，这样便得到信息维数 D_I (information dimension)。假设 P_i 表示测量器的每个格子(或盒子)被测出的概率，若分形集的元素出现在第 i 个格子的概率为 P_i，则信息维数可表示为

$$D_I = \lim_{\delta \to 0} \frac{\sum_{i=1}^{N} P_i \ln P_i}{\ln \delta} \tag{4-22}$$

在概率 $P_i = 1/N(\delta)$ 的条件下，信息维数等于 Hausdorff 维数，即 D_I=D_H。根据统计物理学理论，系统熵定义为

$$S(\delta) = -\sum_{i=1}^{N(\delta)} P_i \ln P_i \tag{4-23}$$

则信息维数可以定义为

$$D_{\mathrm{I}} = -\lim_{\delta \to 0} \frac{S(\delta)}{\ln \delta} \tag{4-24}$$

5) 谱维数 D_s

在研究具有自相似性分布的随机过程，如做随机行走粒子的统计性质，以及可用渗透模型来描述的多孔介质、高聚物凝胶、无规电阻网络中的运输规律等这一类“蚂蚁在迷宫中”的问题时，引入了谱维数(spectral dimension)，也称为分形子(fracton)维数[18, 19]。

这里所说的随机行走是指每经过一个离散时间 Δt，就在格子上移动一个格子的随机行走。因此，现在研究的分形结构是由格子组成的分形结构，在空间和时间上是离散的，可以进行计算机模拟，也可以进行重正化群的理论解析[20, 21]。

首先，离原点(出发点)距离的平方的平均期望值$\langle R^2 \rangle$可表示为

$$\langle R^2 \rangle \propto t^{\frac{D_s}{D_c}} \tag{4-25}$$

式中，t 为时间间隔；D_c 为所要考虑的分形结构的分形维数；D_s 为谱维数。

对于欧几里得几何结构，维数为整数，存在 $D_s=D_c$。式(4-25)给出了大家熟知的有关随机行走的关系，但一般来说，$D_s \neq D_c$，所以分形的随机行走与通常的随机行走的性质是大不相同的。

做随机行走的粒子在经过时间间隔 t 后所通过的格子总数 N_t，只用谱维数就可表示：

$$\langle N_t \rangle \propto \begin{cases} t^{\frac{D_s}{2}}, & D_s < 2 \\ t, & D_s > 2 \end{cases} \tag{4-26}$$

另外，在 t 间隔后，回到原点的概率 $P_0(t)$ 也可只用 D_s 表示：

$$P_0(t) \propto t^{-D_s/2} \tag{4-27}$$

可以说这些关系把欧几里得几何的情况自然地扩展到分形。由于 D_s 是包含时间的量，而分形维数 D 纯粹是几何学的量，因而只给出分形维数 D 是不能求出 D_s 的。可以把式(4-25)～式(4-27)中的任何一个式子看作谱维数 D_s 的定义式，因为如果用一个公式就能得到 D_s，那么其他关系式也就自动地得到满足。对于 R^n 空间中的 Sierpinski 集，若把每一步长的时间作为单位时间 n，在理论上用重正化群的方法解析粒子的迁移规律，可得到：

$$D_s = \frac{2\ln(n+1)}{\ln(n+3)} \tag{4-28}$$

$$D_s = \frac{\ln(n+1)}{\ln 2} \tag{4-29}$$

由于 Sierpinski 结构中充满了丰富的孔洞，为了便于理解，可以将 Sierpinski 集看成由橡胶弹性体制成。因为是弹性体，其发生微小变形后，就要恢复原状，从而开始振动。其振动谱密度 $\rho(\omega)$ 是振动频率 ω 的函数，可表示为

$$\rho(\omega) \propto \omega^{D_s - 1} \tag{4-30}$$

由于分形结构的振动谱受 D_s 的控制，所以 D_s 被称为谱维数。

Alexander 等[22]首次从量子力学基本原理出发，研究了分形结构中振动态的特性，引入“分形子”概念，把分形子定义为分形结构的振动元激发(低激发态)。在具有平移不变性的周期结构中的振动元激发是声子，由于晶体中有许多缺陷，产生了分形结构，因此可能改变原有的激发特性。不同离子间的相对振动产生一定的电偶极矩，从而可以和电磁波相互作用。只要电磁波与波数相同的格波(一种振动膜)相互作用，即可发生共振。声子的密度或振动谱密度 $\rho(\omega)$ 与欧氏空间维数 d 之间满足下列关系：

$$\rho(\omega) \propto \omega^{d-1} \tag{4-31}$$

Alexander 得到的分形子的态密度为

$$\rho(\omega) \propto \omega^{D_s - 1} \tag{4-32}$$

式中，D_s 为分形子谱维数，它是描述分形结构中的动力学行为的重要参数。若用 $P(0,t)$ 表示在任何晶格点阵中粒子随机行走 t 时间以后返回原点的概率，已经证明，振动态密度 $\rho(\omega)$ 与 $P(0,t)$ 之间存在如下的关系：

$$P(0,t) = \int_0^{\infty} \rho(\omega)\exp(-\omega t)\mathrm{d}\omega \tag{4-33}$$

由于 $P(0,t)$ 与 t 时间内随机扩散的体积 V 成反比，即

$$P(0,t) \propto \frac{1}{V} \tag{4-34}$$

在分形结构中 V 与分形维数 D_c 之间满足如下标度关系

$$V \propto R^{D_c} \tag{4-35}$$

这里 R 是游走半径，则有

$$P(0,t) \propto R^{-D_c} \tag{4-36}$$

一般在随机游走中，游走途径的分维表示为 D_w，游走的距离与时间的关系为

$$\langle R \rangle \propto t^{\frac{1}{D_w}} \tag{4-37}$$

将式(4-37)代入式(4-36)中，可得

$$P(0,t) \propto t^{-\frac{D_c}{D_w}} \tag{4-38}$$

将式(4-38)代入式(4-33)中，可得到分形结构上的振动态密度为

$$\rho(\omega) \propto \omega^{\frac{2D_c}{D_w}-1} \tag{4-39}$$

对比式(4-39)与式(4-32)，可得到分形子谱维数 D_s 为

$$D_s = \frac{2D_c}{D_w} \tag{4-40}$$

式中，D_c 为描述分形结构的几何参量；D_s 和 D_W 分别为描述分形结构中振动和扩散动力学过程的参量，因此式(4-40)反映了分形结构的静态性质与动态性质之间的相互关系，它是分形介质动力学理论中一个非常重要的关系式。把式(4-25)与式(4-37)对比也可得到同样结果。

由式(4-38)和式(4-40)可以得到 $P(0,t)$ 随时间而变化的标度规律

$$P(0,t) \propto t^{-D_s/2} \tag{4-41}$$

若用 $S(t)$ 表示粒子在分形结构中随机行走 t 时间后所访问的格位的数目，由于

$$N_t \propto R^{D_c} \tag{4-42}$$

考虑到式(4-36)和式(4-41)，则可得到式(4-43)的表示形式

$$N_t \propto t^{D_s/2} \tag{4-43}$$

有时也用 $N_t(n)$ 表示随机行走 n 步后所访问的格位数目，若把每一步的时间取为单位时间，则有

$$N_t(n) \propto n^{D_s/2} \tag{4-44}$$

显然，式(4-43)和式(4-44)是完全等价的。

在 Alexander 和 Orbach 所提出来的分形理论中，除了引入分形子谱维数 D_s 来描述分形子态密度的特性外，也提出了分形子波函数具有强局域性质[23~26]，分形子波函数具有如下的形式：

$$\psi(r) = cr^{-\frac{d-D_c}{2}} l(\omega)^{-\frac{D_c}{2}} \exp\left\{-\frac{1}{2}\left[\frac{r}{l(\omega)}\right]^{d_\varphi}\right\} \tag{4-45}$$

式中，$d_\varphi \leqslant 1$，称为超局域指数；$l(\omega)$ 为分形子的局域长度，也是分形结构中振动态的特征长度，可表示为

$$l(\omega) \propto \omega^{-\frac{2}{2+\theta}} = \omega^{-\frac{D_s}{D_f}} \tag{4-46}$$

式中，θ 为结构参数，$\theta = D_w - 2$，它和渗流参数有关。

$$\theta = \frac{\mu - \beta}{\upsilon} \tag{4-47}$$

上述讨论给出一个启示，特征长度与共振频率有一定的关系。当施加外场时，其有可能在这一频率区间内对介质的结构产生元激发，对物质结构加以活化，从而促进扩散的进行，在一定条件下甚至可以强化反应过程。外场，包括微波、超声波、超重力场等对传递和反应过程的强化和选择性研究是当前在化工领域的热点之一，在某些特定条件下可以产生难以预料的结果。

除了上述几种维数之外，还有关联维数 D_g(correlation dimension)、分配维数 D_d(divider dimension)、填充维数 D_P(packing dimension)、Lyapunov 维数 D_L(Lyapunov dimension)、广义维数 D_G(generalized dimension)、容量维数 D_C(capacity dimension)及质量维数 D_m(mass dimension)等，它们各有不同的定义和不同的应用，读者可参考相关书籍。

4.4.3　分形孔通道的反应扩散过程

分形介质中的扩散过程通常采用较为抽象的方法来研究，在探究化工过程中常见的多相过程，如气、液、固相间的反应过程必须考虑气相、液相与固相间的扩散。但是，由于固相中的孔隙比较复杂，而且是不均匀的，很难用传统方法来解决固相中的扩散过程。如今，随着分形理论的发展，人们把固相物质看成具有分形结构的物体，从而为研究气、液流体在固体中的行走特点提供了方法。Giona 和 Roman 在研究分形介质时，以介质中的反常扩散现象为基础，最终提出了分形

介质扩散方程[27]。

通过把某一特定的介质看成一个具有分形结构的整体，在这一过程基础上建立了分形模型，多孔分形介质是具有复杂构型的一类反应体系，它由许多错综复杂的孔通道构成[28]。Coppens 和 Froment 对在多孔分形介质中进行的离子交换反应的扩散方程进行了系统研究，通过数学方程推导出了扩散方程的稳定态解。

1. 分形孔通道中的扩散定律

在分形孔通道中，用交换分子流动的距离 Δr 代替孔轴线上的距离 Δz，扩散定律可表示为如下形式：

$$N_{\mathrm{A}}=-D_{\mathrm{AE}}\frac{\Delta C_{\mathrm{A}}}{\Delta r} \tag{4-48}$$

式中，N_{A} 为组分 A 的总摩尔通量。

由于这里的研究对象是某一孔道，不存在孔隙率的问题，仅考虑孔通道弯曲对分子的影响。对于双组分 A、B 的扩散过程，扩散系数 D_{AE} 与弯曲度 τ^p（p 表示测度）之间有如下关系：

$$\tau^p=\frac{D_{\mathrm{AB}}}{D_{\mathrm{AE}}} \tag{4-49}$$

式中，D_{AB} 为组分 A 在组分 B 中的扩散系数。

τ^p 还可表示为

$$\tau^p=\left(\frac{\Delta r}{\delta_{\min}^p}\right)^{D_b^p-1}=\left(\frac{\Delta z}{\delta_{\min}^p}\right)^{1-\frac{1}{D_b^p}} \tag{4-50}$$

式中，D_b^p 为盒维数；$\delta_{\min}^p$ 为标度。

把式(4-49)代入式(4-48)中，得

$$N_{\mathrm{A}}=-\frac{D_{\mathrm{AB}}}{\tau^p}\times\frac{\Delta C_{\mathrm{A}}}{\Delta r} \tag{4-51}$$

把式(4-50)代入(4-51)得

$$N_{\mathrm{A}}=-D_{\mathrm{AB}}(\delta_{\min}^p)^{D_b^S-1}\frac{\Delta C_{\mathrm{A}}}{(\Delta r)^{D_b^S}} \tag{4-52}$$

对于欧氏孔通道，$D_b^S=1$（S 表示测度），式(4-52)可归纳为欧氏空间的扩散定律

$$N_{\mathrm{A}}=-D_{\mathrm{AB}}\frac{\Delta C_{\mathrm{A}}}{\Delta r} \tag{4-53}$$

当距离 Δr 比 $\delta_{\min}^{p}$ 小很多时，孔通道不具有分形的特征，这时应按式 (4-53) 的扩散定律。当 Δr 比 $\delta_{\min}^{p}$ 大很多时，可用 $\tau_{\max}^{p}$ 代替 τ^{p}，$\tau_{\max}^{p}$ 如下：

$$\tau_{\max}^{p}=C_{\mathrm{R}}\left(\frac{\delta_{\max}^{p}}{\delta_{\min}^{p}}\right)^{D_{\mathrm{b}}^{S}} \tag{4-54}$$

式中，C_{R} 为常数。则式(4-51)可写为式(4-55)：

$$N_{\mathrm{A}}=-\frac{D_{\mathrm{AB}}}{\tau_{\max}^{p}}\times\frac{\Delta C_{\mathrm{A}}}{\Delta r} \tag{4-55}$$

2. 分形孔通道一级反应扩散方程的稳定态解

Coppens 等的研究中考虑的是 A 组分的一级反应，并且仅一个反应过程，即

$$r_{\mathrm{A}}=kC_{\mathrm{A}}(z) \tag{4-56}$$

由于扩散过程为稳定态，假设分形孔通道中的扩散系数 D_{dfb} 为常数，即把欧氏空间的扩散定律写为式(4-57)：

$$N_{\mathrm{A}}=-D_{\mathrm{dfb}}\frac{\mathrm{d}C_{\mathrm{A}}(z)}{\mathrm{d}r} \tag{4-57}$$

把式(4-56)和式(4-57)代入式(4-58)：

$$-\frac{\mathrm{d}N_{j}}{\mathrm{d}z}=\frac{C_{\Omega}C_{Z}}{\sqrt{\Omega}a(\mathrm{N}_{2})[\delta'(\mathrm{N}_{2})]^{D_{\mathrm{ads}}^{S}-2}}\sum_{i=1}^{M}a_{ij}r_{i}\eta_{s}(\delta_{j}') \tag{4-58}$$

式中，N_{j} 为组分 j 的总摩尔通量，$\mathrm{kmol\cdot m^{-2}\cdot s^{-1}}$；$\Omega$ 为分形孔通道平均截面积，m^{2}；C_{Ω}、C_{Z} 为常数；$\delta'(\mathrm{N}_{2})$ 为 N_2 的分子半径，m；$a(\mathrm{N}_{2})$ 为 N_2 的 BET 比表面积，m^{2}；r_{i} 为第 i 个反应的反应速率；$\eta_{s}(\delta_{j}')$ 为孔隙的有效系数；D_{ads}^{S} 为孔结构的分形维数。

得到分形孔道反应扩散方程为

$$-\frac{\mathrm{d}N_{j}}{\mathrm{d}z}=\frac{C_{\Omega}C_{Z}}{\sqrt{\Omega}a(\mathrm{N}_{2})[\delta'(\mathrm{N}_{2})]^{D_{\mathrm{ads}}^{S}-2}}\eta_{s}kC_{\mathrm{A}}(z) \tag{4-59}$$

其中 Ω 为分形孔通道平均截面积，m^2；C_Ω 为与截面积相关的常数；S 指溶剂。定义分形孔通道 Thiele 模数 ϕ_{fr} 为

$$\phi_{fr} = z_{max}\sqrt{\frac{C_\Omega C_Z}{\sqrt{\Omega}a(N_2)[\delta'(N_2)]^{D_{ads}^S-2}} \times \frac{\eta_s k}{D_{dfb}}} \tag{4-60}$$

式中，z_{max} 为分形孔通道的长度。若取 $z=0$，$C_A = C_{A0}$，则可把式(4-60)写为如下形式：

$$\frac{d^2 \dfrac{C_A}{C_{A0}}}{d\left(\dfrac{z}{z_{max}}\right)^2} = \phi_{fr}^2 \frac{C_A}{C_{A0}} \tag{4-61}$$

分形孔通道满足如下边界条件：

(1) 当孔通道是开孔时，有

$$z=0,\ C_A = C_{A0},\ z = z_{max},\ C_A = C_{Af} \tag{4-62}$$

(2) 当孔通道一端开孔另一端封闭时，有

$$z=0,\ C_A = C_{A0},\ z = z_{max},\ C_A = 0 \tag{4-63}$$

根据开孔边界条件式(4-62)求解式(4-61)的解为

$$\frac{C_A(z)}{C_{A0}} = \frac{\operatorname{ch}\left[\phi_{fr}\left(1-\dfrac{z}{z_{max}}\right)\right]}{\operatorname{sh}(\phi_{fr})} + \frac{C_{Af}}{C_{A0}} \times \frac{\operatorname{sh}\left(\phi_{fr}\dfrac{z}{z_{max}}\right)}{\operatorname{sh}(\phi_{fr})} \tag{4-64}$$

根据开孔边界条件式(4-63)求解式(4-61)的解为

$$\frac{C_A(z)}{C_{A0}} = \frac{\operatorname{ch}\left[\phi_{fr}\left(1-\dfrac{z}{z_{max}}\right)\right]}{\operatorname{ch}(\phi_{fr})} \tag{4-65}$$

4.4.4 双氰胺离子交换过程的分形维数

在锥形瓶中加入 200mL 待测双氰胺结晶母液和 40mL 001×7 型阳离子交换树脂，将其置于恒温水浴锅中，开启磁力搅拌，恒定温度、转速，记录实验数据。

计算吸附率为

$$\alpha_t = \left(C_0 - C_t\right) \cdot C_0^{-1} \tag{4-66}$$

式中，C_0 为初始双氰胺结晶母液中钙离子的浓度，$mg \cdot kg^{-1}$；C_t 为 t 时刻双氰胺结晶母液中钙离子的浓度，$mg \cdot kg^{-1}$。

从交换分率 α_t-时间 t 的动力学方程推导出固液离子交换的动力学方程。

$$\frac{t}{\alpha_t} = M_{\text{AR}} \cdot \frac{V}{k} + \frac{t}{\alpha_{\text{e}}} \tag{4-67}$$

式中，V 为被交换的双氰胺母液的体积，L；α_{e} 为平衡时吸附质的吸附分率；t 为离子交换过程的时间，min；k 为表观吸附速率常数，$L \cdot min^{-1}$；M_{AR} 为吸附质 Ca^{2+} 的相对分子质量。

实验时温度恒定，可由 α_t 的定义推导出：

$$C_t = C_0 \cdot \left(1 - \alpha_t\right) \tag{4-68}$$

当离子交换反应在分形表面上进行时，考虑为二级反应：

$$\text{A} + \text{B} \xrightarrow{k} \text{P} \tag{4- 69}$$

当假设其在理想表面上进行离子交换时，反应的动力学方程为

$$C_t^{-1} - C_0^{-1} = kt \tag{4-70}$$

当假设其在分形表面上进行离子交换时，反应的动力学方程为

$$C_t^{-1} - C_0^{-1} = kt^{D_{\text{s}}/2} \tag{4-71}$$

式中，D_{s} 为分形的谱维数，假设反应开始时 t=0，反应物的起始浓度 C_0=1mg/kg，则由式(4-71)可得

$$\ln\left(C_t^{-1} - 1\right) = \ln k + 0.5 D_{\text{s}} \ln t \tag{4-72}$$

由式(4-72)可知，对于分形表面的二级反应来说，测得不同时刻对应的钙离子浓度 C_t，$(\ln C_t^{-1} - 1)$ 和 $\ln t$ 之间的关系应为线性关系，拟合所得直线斜率即为谱维数 D_{s}。

在 $C_0 = 1$ 时，把式(4-68)代入(4-72)整理得

$$\ln\frac{\alpha_t}{1-\alpha_t}=\ln k+0.5D_s\ln t \tag{4-73}$$

通过式(4-73)对应直线的斜率求得固液吸附过程的谱维数 D_s。

树脂的静态几何结构分形维数 D 可利用固液交换过程的动力学方程求得，表达如下：

$$X_e=aG^{D/2} \tag{4-74}$$

$$\alpha_e=bG^{D/2} \tag{4-75}$$

式中，G 为离子交换树脂的活性中心数目($G=b\cdot m$，其中，m 为树脂质量，b 为 Ca^{2+}的含量)；X_e 为平衡时 Ca^{2+}的被吸附量($X_e=V\cdot C_0\cdot\alpha_e$，其中 V 为吸附体系的体积，C_0 为 Ca^{2+}初始浓度)。

由式(4-74)和式(4-75)可得如下方程：

$$\lg X_e=\lg a+0.5D\lg G \tag{4-76}$$

$$\lg\alpha_e=\lg b+0.5D\lg G \tag{4-77}$$

若实验结果通过验证符合式(4-76)、式(4-77)，便可由所得直线斜率求得静态几何结构分形维数 D。谱维数 D_s 是静态分维 D 和动态的轨迹分维 D_W 的比值。关系式为

$$D_s=\frac{D}{D_W} \tag{4-78}$$

由式(4-78)可求取 Ca^{2+}在离子交换过程中运动轨迹的分维 D_W。实验数据如表 4-5 所示。

表 4-5 几何学参数对比

t/min	C_0/(mg · kg^{-1})	C_t/(mg · kg^{-1})	α_t	ln$t$/2	ln[α_t/(1−α_t)]
5	1445	190.81	0.87	0.80	0.94
20	1445	172.74	0.88	1.49	1.99
35	1445	143.61	0.89	1.77	2.17
50	1445	122.99	0.91	1.95	2.37
65	1445	98.98	0.93	2.08	2.60
80	1445	73.96	0.94	2.19	2.91

将表 4-5 所得实验数据依式(4-73)进行处理，以 $\ln\dfrac{\alpha_t}{1-\alpha_t}$ 为纵坐标，以 $\ln t/2$ 为横坐标作图，如图 4-16 所示。

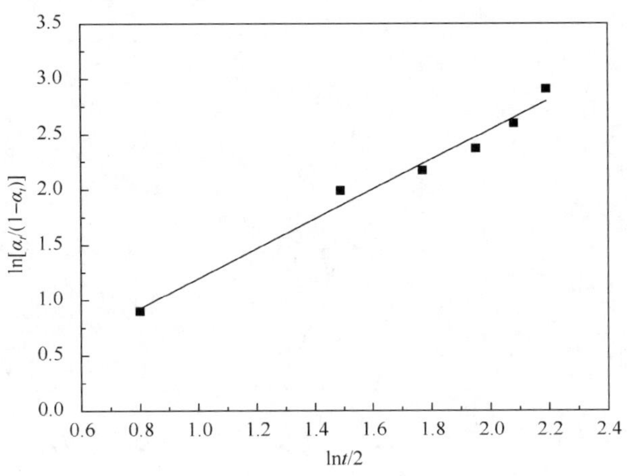

图 4-16　$\ln[\alpha_t/(1-\alpha_t)]$与 $\ln t/2$ 关系

从图 4-16 中发现 $\ln[\alpha_t/(1-\alpha_t)]$与 $\ln t/2$ 存在较吻合的线性关系(相关系数 R^2=0.992)，利用模拟所得直线方程的斜率求得离子交换过程分形表面的谱维数 D_s=2.21。

$\ln\left[\alpha_t/\left(1-\alpha_t\right)\right]$与 $\ln t/2$ 关系函数模型的数学表达式为

$$\ln\left[\alpha_t/(1-\alpha_t)\right]=-1.74+2.21x \tag{4-79}$$

由式(4-79)可得出:

$$k=0.175$$

由理想表面动力学方程式(4-70)与分形表面动力学方程式(4-71)所得实验数据如表 4-6 所示。

表 4-6　理想表面与分形表面动力学数据

t/min	$1/C_t$(理想)	$1/C_t$(分形)
5	1.8766	1.368
20	4.5007	3.7944
35	7.1257	5.8975
50	9.7507	7.1954
65	12.3757	8.3329
80	15.0007	9.1802

图 4-17 所示为理想表面与分形表面动力学方程中$1/C_t$与t的关系图，由图可以得出理想表面为线性关系，分形表面为幂函数关系。

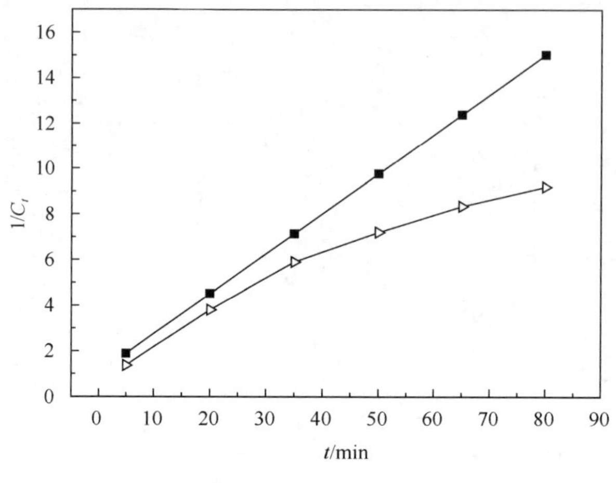

图 4-17　$1/C_t$与t的关系

■理想表面；△分形表面

4.4.5　双氰胺离子交换分形孔通道反应扩散方程的解

由式(4-65)所计算的实验数据如表 4-7 所示，由实验数据绘制如图 4-18 所示的浓度分布曲线。不同曲线对应的ϕ_{fr}取不同的值。

表 4-7　分形孔通道中浓度分布数据表(两端开孔)

序号	ϕ_{fr}	C_A/C_{A0}	z/z_{max}	序号	ϕ_{fr}	C_A/C_{A0}	z/z_{max}
1	1	1.00	0.00	1	6	1.00	0.00
2		0.80	0.20	2		0.37	0.20
3		0.70	0.40	3		0.18	0.40
4		0.60	0.60	4		0.10	0.60
5		0.57	0.80	5		0.20	0.80
6		0.50	1.00	6		0.50	1.00
1	3	1.00	0.00	1	9	1.00	0.00
2		0.70	0.20	2		0.19	0.20
3		0.50	0.40	3		0.08	0.40
4		0.47	0.60	4		0.05	0.60
5		0.48	0.80	5		0.10	0.80
6		0.50	1.00	6		0.50	1.00

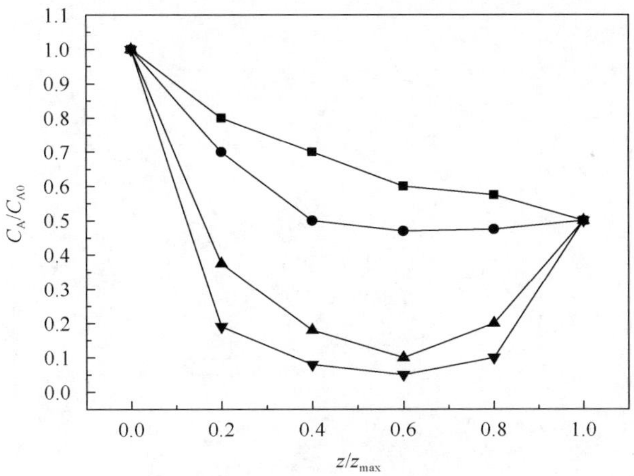

图 4-18　孔通道的浓度分布(开孔)

■ 1；● 3；▲ 6；▼ 9

由式(4-71)所计算的实验数据如表 4-8 所示，由实验数据绘制得到如图 4-19 所示的浓度分布曲线。不同曲线对应的 ϕ_{fr} 取不同的值。

表 4-8　分形孔通道中浓度分布数据表(一端开孔一端闭孔)

序号	ϕ_{fr}	C_A/C_{A0}	z/z_{max}	序号	ϕ_{fr}	C_A/C_{A0}	z/z_{max}
1	1	1.00	0.00	1	6	1.00	0.00
2		0.90	0.20	2		0.40	0.20
3		0.78	0.40	3		0.10	0.40
4		0.69	0.60	4		–0.02	0.60
5		0.64	0.80	5		–0.08	0.80
6		0.60	1.00	6		–0.08	1.00
1	3	1.00	0.00	1	9	1.00	0.00
2		0.68	0.20	2		0.26	0.20
3		0.48	0.40	3		–0.01	0.40
4		0.38	0.60	4		–0.08	0.60
5		0.30	0.80	5		–0.08	0.80
6		0.28	1.00	6		–0.08	1.00

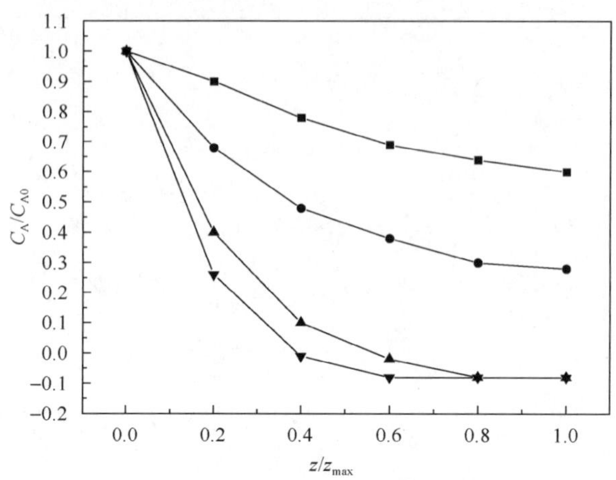

图 4-19　孔通道中浓度分布（一端闭孔）

■ 1；● 3；▲ 6；▼ 9

Thiele 模数 ϕ_{fr} 表示交换速率与离子扩散速率的比值，比值越大，表示交换速率越大；反之，离子扩散速率越大。由此可以得出 ϕ_{fr} 值越大，孔通道中交换离子的浓度分布下降得也越快。当两端为开孔，并且 ϕ_{fr} 值较大时，孔中浓度分布存在一个极小值。造成这一现象的原因主要是两相边界处离子扩散速率比较快。

4.5　双氰胺结晶工艺优化

4.5.1　引言

工业上，双氰胺结晶母液成分复杂，母液中常含有许多杂质，尤其钙离子的含量相对较高，这些杂质的存在严重影响了高品质双氰胺的产率，导致市场上高品质双氰胺出现供不应求的现象。为了解决这些问题，寻求最佳晶种粒度，选择适宜的降温速率、搅拌速率，提高生产效率，探究一种最佳结晶工艺条件是非常有必要的。本节在双氰胺静态离子交换与动态离子交换研究的基础上，对离子交换法除钙后的双氰胺结晶母液采用冷却结晶工艺得到较高纯度的双氰胺产品。

在冷却结晶实验过程中，主要考察降温速率、搅拌速率、晶种粒度、陈化时间四个主要因素对结晶过程及产品纯度产生的影响。因此，本节主要针对影响冷却结晶过程的各个因素依次进行考察，并且通过正交实验进而确定双氰胺结晶母液冷却结晶的最佳工艺条件。

4.5.2　降温速率的影响

在冷却结晶过程中，降温是一种获得过饱和溶液的有效方法。过饱和度是结晶得以进行的推动力，同时过饱和度是影响结晶产品纯度的关键因素之一。一般情况下，过饱和度不是越大越好，体系的降温速率越快，溶液的过饱和度变化也相应就越快，晶体的成核和生长推动力也就越大。但是，降温速率太快会导致晶体成核太快，短时间内产生的晶核过多，出现严重的团聚现象，使晶体生长不均匀影响表面光滑度。所以，要想获得形貌较好的晶体必须降低降温速率[29]。

随着降温速率从 0.3K·min^{-1} 增加到 0.5K·min^{-1}，晶体产品的团聚现象更加严重，这进一步说明了过快的降温速率使得晶体成核太快，而成核需要经历一段诱导期，诱导期时间越长，体系中的过饱和度就会累积起来，增大了结晶过程的推动力，引起爆发成核。

在冷却结晶过程中，介稳区的宽度主要受降温速率影响，降温速率越快，介稳区就越窄，降温速率越慢，介稳区就越宽。在结晶过程中成核出现在介稳区内。在晶体生长过程中使过饱和度控制在一定范围内，可有效消除二次成核[30]。因此，降温速率对结晶过程有较大影响。

根据表 4-9 和图 4-20 可知，随着降温速率考察区间在 0.1～0.5K·min^{-1} 内，中间粒度及变异系数随着降温速率的增加而增加。这是由于降温速率的增加引起爆发成核，大量生成的晶体破碎造成晶体粒度不均匀即变异系数增大。综合考虑选降温速率为 0.2～0.3K·min^{-1} 为最佳。

表 4-9　降温速率对双氰胺产品中间粒度和变异系数的影响

降温速率/(K·min^{-1})	中间粒度/μm	变异系数
0.1	350	0.37
0.2	359	0.41
0.3	360	0.43
0.4	362	0.46
0.5	372	0.51

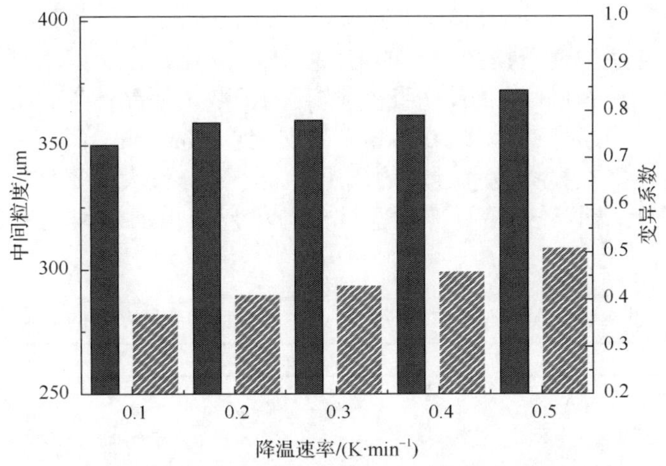

图 4-20　降温速率对双氰胺产品中间粒度和变异系数的影响

4.5.3 搅拌速率的影响

搅拌对结晶过程中的传质和传热有较显著的影响，这样搅拌就会影响结晶诱导期的出现及晶体的生长过程。适宜的搅拌可以促进溶质的扩散，进而使晶体的生长加快，也可加快晶体的成核速率[31]。但是，搅拌速率过快时已经结晶的晶体容易被打碎。通常情况下，为了避免不必要的损耗就要控制合适的搅拌速率。

在实验中发现搅拌速率为 500r · min^{-1} 时，晶体会出现明显的机械破损现象，这说明过快的搅拌速率会对已经结晶的产品造成机械损伤，所以实验中不能使搅拌速率过大。

结晶速率是影响晶体形成的重要外部因素。结晶速率快，结晶中心增加，晶体长度小，并且经常生长成针状、树枝状[32]；相反，当结晶速率较小时，晶体无规律地生长。结晶速率也影响晶体的纯度。在结晶过程中快速结晶常常导致产品不纯，包裹了大量杂质，因此，不能使结晶速率太快。而搅拌速率是控制结晶速率的一种实验方法，在搅拌速率过快的情况下，晶体形成以后瞬间被打碎，这样就减慢了结晶速率。控制适宜大小的搅拌速率可很好地调控晶体的生长速率，这样能使结晶过程更有规律，结晶所得产品的纯度也会提高。搅拌的另一个重要作用就是防止结晶溶液中出现涡流现象[33]，在晶种及已长大的晶体周围，溶液中的饱和溶质容易沉降在晶体表面，使溶液浓度降低的同时也使得晶体生长，放出大量热量。由于结晶溶液重力的影响，溶液中密度小的部分上升，而密度大的部分会补充出现的空间，这样在溶液中就形成了涡流[34]。涡流的形成对溶液密度分布产生了较大影响，造成晶体生长不规律及晶体出现位置的不同。例如，溶液中先结晶的少量晶体容易与溶质接触而生长成粒度较大的晶体，而密度小的部分晶体很难与溶质接触，会使晶体生长受到影响，而搅拌可有效降低这种现象的出现。所以，确定合适的搅拌速率是必不可少的。

由表 4-10 和图 4-21 可知，当搅拌速率从 100r · min^{-1} 增加到 300r · min^{-1} 时，中间粒度和变异系数随着搅拌速率的增大而增大，这是由于随着搅拌的加快，溶液中传质和传热过程同时加快，促进了物质的扩散，使晶体生长加快，从而使得晶体粒度变大。当搅拌速率从 300r · min^{-1} 增加到 500r · min^{-1} 时，中间粒度与变异系数又相应减小，在搅拌速率过快的情况下，一部分长大的晶体就会被搅拌桨打碎导致中间粒度减小，但是打碎的晶体的粒度反而更加均匀。所以搅拌速率以 300～400r · min^{-1} 为最佳。

表 4-10 搅拌速率对双氰胺产品中间粒度和变异系数的影响

搅拌速率/(r · min^{-1})	中间粒度/μm	变异系数
100	331	0.39
200	334	0.43
300	338	0.47
400	332	0.44
500	327	0.41

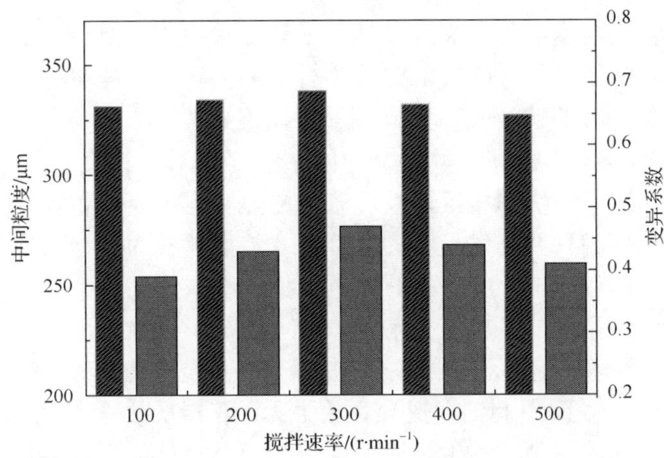

图 4-21　搅拌速率对双氰胺产品中间粒度和变异系数的影响

4.5.4　晶种粒度的影响

在结晶过程中为了避免出现初次成核同时抑制二次成核，实验过程中要加入一定量的晶种。1925 年 Griffim 提出了“添加晶种控制结晶”的方法，他认为在结晶过程中加入一定量的晶种能使体系保持过饱和状态，大大降低了晶核产生的速率，保证了溶质只在晶种表面生长。丁绪淮和 McCabet 等对大多数盐类溶液的结晶过程的探究表明，在晶种存在且溶液处于过饱和状态的条件下，溶液中没有出现成核现象，根据此探究结果提出了“第 1 过饱和溶解度曲线”。Doki 等在明矾自然冷却结晶实验探究中发现，当加入晶种的量超过某一特定的量时，可得到分布均匀的晶体[35~37]。

在没有加入晶种的情况下会发生爆发成核，当加入粒度大小适宜，粒度分布均匀，纯度较高的晶种时，晶体在生长过程中与结晶器壁的粘连现象减少，同时也提高了结晶产品产量和结晶效率。

所加晶种的比表面积越大，晶体的生长点越多，结晶速率越快。相同质量的晶种，粒度越小，表面积越大，越有利于晶体生长。因此，为了提供相等的生长点，小粒度晶种的使用量少，成本低。结晶产品或结晶后粉碎产品是晶种的两个来源。

晶种粒度对结晶产品的成核和晶习有重要影响。在实验中加入晶种的作用是为结晶过程提供生长点，从而提高双氰胺在冷却结晶过程中的结晶效率。在双氰胺结晶过程中采用添加晶种的方法，加入一定粒度和数目的晶种，同时运用搅拌器搅动双氰胺饱和溶液使晶种均匀地分布于结晶母液中，饱和双氰胺溶质就会与加入的晶种接触，然后随机地分布在晶种的各晶面上，这样晶体就会继续生长。

在实验中为了得到粒度均匀的晶体产品，必须要求所添加晶种大小均匀，为了达到上述目的，晶种应先经过筛选，筛选出合适的晶种后就能够得到大小均匀的晶体。结晶速率与晶种的粒度大小也有关系，如果晶种粒度较小，晶种比表面积越大，生长点越多，结晶速率就越快。对相同质量的晶体，粒度越小，表面积越大，用量越少，结晶速率越快；相反，粒度较大的晶种，比表面积较小，得到的晶体产品粒度也较大。晶种要提供足够的晶面，才能取得较大的结晶速率，所以，为了获得相等的生长点，小粒度晶种的用量较少，成本较低。

由表 4-11 和图 4-22 可知，在晶种考察区间 20～100 目内，随着晶种粒度的减小，中间粒度也逐渐减小。晶种粒度在 20～80 目范围内，随目数的增大变异系数减小，晶种粒度大于 80 目时，变异系数增大。变异系数先增大后减小是由于刚开始加入较大粒度的晶种，其生长速度慢，一部分小晶体溶解后又析出，最终导致晶体不均匀。考虑到成本及效率，选 80 目晶种为最佳。

表 4-11　晶种粒度对双氰胺产品中间粒度和变异系数的影响

晶种粒度/目	中间粒度/μm	变异系数
20	395	0.63
40	387	0.59
60	384	0.55
80	382	0.51
100	378	0.57

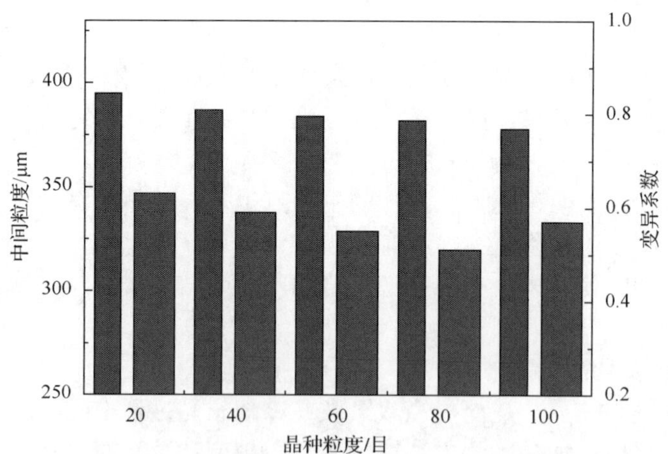

图 4-22　晶种粒度对双氰胺产品中间粒度和变异系数的影响

4.5.5　陈化时间的影响

陈化是指当晶体分散在自身饱和溶液中时，部分小颗粒晶体会先溶解而后溶质沉积到大颗粒上，即小颗粒消失大颗粒长大的过程[38]。陈化能够使晶体尺寸分布更加均匀，但陈化时间过长则有可能会加剧晶体破碎，并且增加能耗，降低经济效率。

从表 4-12 和图 4-23 中可看出，当陈化时间从 10min 增加到 50min 时，双氰胺晶体的中间粒度先增大后减小，变异系数先减小后增大。原因在于 10～40min 一部分小粒度的晶体正在溶解，这样就造成中间粒度先增大，变异系数相应减小。在 40min 以后晶体粒度分布逐渐均匀，变异系数也逐渐增加。综合考虑能耗和效率，陈化时间在 30～40min 为最佳。

表 4-12　陈化时间对双氰胺产品中间粒度和变异系数的影响

陈化时间/min	中间粒度/μm	变异系数
10	441	0.53
20	445	0.47
30	452	0.45
40	458	0.40
50	451	0.49

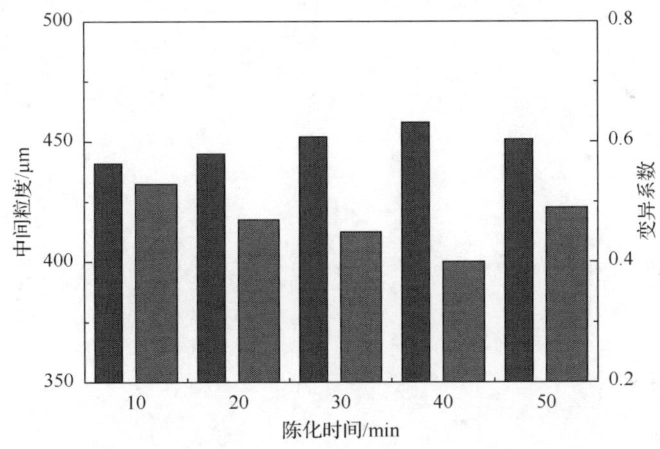

图 4-23　陈化时间对晶体中间粒度和变异系数的影响

4.5.6　响应曲面法优化双氰胺结晶工艺

1. 响应曲面方案设计

在 4.5 节中结晶实验确定双氰胺结晶的适宜降温速率$(0.2\sim0.4\mathrm{K\cdot min^{-1}})$、搅拌速率(200～400r·min^{-1})、晶种粒度(40～80 目)和陈化时间(20～40min)的基础上，选择有显著影响的四个因素分别为降温速率、搅拌速率、晶种粒度、陈化时间，分别以双氰胺结晶产品的钙离子含量、产品变异系数为响应值(分别为 Y_1、Y_2)。进行四因素三水平的响应曲面分析实验，中心点选做五次重复实验，共计 29 组实验，经过 Design-Expert 优化得到最优条件[39]。实验因素-水平表如表 4-13 所示，实验设计及结果如表 4-14 和表 4-15 所示。

表 4-13 实验因素-水平表

因素	水平		
	−1	0	1
降温速率(A)/(K·min^{-1})	0.2	0.3	0.4
搅拌速率(B)/(r·min^{-1})	200	300	400
晶种粒度(C)/目	40	60	80
陈化时间(D)/min	20	30	40

表 4-14 Y_1 模型实验设计及结果

序号	降温速率/(K·min^{-1})	搅拌速率/(r·min^{-1})	晶种粒度/目	陈化时间/min	钙离子含量(Y_1)/(mg·kg^{-1})	
					实验值	预测值
1	0.2	400	60	30	43.96	43.53
2	0.3	300	60	30	30.63	32.74
3	0.4	300	60	40	34.47	35.48
4	0.3	300	40	20	24.91	22.79
5	0.3	400	60	40	45.58	45.69
6	0.4	400	60	30	41.25	39.53
7	0.2	300	60	20	24.40	26.96
8	0.3	200	60	40	24.55	24.63
9	0.3	300	60	30	31.99	32.74
10	0.3	400	80	30	47.73	48.62
11	0.3	300	60	30	32.83	32.74
12	0.3	300	60	30	33.25	32.74
13	0.4	300	80	30	41.25	40.57
14	0.3	200	60	20	14.42	12.47
15	0.2	300	40	30	36.43	35.27
16	0.2	200	60	30	21.65	21.64
17	0.3	300	60	30	34.99	32.74
18	0.2	300	60	40	40.47	40.39
19	0.4	300	60	20	21.40	25.04
20	0.3	300	40	40	39.38	37.87
21	0.3	200	80	30	26.80	27.31
22	0.4	200	60	30	20.14	18.83

续表

序号	降温速率/$(K \cdot min^{-1})$	搅拌速率/$(r \cdot min^{-1})$	晶种粒度/目	陈化时间/min	钙离子含量$(Y_1)/(mg \cdot kg^{-1})$	
					实验值	预测值
23	0.3	400	40	30	36.83	39.89
24	0.2	300	80	30	41.79	40.90
25	0.4	300	40	30	29.72	28.77
26	0.3	300	80	40	43.07	43.45
27	0.3	400	60	20	35.91	33.99
28	0.3	200	40	30	15.93	18.61
29	0.3	300	80	20	34.86	34.65

表 4-15　Y_2 模型实验设计及结果

序号	降温速率/$(K \cdot min^{-1})$	搅拌速率/$(r \cdot min^{-1})$	晶种粒度/目	陈化时间/min	变异系数(Y_2)	
					实验值	预测值
1	0.2	400	60	30	0.66	0.65
2	0.3	300	60	30	0.51	0.53
3	0.4	300	60	40	0.55	0.55
4	0.3	300	40	20	0.47	0.44
5	0.3	400	60	40	0.68	0.67
6	0.4	400	60	30	0.63	0.61
7	0.2	300	60	20	0.44	0.47
8	0.3	200	60	40	0.46	0.46
9	0.3	300	60	30	0.52	0.53
10	0.3	400	80	30	0.69	0.71
11	0.3	300	60	30	0.53	0.53
12	0.3	300	60	30	0.53	0.53
13	0.4	300	80	30	0.62	0.61
14	0.3	200	60	20	0.34	0.34
15	0.2	300	40	30	0.56	0.56
16	0.2	200	60	30	0.43	0.43
17	0.3	300	60	30	0.55	0.53
18	0.2	300	60	40	0.60	0.61
19	0.4	300	60	20	0.42	0.45
20	0.3	300	40	40	0.59	0.57
21	0.3	200	80	30	0.48	0.48
22	0.4	200	60	30	0.41	0.40
23	0.3	400	40	30	0.57	0.60
24	0.2	300	80	30	0.64	0.62
25	0.4	300	40	30	0.50	0.49
26	0.3	300	80	40	0.65	0.65
27	0.3	400	60	20	0.56	0.55
28	0.3	200	40	30	0.39	0.41
29	0.3	300	80	20	0.55	0.54

根据实验结果，可分别得到钙离子含量、粒度变异系数两个响应值的回归方程。

(1)实际变量水平回归方程：

$$Y_1=+32.74-1.71A+10.65B+4.36C+5.97D-0.30AB+1.54AC-0.75AD+0.0075BC-0.11BD-1.57CD+0.46A^2-2.31B^2+3.18C^2-1.23D^2$$

为确定最佳结晶工艺参数，对所得拟合方程进行逐步回归，删除不显著项，然后求一阶偏导，并令回归方程偏导数为 0，可求得结晶产品中钙离子浓度取最小值时的工艺条件为：降温速率 $0.3\mathrm{K\cdot min^{-1}}$，搅拌速率 $300\mathrm{r\cdot min^{-1}}$，晶种粒度 60 目，陈化时间 30min。

$$Y_2=+0.53-0.018A+0.11B+0.045C+0.061D-0.004325AB+0.011AC-0.009375AD+0.009575BC+0.00075BD-0.004375CD+0.006428A^2-0.014B^2+0.037C^2-0.013D^2$$

为确定最佳结晶工艺参数，对所得拟合方程进行逐步回归，删除不显著项，然后求一阶偏导，并令回归方程偏导数为 0，可求得结晶产品的粒度变异系数取最大值时的工艺条件为：降温速率 $0.4\mathrm{K\cdot min^{-1}}$，搅拌速率 $300\mathrm{r\cdot min^{-1}}$，晶种粒度 80 目，陈化时间 30min。

(2)编码转换后的回归方程：

$$Y_1=-34.83-59.35833A+0.25752B-0.73383C+2.06383D-0.03AB+0.77125AC-0.75AD+0.00000375BC-0.000115BD-0.007825CD+45.875A^2-0.00231375B^2+0.00795C^2-0.0123D^2$$

$$Y_2=+0.12528-0.48587A+0.00169113B-0.011312C+0.01803D-0.0004325AB+0.005575AC-0.009375AD+0.0000047875BC+0.00000075BD-0.000021875CD+0.64283A^2-0.00000135717B^2+0.0000926958C^2-0.000134217D^2$$

2. 优化设计与验证

由 Y_1、Y_2 的预测模型进行优化计算，得出两模型结晶工艺如表 4-16 所示。如果只将 Y_1、Y_2 其中之一作为优化目标，结果就非常矛盾。适宜的降温速率能够为晶体生长提供推动力，较高的搅拌速率和较长的陈化时间则会使晶体破碎。晶种粒度较小，比表面积增大，生长点增多，结晶速率相应变快。本实验选择 Y_1(钙离子含量)为主优化目标，同时考虑 Y_2 不宜过大。

表 4-16　双氰胺结晶工艺优化结果

优化目标	降温速率/$(K \cdot min^{-1})$	搅拌速率/$(r \cdot min^{-1})$	晶种粒度/目	陈化时间/min
$Y_{1(min)}$	0.3	300	60	30
$Y_{2(min)}$	0.2	400	80	40

综上可知，为了获得粒度均匀、钙离子含量较低的双氰胺晶体，最佳工艺条件确定为降温速率 $0.3K \cdot min^{-1}$、搅拌速率为 $300r \cdot min^{-1}$、晶种粒度 60 目、陈化时间 30min。优化工艺验证结果如表 4-17 所示，得到钙离子浓度为 $32.29mg \cdot kg^{-1}$ 的双氰胺晶体，晶体粒度均匀，与单因素结晶工艺结果相比，钙离子含量较低，粒度分布更均匀。

表 4-17　优化工艺验证

优化目标	单因素	响应曲面
$c_{Ca^{2+}}/(mg \cdot kg^{-1})$	36.83	32.29
CV	0.54	0.48

4.6　本 章 小 结

本章在双氰胺传统生产工艺基础上，在结晶工段前引入离子交换法进行深度脱钙，通过系统研究离子交换-结晶耦合工艺获得较优工艺条件，使双氰胺产品中 Ca^{2+} 含量达到医药级双氰胺产品的要求。结论如下：

(1) 比较了 D001、001×4、001×7、001×8 型四种树脂对双氰胺结晶母液中钙离子的脱除率，结果表明，在相同的实验条件下，001×7 型树脂对双氰胺溶液中的 Ca^{2+} 脱除率最大。因此选用 001×7 型阳离子交换树脂进行 Ca^{2+} 的交换研究。

(2) 静态离子交换实验考察了树脂用量、交换温度、交换时间、搅拌速率对脱除双氰胺结晶母液中钙离子的影响。获得最佳工艺条件为：选择树脂用量 40～50mL 处理 200mL 双氰胺结晶母液、交换温度为 45～50℃、交换时间为 80min、搅拌速率为 $250r \cdot min^{-1}$，此条件下树脂对钙离子的脱除率达到 98.12%，交换后双氰胺结晶母液中钙离子含量为 $27.17mg \cdot kg^{-1}$。

(3) 动态离子交换实验考察了进液流速、树脂床层的高径比、交换温度对脱除双氰胺结晶母液中钙离子的影响，得出最佳工艺条件为：进料流速 $5mL \cdot min^{-1}$、交换树脂层高径比 5.3∶1、交换温度选择 45～50℃，此条件下脱钙率达到了 97.32%，母液中钙离子含量达到 $38.71mg \cdot kg^{-1}$。通过分别研究进液流速 $v=10mL \cdot min^{-1}$、床层高径比 H/R 为 2.8∶1 两工艺条件下 Ca^{2+} 的贯穿曲线，拟合出了两个工艺条件下的贯穿函数模型且都为线性关系，两数学模型的相关系数分

别为 R^2=0.992、R^2=0.973，说明贯穿函数的数学模型可较准确地描述离子交换树脂与 Ca^{2+}交换过程。

(4)在已有的分形多孔介质理论基础上，结合动态离子交换过程，通过实验数据拟合得出了离子交换过程树脂分形表面谱维数的计算方程为线性关系(相关系数为 0.992)，并且得到了函数模型表达式为 $\ln\left[\alpha_t/(1-\alpha_t)\right]=-1.74+2.21x$ 。利用模拟所得方程斜率求得离子交换过程中分形表面的谱维数 D_s=2.21，吸附速率常数 k=0.175。通过比较理想表面与分形表面动力学关系，得出理想表面为线性关系，分形表面为幂函数关系。分别求出了当孔通道的两端为开孔、一端开孔另一端封闭两种条件下，分形介质中孔通道的一级反应扩散方程的解，同时绘制了当 Thiele 模数取不同值时，两种情况下孔通道中的浓度分布曲线。

(5)通过结晶工艺实验考察了降温速率、搅拌速率、晶种粒度和陈化时间四个因素对双氰胺晶体产品的影响，得出最佳工艺条件为：降温速率 0.2～0.3K · min^{-1}、搅拌速率 300～400r · min^{-1}、晶种大小 80 目、陈化时间 30～40min。在前面结晶实验基础上运用响应曲面法优化结晶工艺，通过验证实验得出最佳工艺条件为：降温速率 0.3K · min^{-1}、搅拌速率为 300r · min^{-1}、晶种粒度 60 目、陈化时间 30min，此条件下产品中钙含量为 32.29mg · kg^{-1}。

参考文献

[1] 胡洁, 杨玉敏. 脱除脱盐废水中钙镁离子的研究. 煤炭与化工, 2016, (11): 98-101

[2] 中国科学院青海盐湖研究所. 卤水和盐的分析方法. 北京: 科学出版社, 1973

[3] Guesmi F, Hannachi C, Hamrouni B. Effect of temperature on ion exchange equilibrium between AMX membrane and binary systems of Cl^-, NO^- and SO_4^{2-} ions. Desalin Water Treat, 2010, 23:32-38

[4] Mayer S W, Tompkins E R. Ion exchange as a separations method: a theoretical analysis of the column separations process. J Am Chem Soc, 1947, 69(11): 2866-2874

[5] 姜志新, 谌竟心, 宋正孝. 离子交换分离工程. 天津: 天津大学出版社, 1992

[6] Bear J. Modeling Transport Phenomena in Porous Media. New York : Springer , 1996

[7] Coppens M O, Froment G F. Diffusion and reaction in a fractal catalyst pore: III. Application to the simulation of vinyl acetate production. Chem Eng Sci, 1994, 49(24):4897-4907

[8] Chan L C Y, Page N W. Particle fractal and load effects on internal friction in powders. Powder Technol, 1997, 90(3):259-266

[9] Tao D P. The kinetic models of chemical reaction of fluids on rough surfaces. Acta Metal Sinica, 2001, 37(10):1073-1078

[10] 于子钧, 张纪梅. Ru/Al_2O_3 催化剂表面分形分析. 工业催化, 2013, 21(10): 53-56

[11] 吕建国, 蔡琪, 宋学萍, 等. 分形理论及其在薄膜微结构研究中的应用. 安徽教育学院学报, 2007, 25(3): 24-27

[12] Mandelbrot B.分形对象:形. 机遇和维数. 文志英, 译. 北京: 世界图书出版公司, 1999

[13] 蔡建超, 胡祥云. 多孔介质分形理论与应用. 北京: 科学出版社, 2015

[14] Falconer K. Fractal Geometry-Mathematical Foudations and Applications. Hoboken: John Wiley & Sons Inc, 2003

[15] Falconer K.The Geometry of Fractal Sets. Cambridge: Cambridge University Press, 1985

[16] 董连科. 分形理论及其应用. 沈阳: 辽宁科学技术出版社, 1991

[17] 刘代俊. 分形理论在化学工程中的应用. 北京: 化学工业出版社, 2006

[18] 杨展如. 分形物理学. 上海: 上海科技教育出版社, 1996

[19] 辛厚文. 分形介质反应动力学. 上海: 上海科技教育出版社, 1997

[20] Rammal R. Common trends in particle and condensed matter physics: Proceedings of Les Houches Winter Advanced Study Institute, February 1980. Phys Rep, 1984, 103: 151

[21] 曾文曲, 王向阳. 分形理论与分形的计算机模拟. 沈阳: 东北大学出版社, 1993

[22] Alexander S, Orbach R. Density of states on fractals: “fractons”. Le Journal de Physique Letters, 1982, 43(17): 625-631

[23] 北京大学生命科学学院编写组. 生命科学导论. 北京: 高等教育出版社, 2000

[24] Stapleton H J, Allen J P, Flynn C P, et al. Fractal form of proteins. Phys Rev Lett, 1980, 45(17): 1456-1459

[25] Colvin J T, Stapleton H J. Fractal and spectral dimensions of biopolymer chains: solvent studies of electron spin relaxation rates in myoglobin azide. J Chem Phys, 1985, 82(10): 4699-4706

[26] 李后强, 汪富泉. 分形理论及其在分子科学中的应用. 北京: 科学出版社, 1997

[27] Giona M, Roman H E. Fractional diffusion equation on fractals: one-dimensional case and asymptotic behaviour. J Phys A: Math Gen, 1999, 25(8): 2093-2105

[28] Marani A, Rigon R, Rinaldo A. A note on fractal channel networks. Water Resour Res, 1991, 27(12): 3041-3049

[29] Martini S, Herrera M L, Hartel R W. Effect of cooling rate on crystallization behavior of milk fat fraction/sunflower oil blends. J Am Oil Chem Soc, 2002, 79(11): 1055-1062

[30] Yuan Y, Leng Y, Huang C, et al. Effects of cooling rate, saturation temperature, and agitation on the metastable zone width of DL-malic acid-water system. Russ J Phys Chem A, 2015, 89(9): 1567-1571

[31] Lee S G, Jung W M, Kim W S, et al. Effect of agitation on gas-liquid reaction crystallization of calcium carbonate in an MSMPR reactor. Philos Phenomenol Res, 1998, 86(1): 209-214

[32] Kondepudi D K, Digits J, Bullock K. Studies in chiral symmetry breaking crystallization Ⅰ: the effects of stirring and evaporation rates. Chirality, 1995, 7(2):62-68

[33] Reynolds A P, Chrisfield J. Use of friction stir processing to eliminate sensitization in an Al-Mg Alloy. Corrosion, 2012, 68(10): 913-921

[34] Teshima K, Lee S H, Yamaguchi A, et al. The growth of highly crystalline, idiomorphic potassium titanoniobate crystals by the cooling of a potassium chloride flux. Cryst Eng Comm, 2011, 13(4): 1190-1196

[35] Griffin D J, Grover M A, Kawajiri Y, et al. Mass-count plots for crystal size control. Chem Eng Sci, 2015, 137: 338-351

[36] 丁绪淮, 谈遒. 工业结晶. 北京: 化学工业出版社, 1985

[37] Doki N, Kubota N, Sato A, et al. Effect of cooling mode on product crystal size in seeded batch crystallization of potassium alum. Chem Eng J, 2001, 81(1-3): 313-316

[38] Lin R, Meng W W, Selomulya C, et al. Controlling the size of taurine crystals in the cooling crystallization process. Ind Eng Chem Res, 2013, 52(37): 13449-13458

[39] 葛宜元. 试验设计方法与 Design-Expert 软件应用. 哈尔滨: 哈尔滨工业大学出版社, 2015

第 5 章　双氰胺废渣制备碳酸钙晶须联产氯化铵过程研究

5.1　双氰胺废渣的来源、性质及其对环境的污染

双氰胺生产流程图见图 5-1。它作为电石深加工产品，通过石灰氮水解反应得到悬浮状的氰氨氢钙，经脱钙、沉淀、过滤的工序除去氢氧化钙，再通入二氧化碳脱钙二次沉淀后将所得氰胺在碱性条件下聚合，经过滤、冷却结晶、干燥等多步工序制备而成。

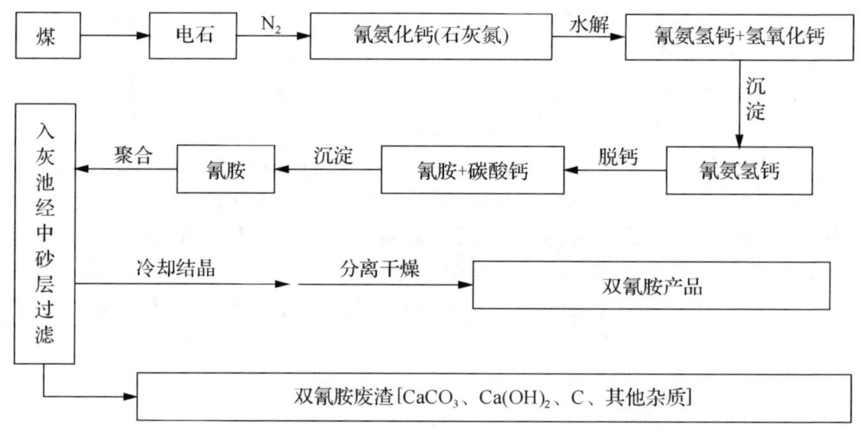

图 5-1　双氰胺生产流程图

该过程可用以下反应方程式表示：

$$2CaCN_2 + 2H_2O \longrightarrow Ca(HCN_2)_2 + Ca(OH)_2$$

$$Ca(HCN_2)_2 + CO_2 + H_2O \longrightarrow 2NH_2CN + CaCO_3$$

$$2NH_2CN \longrightarrow (NH_2CN)_2$$

双氰胺废渣即为此生产过程遗留下来的一种工业废渣。由以上双氰胺的生产工艺及实验测定知，其废渣成分除大量水分外，还有石灰氮水解、碳化脱钙遗留的氢氧化钙和碳酸钙（以湿渣计 29%～37%），石灰氮原料中夹带的游离碳素颗粒（3.3%～5.2%），砂滤回收母液后留下的粗颗粒河砂（9%～13%）和母液中残留的少

量双氰胺、尿素等含氮有机物(0.6%～1.4%)及少量无机杂质(Fe、Mg、Al、SiO_2等)。有关资料显示[1,2]，生产 1 吨双氰胺，出渣量在 5 吨以上，其中含水量为 48%～52%，折合为干渣约 2.5 吨。

双氰胺废渣呈灰白色，微臭，具有容量轻、粒度小、导热系数低等特点。由于数量大、运输成本高，一直以来，很多生产厂家常常将这些废渣堆放或掩埋，风吹日晒经干燥后变为很细的粉尘，占用场地的同时严重污染了环境。若能充分利用双氰胺废渣，不仅为企业扩大规模、发展生产提供途径，带来良好的经济效益；而且出于环境考虑具有良好的社会效益。因此，如何将双氰胺废渣综合利用、变废为宝迫在眉睫。

5.2　双氰胺废渣的应用现状

因双氰胺废渣主要成分为碳酸钙，为使其得到充分利用，本章以此为出发点展开研究。目前，双氰胺废渣主要用作水泥和土壤改良剂。此外，它在橡塑制品、建筑材料等领域也有所应用。

5.2.1　双氰胺废渣在橡塑制品中的应用

双氰胺废渣中的碳酸钙可填充于橡胶制品作补强剂，增加橡胶制品的耐磨耐热性的同时延长橡胶制品的使用寿命。郭伟杰[3]从双氰胺废渣中提取出一种新型 DG 橡塑填充剂，主要成分包括轻质碳酸钙和不饱和的有机氮化物。研究指出，氮化物在高分子橡胶塑料中能起交联作用，促使填充剂在橡塑行业展现出良好的性能。

5.2.2　双氰胺废渣在建筑材料中的应用

1. 生产工业废渣砖

蒋蓉[4]针对某化工厂排放的双氰胺废渣化学成分做了分析，并根据双氰胺渣的干容量小、导热系数低等特性提出非结烧工业废渣砖的生产工艺，通过经济计算取得良好效益。

2. 生产水泥

双氰胺废渣的主要成分与石灰石相似，故以双氰胺废渣为原料，替代石灰石可以生产普通硅酸盐水泥。生产水泥的方法分干法和湿法，由于双氰胺废渣是含水量较高的微细颗粒，干燥耗能大而多采用湿法进行水泥生产[5]。丁爱华等[6]用双氰胺废渣代替石灰石制得各项指标符合国家标准的普通硅酸盐水泥。此外，研究表明，双氰胺废渣与生产水泥的主要原料石灰石的理化性能基本一致，只是碳酸钙含量较低，粒度在 0～0.1mm。

5.2.3 双氰胺废渣在化工中的应用

1. 研制轻质陶粒

20 世纪 90 年代初，赵秀芝等[7]提出采用双氰胺废渣研制轻质陶粒，双氰胺废渣添加量可达 70%～80%。他们通过碱性氧化法和漂白法对废渣进行改性，而后加入胶凝材料和添加剂进行搅拌，待均匀后成球、养护后得到成品。但该方法流程所需时间较长，未能充分利用废渣。

赵文俊等[8]发明了一种投资少、工艺简单的双氰胺废渣处理方法。该方法首先将双氰胺废渣处理为改性废渣，随后混合改性废渣与胶凝材料来制成陶粒，避免了双氰胺废渣中氰化物对环境的污染，具有良好的环保效益。

2. 生产轻质碳酸钙

屠志康[1]发明了一种对双氰胺废渣提纯的方法，制得高分子合成制品填充剂——轻质碳酸钙。产物主要通过机械脱水、高温烘灼、风选与筛分提纯等方法除去双氰胺废渣中水分、含氮有机物等杂质，又通过燃烧脱碳法分离废渣中游离碳素而来。这种方法工段复杂，对机械设备要求较高，并未得到较好推广。

3. 生产其他化工产品

高尚忠[9]研发了一种利用双氰胺废渣直接生产粉末氧化钙的方法，李黔[10]将双氰胺废渣与电石渣按一定比例混合搅拌生产了纯度较高的石灰。

张胜勇[11-14]则在他人研究基础上，提供了利用双氰胺废渣生产双氰胺、工业磷酸钙、工业硫酸钙、氯化钙、氯化钠和炭多种化工产品的方法，充分利用了双氰胺废渣。

5.2.4 双氰胺废渣综合利用发展趋势

对于双氰胺废渣的综合利用，尚未出现资源化成熟的方法。双氰胺废渣作为橡胶补强剂和建筑材料的原料，为了降低成本，只能依照就近处理原则；作为轻质陶粒和化工产品的原料，也多为生产低档产品，附加价值并不高，缺少竞争力。若能用双氰胺废渣生产高价值的产品，这将是实现废渣无害化、企业少排放甚至“零排放”的一个不错的选择。

5.3　碳酸钙晶须

起初，晶须被定义为人工控制条件下一种具有一定长径比的针状或纤维状单晶材料。如今，晶须的概念逐步宽泛，除了之前的定义，还涵盖了一些含有少量缺陷(如空位、晶粒间界、孪晶、层错等)的纤维状单晶。而 Evans[15]曾对晶须作过如下更严格的定义：晶须是一种内外结构高度完整，横断面近乎均匀一致，直径通常介于 20nm～100μm 之间，长径比一般为 5～1000 的纤维状单晶[16]。

碳酸钙晶须是近些年来继碳化硅晶须、氮化硅晶须等传统非金属晶须之后出现的一种新型无机填充材料，将其作为新型增强剂填充于高分子材料中，并分散均匀，克服了长纤维在复杂模具中难以均匀分布，导致贫胶区易出现、加工时模具磨损严重等缺点，从而增加了制品表面的平滑性，改善了制品的稳定性、强度、韧性、耐磨性，而且使制品具有抗老化性能。作为 21 世纪的补强材料，碳酸钙晶须在塑料、金属、陶瓷、涂料、造纸等行业均呈现出广阔的应用前景。

5.3.1　碳酸钙晶须概述

碳酸钙有三种晶型，分别为方解石型、文石型和球霰石型。其中方解石型碳酸钙是以大理石或石灰石等形式存在于自然界的热力学稳定相；文石型碳酸钙是亚稳相，主要以针状存在于海洋沉积物和珍珠层中；球霰石型碳酸钙多为人工合成，特征形貌为球状或片状，性能极不稳定[17]。碳酸钙不同晶型的特性如表 5-1 所示。

表 5-1　碳酸钙晶体的晶体学特性[18]

晶型	晶系	晶胞	空间群	晶胞参数/Å		
				a	*B*	*c*
方解石	三方	菱面体	*R*-3*C*	4.989	4.989	17.062
文石	正交	简单正交	P_{mcn}	4.9614±0.003	7.9671±0.0004	5.7404±0.0004
球霰石	六方	简单六方	P_{63mc}	4.13±0.01	4.13±0.01	8.48±0.02

碳酸钙晶须属文石结构碳酸钙，其以单晶形式结晶，它的出现弥补了目前市场中碳化硅、钛酸钾等传统晶须成本高的弱点[19]。它直径非常小，原子分布高度有序，强度近乎完整晶体理论值，很难容纳大晶体中常呈现的缺陷，所以具有耐高温、耐腐蚀性，优良的机械强度与电绝缘性，高弹性、高模量等特征。同时，它因类似于短纤维具有较高的长径比而具备优良的加工流动性，所得的制件表面光洁度高[20]，是一种良好的增韧增强改性材料。碳酸钙晶须还具有白度高、填充量大、易降解的优点。日本丸尾钙株式会社开发的碳酸钙晶须的主要性能指标[21]

见表 5-2。

表 5-2　碳酸钙晶须的主要性能

性能	指标	性能	指标
成分	$CaCO_3$(纯度 98.0%)	比表面积	$7.0m^2 \cdot g^{-1}$
外观	白色粉末	粒形	纤维状
相对密度	$2.86g \cdot /cm^{-3}$	长度	20～30μm
水分含量	<1%	直径	0.5～1μm
pH	9～9.5	吸油量	$50mL \cdot g^{-1}$

5.3.2　碳酸钙晶须的应用

碳酸钙晶须作为一种高性价比的环境友好型复合材料填充剂，具有优异的物化性能。微米级的碳酸钙晶须团聚少、易分散，避免了填充物制品中二次粒子的存在，因而在降低制品制造成本的同时对填充物起增容作用，提高了制品性能；还可依据自身高强度、高模量的特性表现出显著的增强、增韧作用，可在塑料工业、摩擦材料、涂料及造纸等多领域代替一般粒状碳酸钙(轻钙、重钙、改性碳酸钙)的应用。

1. 碳酸钙晶须在塑料工业中的应用

目前，塑料在生产中存在的主要问题是流动性能不佳、韧性不够、不耐冲击，而碳酸钙晶须因自身结构细小，可以微观增强塑料制品表面光洁度，有助于精密塑料制品的成型。另外，碳酸钙晶须能够在制品加工过程中诱导大分子取向，代替玻璃纤维改善物料强度韧性与流变性能[22]，更重要的是，碳酸钙晶须无结晶水，在任意塑料注模成型温度下，都不会因水分存在而导致银纹[23]。

碳酸钙晶须加工扭矩值较小，因此在相同的填充量下，碳酸钙晶须体现出较其他填充材料更高的拉伸强度与冲击强度，改善体系的加工性能的优势显而易见，降低物料在密炼室内的最大扭矩的同时降低对原物料的损坏。在加工应力构件或构件材料时，碳酸钙晶须粒子可以迅速定向排布于构件熔体中[24]，防止裂纹出现并起到延缓发展的作用，另外，也可加快能量逸散，使得工程塑料的强度和韧性在很大程度上得以提高。碳酸钙晶须出色的热稳定性使得在加工原件过程中不会使塑料发生分解反应，从而保护了塑料。已有研究发现[25]，碳酸钙晶须增强塑料制品，在拉伸强度、弯曲强度方面接近玻璃纤维增强材料，优于滑石粉增强材料；冲击强度方面优于玻璃纤维增强材料，且制品表面平滑性大大优于玻璃纤维增强材料。经力学性能和流变性能的测试结果得知碳酸钙晶须填充聚丙烯(PP)或其他塑料制品的优点是显而易见的，具体见表 5-3。

表 5-3　碳酸钙晶须与滑石粉、玻璃纤维的填充性能比较

材料	拉伸弹性模量 /($N\cdot m^{-2}$)	弯曲弹性模量 /($N\cdot m^{-2}$)	悬臂梁冲击强度 /($N\cdot m\cdot m^{-1}$)
纯 PP	3.21×10^5	14.2×10^5	35.1
碳酸钙晶须增强 PP	5.82×10^5	39.0×10^5	68.5
滑石粉增强 PP	4.31×10^5	26.7×10^5	47.7
玻璃纤维增强 PP	6.10×10^5	40.7×10^5	58.9

碳酸钙晶须除可用作普通塑料填料增强剂外，还可应用于生物降解塑料。纤维状填料通常较难分解，而碳酸钙本身就存在于土壤中，因此将其用作降解塑料的填料，避免了塑料降解对环境的危害。

2. 碳酸钙晶须在摩擦材料中的应用

碳酸钙晶须耐热性好，分散性好，与基体具有良好的相容性，且原材料廉价丰富，成本低，用于摩擦材料能够显著提高材料的摩擦磨损性，避免了传统材料石棉或短纤维(如短切玻璃纤维、短切碳纤维、金属纤维等)对环境的污染、致癌性、制造成本高等弱点。日本早在 20 世纪 90 年代，为了防止高温下摩擦材料耐磨性、摩擦系数的下降，将碳酸钙晶须应用于汽车刹车片及离合器中[26-29]。研究发现[30]，10%～70%碳酸钙晶须与 5%～30%金属铁粉末、0%～30% 苯酚树脂、10%～50%铝纤维混合共同使用不仅增强摩擦材料耐磨性，而且降低了产品成本。林有希等[31]用热压成型方法制备碳酸钙晶须用以增强聚醚醚酮复合材料。当晶须填充量为 15%时，复合材料的磨损程度降至最低；以 25%～30%填充时，基于复合材料的良好耐磨性，复合材料具有最佳的摩擦磨损性价比。栗利涛等[32]也进行了相关研究，为碳酸钙晶须在摩擦材料中的应用提供了一定技术支持。

3. 碳酸钙晶须在涂料中的应用

碳酸钙晶须在涂料领域中也有一定的应用前景，国内外已有不少文献对此进行了报道。资料表明[33]，碳酸钙晶须作为涂料的增黏剂可显著增强涂料的黏度与触变性，可提高涂料的附着力、防止裂纹产生。另外，碳酸钙晶须在涂料乳胶中具有较好的分散性，很少发生断裂，可起到骨架支撑作用，更好地展现其优异的力学特性。

王会利等[34]分别将碳酸钙晶须与轻质碳酸钙加入等量的涂料中，主要比较了二者对涂料的黏度及应用性能的影响变化。通过研究发现，碳酸钙晶须较轻质碳酸钙对体系黏度的提高程度更大。这主要是因为针状结构的碳酸钙晶须以平移或旋转方式运动阻碍了涂料介质的运动。

姚伯龙等[35]考察了碳酸钙晶须对建筑保温节能涂料的性能的影响。研究中突出说明碳酸钙晶须在涂料中添加量的变化对涂料的耐水性、抗开裂和耐冲刷等性能均有影响。尤其当碳酸钙晶须的添加量为 10%时，涂料的各种性能均有明显的改善。

4. 碳酸钙晶须在造纸中的应用

一直以来，纸张生产都是在酸性环境中进行的。随着造纸工业的发展，更出于对环保的要求，碱性和中性造纸工艺开始陆陆续续发展，碱性矿物碳酸钙在造纸行业的应用随之推广起来。

碳酸钙晶须具有整齐的柱状结构，用它所涂布的纸张均匀平整，抗腐蚀性和耐久性好，而且强度较高[36]，另外，可以增加纸品的白度。与用粒状碳酸钙填充的纸张相比，碳酸钙晶须填充的纸张油墨吸收性与透气性均更胜一筹，显示出优越的印刷适应性。随着人们对纸张质量需求的逐步提高，尤其对高档纸张的需求增加，采用晶须代替传统碳酸钙，无疑是一种明智之选。

张利等[37]采用碳酸钙晶须(AGCC)替代传统方解石碳酸钙(GCC)，探究了其作为填充材料对纸张性能的影响。结果证明碳酸钙晶须作为纸张填料，在纸张耐撕裂性、透气性方面均表现出更优异的效果。表 5-4 列出了碳酸钙晶须对纸张性能的影响。

表 5-4　碳酸钙晶须对纸张性能的影响

填充量/%	填料	留着率/%	抗张强度/N	耐破度/kPa	撕裂强度/mN	透气度/(cm^2 · min · kPa)
10	GCC	84.7	44.1	154.1	731	16.3
	AGCC	96.3	46.0	157.7	746	17.5
20	GCC	74.6	38.8	140.1	713	19.5
	AGCC	89.9	43.2	145.5	738	33.8
30	GCC	60.1	32.5	122.5	691	29.2
	AGCC	80.7	34.3	130.0	729	48.7

5. 碳酸钙晶须在建筑材料中的应用

建筑材料中纤维状无机填充物向来被认为是致癌凶手，这些填充物几乎都具良好的耐酸性，其头部锐利，刺入体内易引起炎症导致癌变。而碳酸钙晶须易在酸性条件下分解为可溶性物质，操作人员若不慎将其粉尘吸入后，人体内分泌的酶就会将其分解直至排出体外，对人体不会造成危害。因此，将碳酸钙晶须填充于新型建筑材料中突显了绿色建筑材料原料的发展优势[38]。

位建强等[39]在分析水泥基材料领域纤维(如钢纤维、玻璃纤维、碳纤维等)的优缺点基础上，首次将碳酸钙晶须应用于通用水泥中。该研究突出说明碳酸钙晶须改善了水泥基复合材料的力学性能，验证了二者具有良好的相容性，也阐明了水泥基材料的流动性并没有因掺入碳酸钙晶须而减弱。如此一来，碳酸钙晶须有望成为增强水泥基材料的新锐，为坚固环保新型建筑材料开拓了新领域。

6. 碳酸钙晶须在医学领域中的应用

碳酸钙晶须因自身具有生物活性还可作为生物活性材料应用于医学、医药领域。例如，Sasaki 研究出用碳酸钙晶须做核来制备交联聚苯乙烯核/壳结构胶囊的方法[40,41]；Urayama 则将碳酸钙晶须和其他无机填料添加至左旋聚苯交酯胶囊中，对比了药品前后的力学性能和热能差异[42]，突出了碳酸钙晶须作为填料优异的改善能力。这些研究均为碳酸钙晶须在医药方面的应用提供了新思路。

徐执扬等则针对当今市场中生物降解材料起初强度不够、降解速度快，后期普通 X 射线照射不显影、非特异性炎症易高发难发现等局限，采用溶液共混法将碳酸钙晶须嫁接植入聚 L-乳酸中合成了可提高细胞无毒性，延缓降解的碳酸钙晶须/聚 L-乳酸复合材料[43]，该材料的出现提高了原有材料的生物活性，突出了碳酸钙晶须广泛的应用价值。

综上所述，作为新兴材料的碳酸钙晶须以其来源丰富、制造成本低且性能优异等特点，在热塑性摩擦塑料材料、电子电器部件制造、造纸涂布复合体系、医学生物材料等领域均具有广阔的市场发展前景。因此，碳酸钙晶须的研究将会不断深入，以满足巨大的市场需求与竞争。

5.3.3　碳酸钙晶须制备研究现状

目前，国内外制备碳酸钙晶须的方法主要有以下四种：碳酸化法、尿素水解法、碳酸氢钙加热分解法和复分解反应法。下面将详细地对制备方法的研究现状进行阐述。

1. 碳酸化法

碳酸化法一般是指将氧化钙充分消化后得到 $Ca(OH)_2$ 悬浮液，与一定浓度磷酸系化合物、Mg^{2+} 盐等晶型控制剂混合，通入 CO_2 气体作为“碳”源以制备碳酸钙晶须的方法。此法主要为气相液相接触反应，类似于工业上气液法合成轻质碳酸钙，因此也称为气液合成法。

现今合成碳酸钙晶须研究现状中，碳酸化法应用得较多。刘庆峰等[44]和尚文宇等[45]较早开始以 $MgCl_2$、H_3PO_4 为晶型控制剂研究合成了碳酸钙晶须。随着碳酸化法的研究趋势的明朗，陆陆续续有学者对此法进行改进，结合其他模式开始新的碳酸化研究。

Ota[46]开创了以 $MgCl_2$ 作为晶型控制剂通过改进的碳酸化法制备碳酸钙晶须的方法。王会利等[47]在间歇式模拟碳化塔中展开了碳酸钙晶须制备工艺研究，为碳酸钙晶须的工业化生产提供了基础数据，研究反映出压缩空气与 CO_2 通气量、液面高度等因素均会影响碳酸钙晶须的生长。朱万诚等[48]选择在超重力场中合成碳酸钙晶须，其中超重力场是通过旋转填充转子高速旋转产生的。研究结果表明，超重力场中合成碳酸钙晶须的反应温度可较常重力场降低约 20℃，合成等物质的量产品所需时间约为其他方法的 1/36～1/18，产品直径可降低至 80～250nm，突出了超重力场节能高效的优势。对比了 $MgCl_2$ 与 H_3PO_4 对晶须生长的影响。使用 $MgCl_2$ 时只有反应温度因素影响产物长径比，而使用 H_3PO_4 时除反应温度因素对产物形貌有影响外，旋转填充床(RPB)转速与气体体积流量两因素的影响也较为显著。孙红娟等[49]与陈先勇等[50]先后提出采用间歇鼓泡碳化法制备碳酸钙晶须。其中，孙红娟等以 $MgCl_2$ 和 $Ca(OH)_2$ 为原料，而陈先勇等以石灰乳为原料；孙红娟等仅仅提出了以鼓泡碳化法来制备，陈先勇等与孙红娟等不同，其考察的方面更细致，可以说是在孙红娟等的研究基础上探讨了碳化反应温度、灰乳相对密度等因素对碳酸钙晶须形貌长度品质的影响。陈先勇等的研究从因素变化角度出发，说明因素变化会影响反应体系过饱和度，从而解释碳酸钙晶须生长的变化。升高反应温度或降低灰乳相对密度会降低体系过饱和度，在此条件下可获得高长径比的碳酸钙晶须。

这种方法的优点是操作简单、容易控制、镁盐可回收重复使用，产品质量也稳定。最大的缺点是需要严格控制反应条件，尤其是反应温度。此外，碳酸化反应所需时间较长，产物纯度不高，易混入 $Mg(OH)_2$ 或 $CaHPO_4$ 结晶中间体杂质。

2. *尿素水解法*

该方法是将尿素水解产生的 CO_2 与可溶性钙盐反应合成碳酸钙晶须，主要反应体系有 $Ca(NO_3)_2$-$(NH_2)_2CO$ 和 $CaCl_2$-$(NH_2)_2CO$。反应原理如下：

$$(NH_2)_2CO + 3H_2O \longrightarrow 2NH_4OH + CO_2\uparrow$$

$$2NH_4OH + CO_2 + Ca^{2+} \longrightarrow CaCO_3 + 2NH_4^+ + H_2O$$

美国 Clarkson 大学高级材料处理中心的 Wang 等[51]在 90℃下通过尿素水解法制备了长径比为 10 的碳酸钙晶须，研究表明，碳酸钙晶型的变化受反应搅拌速率、反应物溶液浓度及混合方式的影响较大。许兢等[52]选用 $CaCl_2$-$(NH_2)_2CO$ 体系，通过高温高压恒定技术在封闭蒸气压力锅中探究碳酸钙晶须合成方法，考察了原料配比、反应时间等反应因素变化对晶须产率的影响。结果表明：当 $CaCl_2$ 与 $(NH_2)_2CO$ 的摩尔比为 1∶5 时，产物纯度较高，均为碳酸钙晶须；随着 $(NH_2)_2CO$ 的增加、反应时间的延长，晶须产率呈增大趋势。

尿素水解法的优势在于合成机理简单，无需加入任何晶种或结晶促进剂。CO_3^{2-} 的产生速率受尿素水解速率的控制，是恒定的，所以可稳定生成表面光洁性较好、纯度较高的碳酸钙晶须。但该方法对尿素的需求量较大，可达钙盐的 3 倍，加大了成本；同时反应需在密闭体系中进行且需要恒定的高温高压，所以危险系数较高且能耗大，不宜用于工业化生产。

3. 碳酸氢钙加热分解法

顾名思义，该方法指分解 $Ca(HCO_3)_2$，结晶碳酸钙晶须。整个反应过程主要控制升温速率、加热温度、搅拌强度等条件。

日本的 Yoshiyuki 等[53]将 CO_2 气体通入纯度较高的石灰石粉末水溶液中配制得到 $Ca(HCO_3)_2$ 溶液，然后通过控制 $Ca(HCO_3)_2$ 溶液的加热温度、升温速率及搅拌速率等一系列反应条件，结晶出长径 40～160μm、短径 1～3μm 的碳酸钙晶须。

闫长领等[54]用 $CaCl_2$ 和 $KHCO_3$ 制备 $Ca(HCO_3)_2$ 溶液，再对 $Ca(HCO_3)_2$ 加热至 80～100℃使其分解，成功制备出高纯度、长径比均一的 $CaCO_3$ 晶须产品。产物纯度高达 99.53%，平均长径比为 24.1。同时研究还发现增大反应物浓度可抑制雪花状碳酸钙晶体及方解石的生成，从而提高了针状晶须的纯度，但尺寸有所减小。

Rizzuti 等[55]以 $Ca(NO_3)_2 \cdot 4H_2O$ 和 $NaHCO_3$ 为原料制备 $2.5\times10^{-3}mol\cdot L^{-1}$ $Ca(HCO_3)_2$ 溶液，通过微波制备纯度为 99%的碳酸钙晶须。研究表明，过饱和度较低的情况下，针状碳酸钙晶须的粒度分布与微波加热时间无关。

该方法的特点有产物长径较大，平均可达 100μm 以上，纯度也较高；但长径比分布较宽，不够均匀统一，产量也比较低；而且由于 $Ca(HCO_3)_2$ 在水中溶解度并不大，所以 $Ca(HCO_3)_2$ 水解法首先要合成 $Ca(HCO_3)_2$ 溶液，这无形中增加了工作量，易引入其他杂质，增加了废液的产生，难以实现工业化。

4. 复分解反应法

此方法的原理是根据可溶性钙盐与碳酸盐溶液发生复分解反应来制备碳酸钙晶须。

美国的 Wray 等[56]在 1956 年首次应用该法成功得到了碳酸钙晶须。张利等[57]采用并流加入法用 $CaCl_2$ 与 Na_2CO_3 的稀溶液均相制得品质形貌均不错的碳酸钙晶须。

赵丽娜等[58]选择 $CaCl_2$ 与 Na_2CO_3 作为反应原料，通过添加 $MgCl_2$ 助剂制备出表面光滑的碳酸钙晶须，探究了晶须含量与 $MgCl_2$ 溶液浓度的关系，并指出，溶液中存在 Mg^{2+}会影响晶体表面对杂质粒子的吸附，因而会减少各晶面(尤其是侧面)的生长速度，所以抑制了文石向方解石的热力学转化，很大程度上减少了方解石比例，促使文石更稳定地生长。

复分解反应可自发进行，方法原理简单，控制因素较少，无需引入任何晶型控制剂即可制得长径比相对较大、表面光洁、纯度较高的文石晶须。但为了促进晶须的生长，整个反应体系需维持较低的过饱和度，所以需严格将反应物浓度控制在较低数量级。另外，温度不稳定也是降低产物纯度与均匀性的重要影响因素之一。

5. 其他方法

研究者在上述四大基本合成方法的基础上衍生出很多新兴的方法。例如，Zhou等[59]采用成本低、易操作且反应规模易扩大的电化学方法成功制出尖端细小的碳酸钙晶须。徐浩等[60]则通过低压直流电解，以无机钙盐及碳酸盐为原料，无机镁盐为晶型控制剂制备了碳酸钙晶须。该方法反应条件温和、易于控制、操作方便、节约能源，且生成的碳酸钙晶须特质明显。

5.3.4 当前碳酸钙晶须研究存在的问题

截至目前，国内外对碳酸钙晶须的相关研究已有了一定的进展，获得了一定的成果，但碳酸钙晶须的制备生产已然有些停滞，止步不前。可见，在碳酸钙晶须的合成制备与生长机理方面依然存在一些问题，结合现有研究，主要表现在以下几个方面：

(1)碳酸钙晶须的纯度不高。碳酸钙通常以方解石型或文石型存在。根据常见矿物晶体的热力学参数，利用热力学方程即可判断晶体相的稳定态。在标准状态下，方解石的 $\Delta G = -1234.697\mathrm{kJ\cdot mol^{-1}}$，文石的 $\Delta G = -1233.964\mathrm{kJ\cdot mol^{-1}}$。根据热力学第二定律，朝自由能降低的方向，方解石更加稳定。因此，制备热力学亚稳相碳酸钙晶须时，水溶液中的文石型碳酸钙极易转变为方解石型碳酸钙，致使产物中文石纯度不高，常混有少部分方解石。如何在促进文石型碳酸钙稳定生长的同时抑制方解石的生长成为目前碳酸钙晶须制备过程中亟待攻克的技术难题。

(2)碳酸钙晶须的产量不高，不利于工业化生产。制备碳酸钙晶须的过程中，尤其选用复分解法或碳酸化法制备时，需维持反应过饱和度在较低水平，反应物料溶液的浓度较低，导致碳酸钙晶须的产率较低，在达到相同生产规模的情况下，只能增加生产成本，不利于工业化生产。

(3)碳酸钙晶须生长机理部分的空缺。随着对晶须研究的深入，已出现了很多解释晶须的形成与生长的成熟经典理论。但有些理论仅适用于个别晶须，而且对于碳酸钙晶须在液相中的形成生长过程主要是基于轴向螺旋位错生长理论和液-固生长理论，对晶须某一点的生长控制或直径方向等并没有给出具体分析和解释，整个理论缺乏系统性与实践性，未能明显直观地指导晶须的制备合成，致使晶须的研究存在一定盲目性[61,62]。

(4)综合利用方面的研究较少。迄今为止，碳酸钙晶须大部分采用的是化学试剂氧化钙、氯化钙等钙盐作为原料进行制备展开研究，而对石灰石尾矿和工业废渣的综合治理应用较少；况且对母液回收利用的研究也不够深入，合成碳酸钙晶须的同时，遗留的废液处理问题逐步显现。

5.4 双氰胺废渣分析

双氰胺废渣的主要成分为 $CaCO_3$，也含有少量铁离子、C 等杂质，具体组成因生产厂家而异。若废渣中含有未知杂质，将无法得到高纯度的 Ca^{2+} 滤液，如此一来会严重影响碳酸钙晶须产品的纯度和白度。因此，为了保证产品品质，需要对原料双氰胺废渣组成及成分含量进行分析。

对研究所用双氰胺废渣进行 X 射线衍射(XRD)、扫描电子显微镜(SEM)表征。取少量双氰胺废渣(干渣)通过 X 射线衍射仪检测，得到 XRD 图谱。采用 MDI Jade 6.5 将实验所得图谱与 PDF 数据库标准卡片检索数据进行比对，确定产品物相。所得 XRD 表征图如图 5-2 所示。

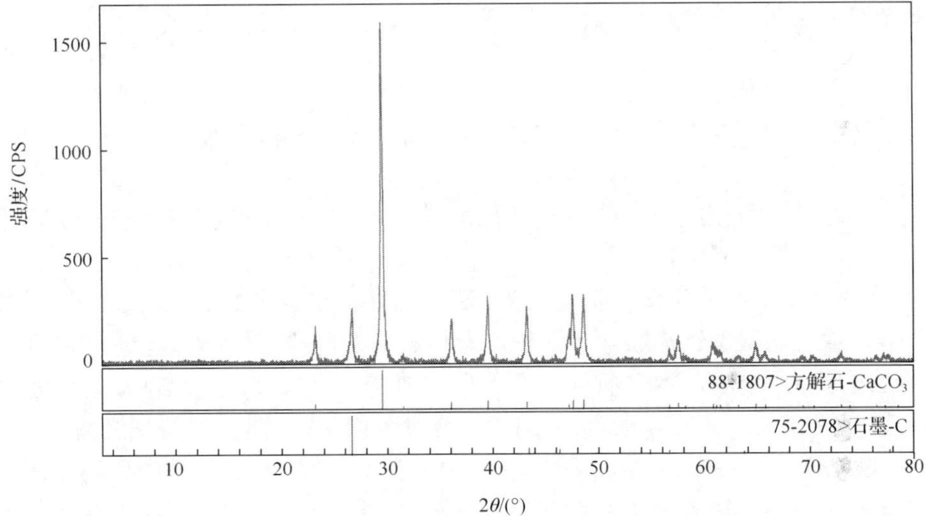

图 5-2 双氰胺废渣 XRD 表征图

双氰胺废渣 SEM 图见图 5-3。通过表征图的分析，可以得出：双氰胺废渣主要由方解石型 $CaCO_3$ 和石墨型 C 组成，且其颗粒细小，至微米级别。经气相色

图 5-3 双氰胺废渣 SEM 表征图

谱-质谱(GC-MS)分析，本书所涉研究采用的废渣中不含有单氰胺及相关氰化物，可予以直接处理。

根据上述表征，可以确定双氰胺废渣主要成分为碳酸钙，本书所涉研究通过化学分析法对双氰胺废渣中碳酸钙的含量及可能影响后续实验的成分含量分别进行测试，得到结果如表 5-5 所示。

表 5-5　双氰胺废渣组成

组成	水分	$CaCO_3$(以干基计)	铁离子
含量	50.71%	84.58%	$3300\mu g \cdot g^{-1}$

通过化学分析与仪器表征等方法对双氰胺废渣进行分析，可以得出：双氰胺废渣主要含有 50.71%水分、84.58% $CaCO_3$(以干基计)、$3300\mu g \cdot g^{-1}$ 铁离子及少量石墨型 C，未见单氰胺及相关氰化物存在。

5.5　双氰胺废渣中钙离子的浸取

若想通过双氰胺废渣中的钙源来制备碳酸钙晶须，就需浸取其中的碳酸钙。双氰胺废渣组成分析测试结果显示，废渣中除含有 84.58% $CaCO_3$(以干基计)外，还含有 $3300\mu g \cdot g^{-1}$ 铁离子。而溶液中铁离子的存在将会影响滤液纯度，若不能除去，会严重影响碳酸钙晶须产品的纯度及白度，从而难以使产品达到相关标准。

经过系列预实验，本书所涉研究将选用盐酸为浸取剂，与双氰胺废渣进行化学反应，生成 $CaCl_2$、$FeCl_3$ 滤液。采用氨水进行沉淀除铁，过滤后得到澄清的 $CaCl_2$ 滤液，以此作为制备碳酸钙晶须的原料。石墨型 C 不参与反应，将残留于滤渣中，最终进行收集供于相关应用。本章将对双氰胺废渣预处理过程进行详细阐述。

5.5.1　研究方法

按一定摩尔比称取定量双氰胺废渣(干渣)与盐酸。将双氰胺废渣溶于水中，在 30℃恒温水浴下搅拌，用滴液漏斗缓慢滴加盐酸，待反应结束后经抽滤得 $CaCl_2$ 滤液。移取适量滤液于 250mL 容量瓶中，定容后移至锥形瓶采用 EDTA 滴定，计算 $CaCl_2$ 滤液中 Ca^{2+}含量，以 5.4 节所得废渣含有 84.58%碳酸钙为基准，推算废渣中碳酸钙的浸取率，以此为指标考察浸取条件，优化浸取工艺。反应如下：

$$CaCO_3 + 2HCl = CaCl_2 + H_2O + CO_2 \uparrow$$

根据铁离子沉淀曲线[63](图 5-4)，当溶液中 Fe^{3+}浓度在 10^{-1}～$10^{-5}mol \cdot L^{-1}$ 时，其生成氢氧化物沉淀开始和终止的 pH 分别为 1.9 和 3.2；对于 Fe^{2+}，其生成氢氧化物沉淀开始和终止的pH分别为7.0～9.0。因实验所得滤液中铁离子在3300μg·g^{-1}左右，因此，通过用氨水调节滤液pH至8.0，即可将铁离子沉淀，从而获得精制$CaCl_2$滤液。

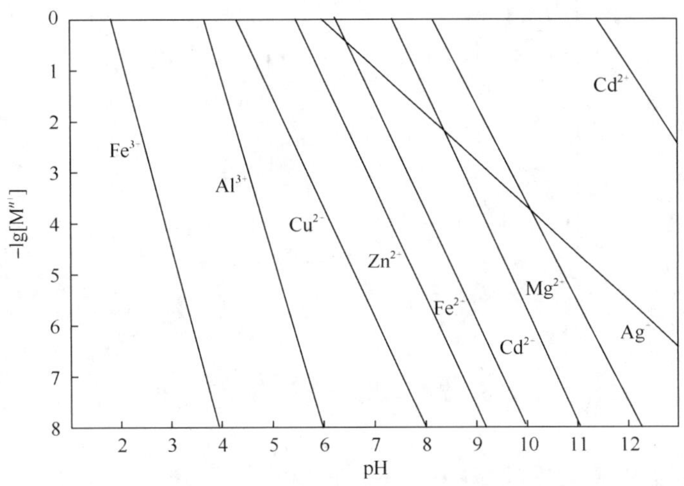

图 5-4　金属离子沉淀曲线

5.5.2　浸取剂浓度对浸取率的影响

改变浸取剂盐酸的浓度，按 5.5.1 节的方法进行浸取实验。其中，控制搅拌器转速 300r·min^{-1}，反应 10～15min。探究盐酸浓度与Ca^{2+}浸取率关系，实验结果见表 5-6 和图 5-5。

由表 5-6 和图 5-5 可以看出，随着盐酸浓度的增加，Ca^{2+}浸取率逐渐升高，最终趋于平缓。也就是说，等质量的盐酸与废渣反应，增大盐酸浓度，体系中已建立的化学平衡受到破坏，反应越发剧烈，不断向正方向进行，生成的Ca^{2+}浓度增加，趋于平衡。当盐酸浓度为 10%时，Ca^{2+}浸取率即可达到 96.23%，几乎完全浸取。但当盐酸浓度高于 10%时，体系容纳电解质的能力趋于饱和，Ca^{2+}浸取率不再增加，接近平衡。可见，并不是越浓的盐酸使Ca^{2+}浸取越多，反而盐酸浓度过高会形成资源浪费，也增加了反应操作难度。出于对安全反应及反应转化率的考虑，确定双氰胺废渣预处理采用 10%盐酸作为浸取剂浸取其中的Ca^{2+}。

表 5-6　盐酸浓度与Ca^{2+}浸取率关系

盐酸浓度/%	5	10	15	20	25
Ca^{2+}浸取率	0.7679	0.9623	0.9719	0.9723	0.9741

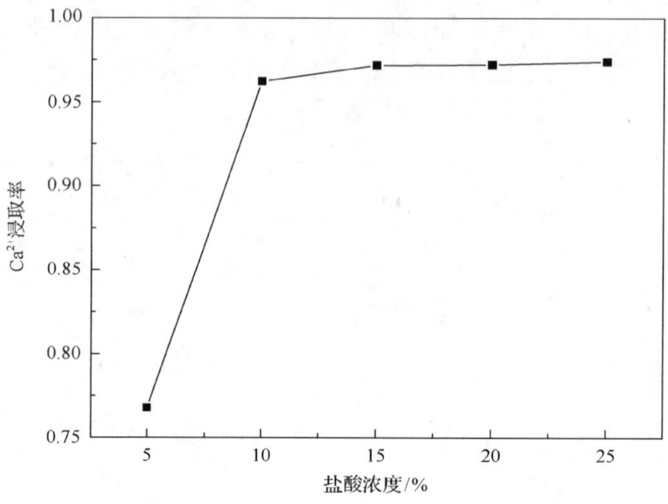

图 5-5　盐酸浓度对 Ca^{2+}浸取率的影响

5.5.3　浸取时间对浸取率的影响

以 10% HCl 为浸取剂，搅拌器转速 300r · min^{-1}，浸取时间分别为 10min、20min、30min、40min、50min，考察浸取时间与 Ca^{2+}浸取率的关系，实验结果见表 5-7 和图 5-6。

表 5-7　浸取时间与 Ca^{2+}浸取率的关系

浸取时间/min	10	20	30	40	50
Ca^{2+}浸取率	0.9814	0.9664	0.9708	0.9686	0.9645

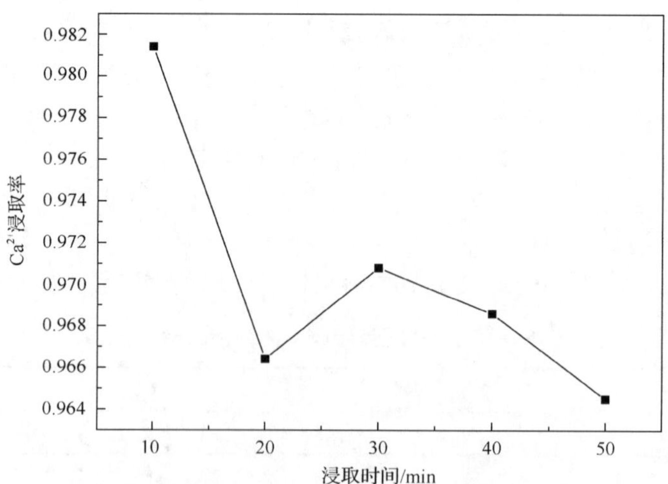

图 5-6　浸取时间对 Ca^{2+}浸取率的影响

实验结果表明，随着浸取时间的延长，Ca^{2+}浸取率呈下降趋势。该结果主要由于双氰胺废渣中含有 $CaCO_3$ 的同时可能伴有少许 $Ca(OH)_2$，$CaCO_3$ 与 HCl 发生反应时生成 CO_2 和 H_2O，当 CO_2 浓度一定时，CO_2 与 H_2O 的可逆反应生成 H_2CO_3，如此便促进了废渣中 Ca^{2+}的浸取，致使在短时间内即可获得较大的 Ca^{2+}浸取率。随着反应的继续，CO_2 浓度继续升高，CO_2 将与废渣中少量的 $Ca(OH)_2$ 作用生成 $CaCO_3$。整个过程破坏了沉淀溶解平衡，Ca^{2+}浸取率会有所下降。从工程角度考虑，最终反应时间确定为 10min。

5.5.4　搅拌速率对浸取率的影响

控制反应温度为 30℃，以 10% HCl 为浸取剂，搅拌速率分别为 $150r \cdot min^{-1}$、$200r \cdot min^{-1}$、$250r \cdot min^{-1}$、$300r \cdot min^{-1}$、$350r \cdot min^{-1}$。反应 10min 后测定滤液中 Ca^{2+}浓度，计算 Ca^{2+}浸取率，实验结果见表 5-8 和图 5-7。

表 5-8　搅拌速率对 Ca^{2+}浸取率的影响

搅拌速率/$(r \cdot min^{-1})$	150	200	250	300	350
Ca^{2+}浸取率	0.9621	0.9651	0.9706	0.9971	0.9980

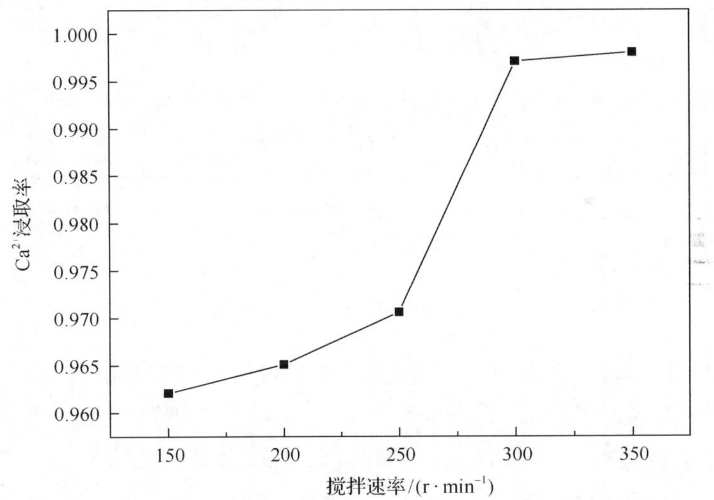

图 5-7　搅拌速率对 Ca^{2+}浸取率的影响

实验结果表明，反应过程中搅拌速率对 Ca^{2+}浸取率影响较大。$150 \sim 300r \cdot min^{-1}$ 范围内 Ca^{2+}浸取率会随搅拌速率升高而增加，当搅拌速率高于 $300r \cdot min^{-1}$ 后，生成的 Ca^{2+}浓度变化不大。由于双氰胺废渣颗粒细小，其在液体中容易团聚，所以凭借机械搅拌作用，颗粒均匀分散于反应体系中，以便增加颗粒分子与 HCl 分子的接触面积，保证浸取反应正常而充分地进行。而在此基础上，加大搅拌速率对反应转化率影响不大，消耗能量的同时易造成溶液飞溅现象，导致不必要的损失。因此，反应过程选择中等搅拌速率 300r · min^{-1}。

5.5.5　浸取效果

经过浸取实验，对精制 $CaCl_2$ 滤液进行 Ca^{2+}、Fe^{3+}含量分析，对滤渣进行 XRD 分析，分析浸取实验效果，结果见表 5-9 和图 5-8。

表 5-9　精制 $CaCl_2$ 滤液 Ca^{2+}、Fe^{3+}含量分析

离子名称	Ca^{2+}	Fe^{3+}
含量/%	80.62	<0.1

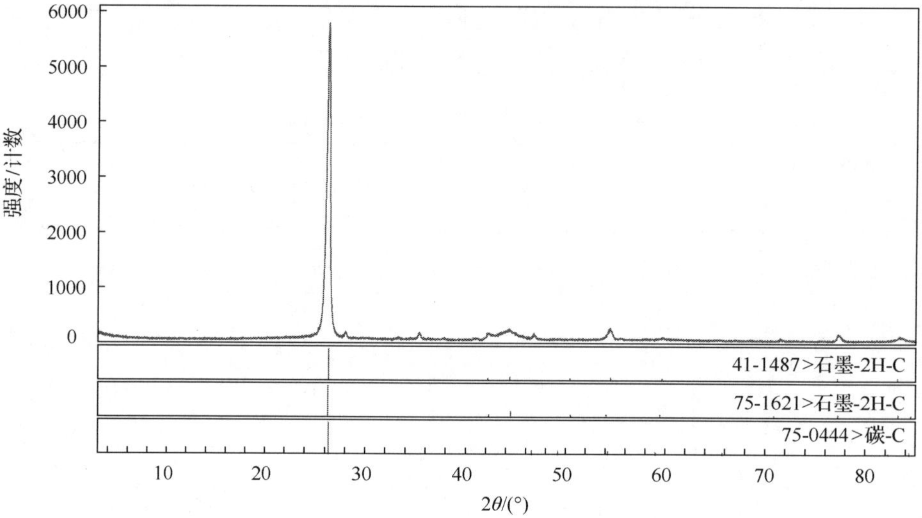

图 5-8　滤渣 XRD 表征图

通过对精制 $CaCl_2$ 滤液钙、铁离子含量的测定及对滤渣进行 XRD 表征，可以看出：双氰胺废渣中的 Ca^{2+}近乎完全提出，滤液中的铁离子已几乎完全除去，致使以 $CaCl_2$ 滤液为原料制备碳酸钙晶须可达产品标准。最终得到的滤渣为石墨型 C，富集起来具有工业用途。

5.6　氯化铵-碳酸钙-水体系固液相平衡研究

碳酸钙在氯化铵水溶液中的溶解度要高于其在水中的溶解度，碳酸钙晶须的制备过程中会产生大量的氯化铵，其产量会受到氯化铵浓度的影响。同时，在前期探究中发现，碳酸钙晶须的品质和形貌会受到母液中氯化铵浓度的影响。

氯化铵-碳酸钙-水体系的基础数据是本书碳酸钙晶须合成的基础，但文献中涉及该体系的基础数据[64-67]较少，很难满足优化条件的需要，此外，该体系的基础数据对相关的碳酸钙产品生产都有指导作用。目前，文献中所报道的类似体系主要有氯化铵-氯化钙-水[68-69]、氯化钙-碳酸钙-水[70]、氯化钠-碳酸钙-水[71]等体系。因此，本节对氯化铵-碳酸钙-水体系的基础数据进行测定。综合对碳酸钙晶须的生产条件和母液的结晶条件的考虑，本节选取 298.15K、323.15K 和 348.15K 三个温度进行基础实验测定。

5.6.1　实验过程及分析方法

本节共探究 298.15K、323.15K 和 348.15K 三个温度下的基础数据，氯化铵溶液的浓度值间隔控制在 $0.1\text{mol}\cdot\text{L}^{-1}$ 左右，利用水浴恒温振荡器控制溶液所处环境的温度。

准确量取一定质量的蒸馏水置于 250mL 锥形瓶中，并加入准确称量后的氯化铵固体，将锥形瓶置于水浴恒温振荡器中振荡至氯化铵完全溶解，之后将准确称量后的过量的碳酸钙粉末加入溶液中，使振荡器在统一的振荡幅度下振荡，待溶液达到平衡，停止振荡，将锥形瓶置于恒温水浴中静置。经过多次探究后，确定振荡时间 24h，静置时间 12h 为最佳时间。待溶液达到平衡后对所得样品进行检测分析。

1. 化学组成分析

钙离子浓度测定：以 EDTA 法测定。

铵根离子浓度测定：以甲醛法测定。

2. 物性参数测定

密度：以比重瓶法测定。

黏度：用乌氏黏度计测定。

pH：用酸度计测定。

折光率：用阿贝折射仪测定。

溶液密度、黏度、pH 和折光率等物化性质均与温度有直接关系，因此在实验测定的过程中要对温度严格控制，温度精度为±0.1K。

5.6.2　氯化铵-碳酸钙-水体系的固液相平衡

实验过程中溶液的氯化铵浓度被控制在较大范围内，从 $0.1\text{mol}\cdot\text{kg}^{-1}$ 至接近饱和，所得氯化铵-碳酸钙-水体系的相平衡实验数据列于表 5-11。为了确定实验数据的准确性，将本实验的测定结果与文献中仅有的一部分数据进行了对比，如表 5-10

所示。表中共涉及 288.15K、291.15K、298.15K 和 333.15K 四个温度下的溶解度数据。图 5-9 中给出了文献数据与实验数据的图上对比，可以更直观地看出实验数据与文献数据的差别。

表 5-10　文献中碳酸钙在氯化铵溶液中的溶解度数据

文献	T/K	m_1/(mol·kg^{-1})	m_2/(mmol·kg^{-1})
[64]	298.15	0.1259	2.874
		0.2531	3.772
		0.5109	5.124
		1.0418	7.068
[65]	288.15	1.0567	4.394
		2.0772	6.491
		4.6736	7.659
[66]	291.15	0.2018	3.25
		1.0403	6.86
		2.1673	9.53
[67]	333.15	0.0204	1.674
		0.1021	3.420
		0.2049	4.679
		0.5183	6.966
		1.0572	10.046
		3.4602	14.398

m_1 为氯化铵的质量摩尔浓度，m_2 为碳酸钙的质量摩尔浓度。

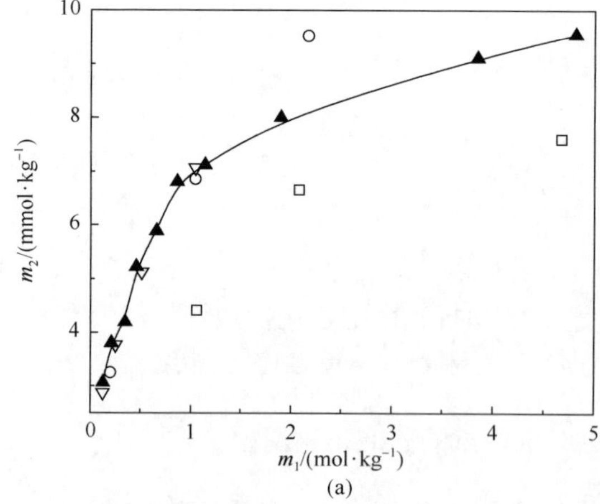

(a)

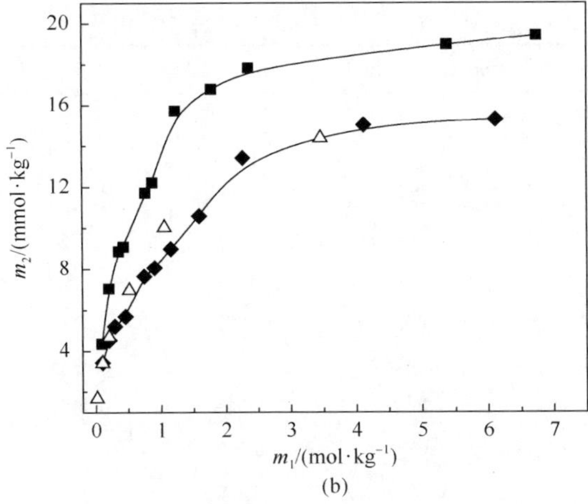

(b)

图 5-9　文献数据与实验数据对比图

文献数据：□ 288.15K[65]，○ 291.15 K[66]，▽ 298.15 K[64]，△ 333.15 K[67]；

实验数据: ▲ 298.15K，◆ 323.15K，■ 348.15K

表 5-11　氯化铵-碳酸钙-水体系相平衡实验数据

序号	m_1/(mol·kg^{-1})	m_2/(mmol·kg^{-1})	η/(mPa·s)	ρ/(g·cm^{-3})	pH	n_D
298.15 K						
1	0.1283	3.0609	0.8801	1.0003	7.63	1.3328
2	0.2131	3.8054	0.8820	1.0012	7.48	1.3347
3	0.3496	4.1909	0.8876	1.0043	7.43	1.3354
4	0.4576	5.2187	0.8923	1.0072	7.40	1.3365
5	0.6546	5.8858	0.8963	1.0093	7.33	1.3392
6	0.8576	6.8064	0.8978	1.0114	7.23	1.3413
7	1.1388	7.1201	0.9031	1.0163	7.18	1.3434
8	1.8939	8.0012	0.9047	1.0276	7.03	1.3504
9	3.8441	9.1095	0.9433	1.0623	6.85	1.3695
10	4.8123	9.5490	0.9933	1.1085	6.67	1.3796
323.15K						
1	0.1044	3.4305	0.5558	0.9927	7.05	1.3295
2	0.2061	4.5299	0.5574	0.9933	6.92	1.3309
3	0.2937	5.2009	0.5661	0.9939	6.89	1.3322
4	0.4568	5.6823	0.5665	0.9971	6.86	1.3348
5	0.7449	7.6390	0.5680	1.0018	6.72	1.3370
6	0.9063	8.0675	0.5732	1.0112	6.62	1.3373
7	1.1559	8.9828	0.5738	1.0128	6.59	1.3413
8	1.5946	10.5899	0.5756	1.0188	6.55	1.3462

续表

序号	m_1/(mol · kg^{-1})	m_2/(mmol · kg^{-1})	η/(mPa · s)	ρ/(g · cm^{-3})	pH	n_D
323.15K						
9	2.2643	13.4130	0.5783	1.0282	6.47	1.3527
10	4.1216	15.0318	0.6304	1.0571	6.24	1.3717
11	6.1213	15.3040	0.7813	1.1951	6.02	1.3920
348.15K						
1	0.0971	4.3557	0.3772	0.9794	6.77	—
2	0.2041	7.0448	0.3778	0.9823	6.74	—
3	0.3531	8.8781	0.3816	0.9861	6.68	—
4	0.4284	9.0819	0.3833	0.9877	6.50	—
5	0.7679	11.7264	0.3856	0.9923	6.35	—
6	0.8725	12.2137	0.3894	0.9948	6.27	—
7	1.2283	15.7130	0.3923	1.0004	6.19	—
8	1.7809	16.7878	0.4064	1.0148	6.12	—
9	2.3545	17.8200	0.4127	1.0198	6.05	—
10	5.3807	18.9622	0.4831	1.0671	5.85	—
11	6.7351	19.4117	0.5685	1.1037	5.58	—

标准不确定度为 u，$u(T)=0.05$K, $u(p)=0.02$kPa, $u_r(m_1)=0.01$, $u_r(m_2)=0.02$, $u_r(n_D)=0.0002$, $u_r(\text{pH})=0.02$, $u_r(\rho)=0.001$, $u_r(\eta)=0.05$; m_1 为氯化铵的质量摩尔浓度，m_2 为碳酸钙的质量摩尔浓度。

结合表 5-10、表 5-11 和图 5-9 分析可知，本实验中所得到的溶解度变化趋势与文献中是一致的，相同温度和相似浓度下，实验中和文献中的碳酸钙溶解度数值几乎相同。由此可以确定，本实验中所得到的实验数据是可靠的。

表 5-11 中给出了氯化铵-碳酸钙-水体系的相平衡实验数据，其中主要包括化学组成(溶解度)和物性参数(黏度、密度、pH 和折光率等)，根据实验数据做出溶液氯化铵浓度与碳酸钙溶解度的关系如图 5-10 所示。

如图 5-10 所示，在相同的温度下，碳酸钙在不同氯化铵浓度的溶液中的溶解度相差较大，随着氯化铵浓度的增大，碳酸钙溶解度相应增加。298.15K 下，当氯化铵浓度从 0.1283mol · kg^{-1} 增加至 4.8123mol · kg^{-1} 时，碳酸钙的溶解度从 3.0609mmol · kg^{-1} 增加到 9.5490mmol · kg^{-1}，在其他温度下，碳酸钙在氯化铵溶液中也呈现出类似的变化。同时可以看出，不同温度下，在相同浓度的氯化铵溶液中，碳酸钙的溶解度相差也很大，如在溶液中氯化铵浓度为 0.9mol · kg^{-1} 左右时，碳酸钙在 298.15K 下的溶解度为 6.8064mmol · kg^{-1}，在 323.15K 下的溶解度为 8.0675mmol · kg^{-1}，在 348.15K 下的溶解度为 12.2137mmol · kg^{-1}。由此看出，温度和氯化铵浓度对碳酸钙的溶解度都有极大的影响。

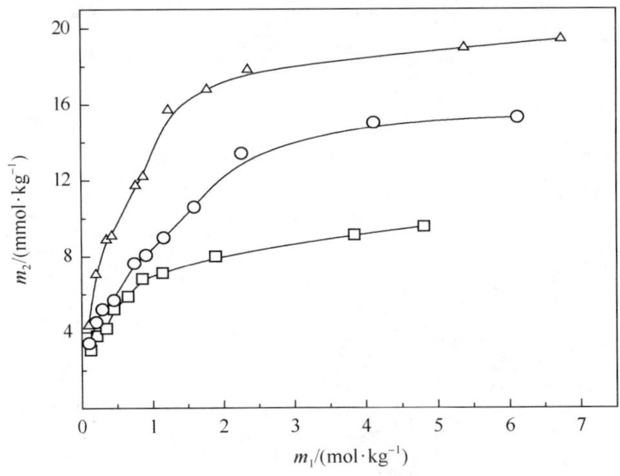

图 5-10　溶液中氯化铵浓度与碳酸钙溶解度关系图

□ 298.15K；○ 323.15K；△ 348.15K

在碳酸钙晶须的生产过程中，由于氯化铵的存在，碳酸钙晶须在溶液中的溶解度增大，势必会有一部分碳酸钙晶须产品溶解到溶液中，根据前期实验统计发现，每 200g 反应物可以制备 1.7～2.0g 的碳酸钙晶须，若以 348.15K 下，母液氯化铵浓度为 0.76mol·kg^{-1} 计算，溶液中溶解的碳酸钙的质量超过 0.23g，占到碳酸钙晶须实际产量的 10%以上，因此，生产过程中控制母液中的氯化铵浓度是十分必要的。

5.6.3　氯化铵-碳酸钙-水体系的物性参数

物性参数反映了溶液的基本性质，同时也是化工设计过程中所必备的基础数据。本实验对氯化铵-碳酸钙-水体系的密度、pH、黏度和折光率等物性参数进行了测定，其结果如表 5-11 所示。

图 5-11 给出了溶液中氯化铵浓度与溶液密度的关系。从图 5-11 中看出，在同一温度下，随着氯化铵浓度的增加，溶液的密度逐渐增大，当溶液接近饱和时，密度达到最大值。通过与纯水做对比发现，298.15K 条件下，当氯化铵浓度为 1.1388mol·kg^{-1} 时，溶液的密度达到 1.0163g·cm^{-3}，大大超过同温度下纯水的密度(0.9970g·cm^{-3})。溶液密度的增加，主要是由于水中溶解了大量氯化铵。相同浓度的溶液在不同的温度下，所测得的密度变化规律为：溶液密度随温度增加而逐渐减小。结合纯水密度随温度的变化规律(随温度升高密度减小)，不难看出当溶液浓度不变时，温度变化对溶液的密度影响较大。若溶液中氯化铵浓度在 1.1mol·kg^{-1} 左右，其在 298.15K 时的密度为 1.0163g·cm^{-3}，在 323.15K 时的密度为 1.0128g·cm^{-3}，在 348.15K 时的密度为 1.0004g·cm^{-3}。

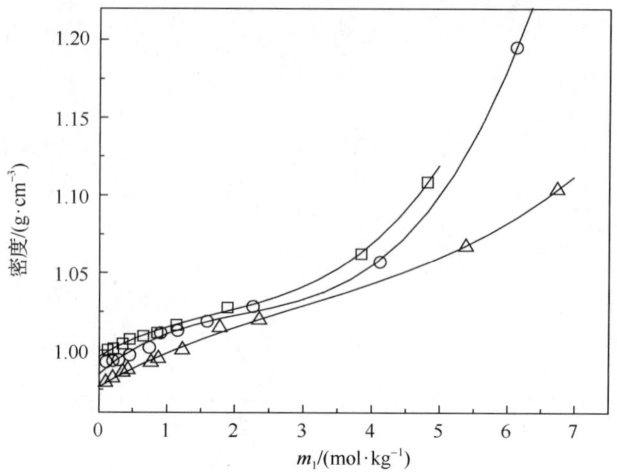

图 5-11　溶液中氯化铵浓度与密度关系图

□ 298.15K; ○ 323.15K; △348.15K

黏度数据是工业设计和生产中的重要参数，为管路设计、反应器设计等提供基础数据。本实验中测定了溶液的运动黏度，溶液中氯化铵浓度与黏度的关系如图 5-12 所示。由于溶液黏度与溶液密度有着密切的联系，前面提到溶液密度随氯化铵浓度增加呈增加趋势，因此，同一温度下的黏度必然伴随密度的增加而增加。从图中可以看出，在溶液中的氯化铵浓度较低时，黏度变化较为平缓，而氯化铵浓度较高时，黏度变化幅度较大。298.15K 下，当氯化铵浓度小于 $1.0\text{mol}\cdot\text{kg}^{-1}$ 时，

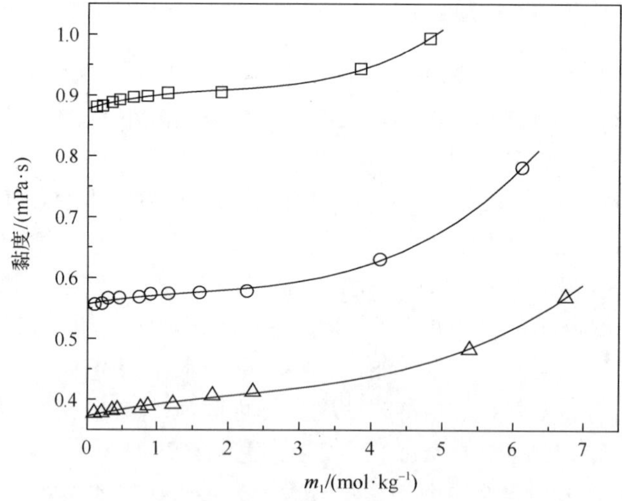

图 5-12　溶液中氯化铵浓度与黏度关系图

□ 298.15K; ○ 323.15K; △348.15K

溶液黏度在 0.9mPa·s 左右，接近于该温度下水的黏度(0.8937mPa·s)，而当氯化铵浓度为 $3.8441\text{mol}\cdot\text{kg}^{-1}$ 时，黏度为 0.9433mPa·s，其远大于水的黏度，在其他两个温度下，溶液黏度也存在类似的变化。从以上数据中可以确定，在生产过程中，高浓度的母液具有较大的黏度，不利于管道运输，因此应该将溶液中氯化铵浓度控制在 $1.0\text{mol}\cdot\text{kg}^{-1}$ 以下，即溶液中氯化铵质量分数不能超过 5.4%。

在碳酸钙晶须的生产过程中，影响碳酸钙晶须生成和晶须形貌的因素众多，其中溶液的 pH 是最重要的影响因素之一。本实验中测定了氯化铵-碳酸钙-水体系的 pH，图 5-13 所示为 298.15K、323.15K 和 348.15K 三个温度下，碳酸钙-氯化铵混合溶液中氯化铵浓度与溶液 pH 之间的关系。从图中可以看出，溶液在三个温度下的 pH 都随着氯化铵浓度的增大而减小。298.15K 下，当溶液中氯化铵浓度从 $0.1283\text{mol}\cdot\text{kg}^{-1}$ 增大到 $4.8123\text{mol}\cdot\text{kg}^{-1}$ 时，溶液的 pH 从 7.63 下降至 6.67；323.15K 下，当溶液中氯化铵浓度从 $0.1044\text{mol}\cdot\text{kg}^{-1}$ 增大到 $6.1213\text{mol}\cdot\text{kg}^{-1}$ 时，溶液的 pH 从 7.05 下降至 6.02；348.15K 下，当溶液中氯化铵浓度从 $0.0971\text{mol}\cdot\text{kg}^{-1}$ 增大到 $6.7351\text{mol}\cdot\text{kg}^{-1}$ 时，溶液的 pH 从 6.77 下降至 5.58。从溶液的组成出发，对溶液 pH 下降的原因进行分析：混合溶液中存在较多的氯化铵和少量的碳酸钙，氯化铵中的铵根离子浓度较高时会大量水解产生氢离子，如式(5-1)所示；溶液中溶有少量的碳酸钙，碳酸根的水解同样会产生氢离子，如式(5-2)和式(5-3)所示。

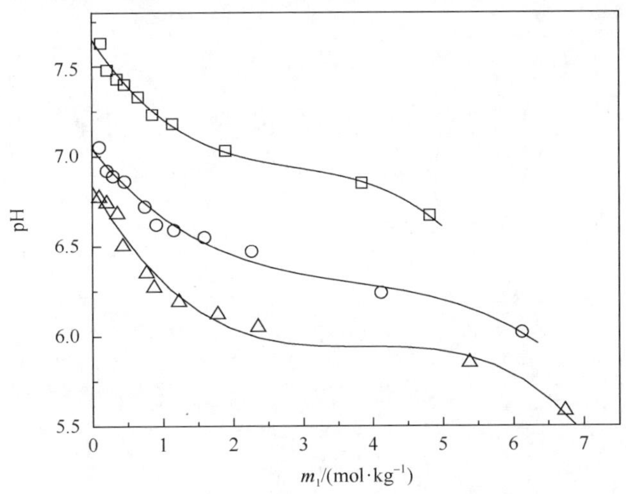

图 5-13 溶液中氯化铵浓度与溶液 pH 关系图

□ 298.15K; ○ 323.15K; △348.15K

$$NH_4Cl + H_2O \rightleftharpoons NH_3\cdot H_2O + Cl^- + H^+ \qquad K = 1.79\times 10^{-5} \tag{5-1}$$

$$CaCO_3 + H^+ \rightleftharpoons Ca^{2+} + HCO_3^- \qquad K = 4.96\times 10^{-9} \tag{5-2}$$

$$HCO_3^- \rightleftharpoons H^+ + CO_3^{2-} \qquad K = 4.69\times10^{-11} \tag{5-3}$$

此外，前面提到碳酸钙在混合溶液中的溶解度随着溶液中氯化铵浓度的增大而增大，也可能是由于溶液中氯化铵浓度增大时，铵根离子水解产生的大量氢离子与碳酸钙反应，导致碳酸钙在溶液中持续溶解，从而产生碳酸钙溶解度增大的现象。

折光率是判断溶液类别的一个重要的物性参数。本实验中测定的溶液中氯化铵浓度与溶液折光率的关系如图 5-14 所示。由于溶液的折光率在溶液温度超过 333.15K 时难以利用实验仪器准确测定，因此本实验中测定了 298.25K 和 323.15K 下溶液的折光率。从图中可以看出，折光率与溶液中氯化铵浓度之间接近于正比例线性关系，根据已测定的折光率的数据可以推导出折光率与溶液中氯化铵浓度之间的简单模型。在碳酸钙晶须生产过程中，母液的氯化铵浓度应该控制在较低的范围内，因此要实时地监测氯化铵浓度的变化。由于母液中杂质离子含量较少，主要成分为氯化铵，因此可以通过测定母液体系的折光率来大致地判断母液中氯化铵的浓度，此方法较为快捷简便，可操作性强，值得在将来的碳酸钙晶须的工业生产中推广运用。

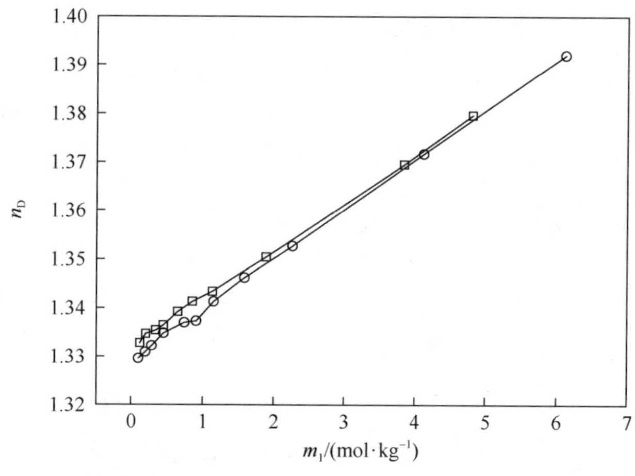

图 5-14 溶液中氯化铵浓度与溶液折光率关系图

□ 298.15K; ○ 323.15K

5.7 碳酸钙在氯化铵溶液中的溶解动力学研究

在碳酸钙晶须生产中，产品在母液中有一部分被溶解，5.6 节中已测定了碳酸钙在母液中的溶解度与母液中氯化铵浓度的关系，为了能够准确了解碳酸钙在母液中的溶解速率和优化晶须生产工艺，本章将对碳酸钙在氯化铵溶液中的溶解速率进行研究。

5.7.1　溶解动力学

1. 溶解动力学研究方法

溶解动力学涉及溶解速率、溶解反应级数和溶解活化能等问题，主要研究溶液浓度和时间变化的关系，是一门动态研究的学科。按照研究对象的状态分类，盐溶解的研究方法大致可以分两大类，一类是单晶法，另一类是粉末法。主要的检测方法有化学分析法、旋转电极法、示踪原子标记法、高速视频摄像法、流动法、选择性电极法、快速流动池 Roman 光谱法[72-76]。但是，每一种盐都有自身的离子特性，使得溶解动力学的研究难以进行。因此，大多数的学术研究者通过研究天然矿物的溶解速率和溶解动力学参数，从而得到单晶溶解动力学研究数据；更多情况下是采用粉末法，在不同搅拌速率、不同温度和不同时间时，取样品溶液进行化学分析、测定离子电极电位值，从宏观动力学来研究其浓度和时间的关系、液-固相关系和剩余固相组成，通过物相位识别来确定相转化产物和反应机制。

以下简单介绍常用的一些方法[77]。

1) 化学分析法

化学分析法是研究盐类溶解过程的常用方法之一。

夏树屏等[78]采用了改进的 Walter-Lcvy 法制得氯碳酸镁盐，并对不同温度下的该复盐溶解过程中的离子浓度进行测定，采用不同物理化学方法对平行固相进行分析，计算出溶液内离子组成，从而推导出其反应机理，并对其他不同复盐的溶解和结晶动力学方程的研究具有重要的借鉴意义。

保积庆等[79]利用 pH 法和氯电位法研究氯氧化镁在不同温度下水中的溶解行为，通过每个时间间隔测定的 Mg^{2+}、Cl^-、OH^-浓度和物理化学方法，得出不同温度下的溶解曲线及动力学方程，最后得出其热力学函数。

2) 压片法

在研究盐类溶解动力学的过程中，经常会碰到溶解速率很快的盐，这时对其溶解过程的研究难以进行，采用压片法能有效地降低盐的溶解速率，从而更好地研究其溶解过程[80]。

3) 多参数跟踪法

除了压片法，研究溶解速率过快的复盐还可采用离子选择性电极并使用计算机监控测定溶液中离子的电位、pH 和电导数据，实现参数跟踪和谱图的绘制[81-83]。

4) 快速分离法

曾忠民等设计了一套减压快速分离固液装置，研究了钾光卤石和软钾镁矾溶解动力学[84]。

目前，研究难溶性盐的有效方法有电导率法和选择性离子电极法，这两种方法的主要优点是操作方法简单、连续性强，并且测定数值较为准确。其中电导率法更适合难溶性盐或微溶盐在水中的溶解度测定，因为其方法原理是根据溶液电导率变化推导溶液浓度变化，若溶液中存在大量无关离子，势必影响测定的准确度。而选择性离子电极法是针对特定的离子进行检测，读取电极所测定的电势差，通过所测定电势差推导溶液浓度变化，该方法必须保证溶液中存在的其他离子对电极不产生干扰。考虑到碳酸钙晶须母液中存在的氯化铵溶质较多而杂质离子含量较少，本书选用的方法为选择性离子电极法。

2. 溶解机制和数学模型

大多数盐类在溶解的过程中并不按照化学式中的形式进入溶液，而是发生了水解或复盐转化等反应。确定盐类溶解过程中是否发生水解反应或复盐转化对建立数学模型、计算盐类溶解速率等方面至关重要。因此，对盐类溶解过程进行研究，必须首先确定该盐溶解的溶解机制，即确定是同步溶解或不相容性溶解。

确定研究机制后，根据不同的理论假设，建立数学模型(一般是关于时间和浓度关系的不同模型)，通过实验测得数据对模型参数进行计算，得出模型参数，再使用计算值与实验值相比较，判断参数的正确性。得到吻合度较高的方程后(误差3%～5%)，即可判断反应类型。盐溶解过程一般包括扩散过程、表面反应、化学反应和结晶过程，该过程的溶解动力学取决于其中最慢的过程，其中扩散过程和表面反应最容易成为控制盐类溶解度的过程。

1) Stumm 模型

Stumm[85]提出了一种观点，认为一定时间下，若溶液中溶解的离子浓度变化属于扩散过程，其微分方程为

$$\frac{\mathrm{d}C}{\mathrm{d}t}=K(C_{\mathrm{s}}-C_t) \tag{5-4}$$

式中，C_{s}为该盐的溶解平衡浓度(或溶解度S)；C_t为该盐在t时间的溶解浓度。

因此 Stumm 得出一般规律：当溶解过程受扩散过程控制时，符合下面的微分方程：

$$\frac{\mathrm{d}C}{\mathrm{d}t}=K(C_{\infty}-C_t)^n \tag{5-5}$$

式中，n 为该盐溶解的反应级数。

但是盐类在水中的溶解过程并不是单一的，除了表面反应和扩散过程，常常还伴随着化学反应。因此，需要对 Stumm 微分方程进行修正，以使其更好地符合实际情况。

$$\frac{\mathrm{d}C}{\mathrm{d}t}=K_1(C_\mathrm{s}-C_t)+K_2 \tag{5-6}$$

$$\frac{\mathrm{d}C}{\mathrm{d}t}=K_1(C_\mathrm{s}-C_t)^{K_2}+(C_t-K_3) \tag{5-7}$$

$$\frac{\mathrm{d}C}{\mathrm{d}t}=K_1(C_\mathrm{s}-C_t)^{K_2}(C_t-K_3) \tag{5-8}$$

2) Avrami 模型

Avrami 模型是根据一级引发成核反应动力学模型建立的一个对数方程，于 1939 年被提出。1973 年，Kakai 使用 Avrami 模型成功完成了 50 多种金属氢氧化物在酸性水溶液中溶解过程的研究。Avrami 模型展开式为

$$X=1-\exp(-Kt^n)=1-\mathrm{e}^{-Kt^n} \tag{5-9}$$

式中，K 为反应速率常数；n 为反应级数；X 为反应摩尔分数。

当 $n<1$ 时，表示初始反应速率较快；当 $n=1$ 时，表示初始与最后反应速率相同；当 $n>1$ 时，表示初始反应速率为零。

$$\ln\left(\mathrm{e}^{-Kt^n}\right)=\ln(1-X) \tag{5-10}$$

$$\ln(-Kt^n)=\ln(1-X) \tag{5-11}$$

$$-Kt^n=\ln(1-X) \tag{5-12}$$

式(5-12)两边取对数得

$$\ln K+n\ln t=\ln\left[-\ln(1-X)\right] \tag{5-13}$$

用 $\ln\left[-\ln(1-X)\right]$ 对 $\ln t$ 作图，得到截距 $\ln K$，进而可以计算反应速率常数 K 和反应级数 n（n 为斜率）。

3) 表面反应速率控制理论

Smoluchowsk 发现当表面反应过程成为盐类溶解时的控制过程时，盐类粒子可视为球形，随着溶解时间的增加其半径会相应地减少，并以此建立了 Smoluchowsk

模型。设溶解过程中的反应进度为 a，则有

$$a=(C-C_0)/(S-C_0)=C/S\ (C_0=0) \tag{5-14}$$

式中，C 为 t 时刻的溶液浓度；S 为到达饱和时的溶液浓度。

令 $I_n=\left[\dfrac{I}{\dfrac{I}{3}-n}\right]\left[I-(I-a)^{\left(\frac{I}{3}-n\right)}\right]$，$n=1, 2, 3, 4$ 或

$$\lg I_n=\lg\left(\frac{3VK_{\mathrm{R}}S^n}{r_0}\right)+\lg t \tag{5-15}$$

式(5-15)表明，当晶体溶解过程中的速率控制步骤是一个反应级数为 n 的表面反应时，则 $\lg I_n$ 和 $\lg t$ 呈线性关系。从方程求得 I_n 值，反应速率 K_{R} 值等于：

$$K_{\mathrm{R}}=\frac{\mathrm{d}(I_n)/\mathrm{d}(t\cdot r_0)}{3VS^n} \tag{5-16}$$

扩散方程为

$$I_{\mathrm{d}}=3\left[(I-a)^{1/3}-1\right] \tag{5-17}$$

$$\lg I_{\mathrm{d}}=\left(\frac{3VDS}{r_0^2}\right)+\lg t \tag{5-18}$$

式中，D 为扩散系数。

4) 扩散和表面反应过程同时控制溶解理论

$$\frac{\mathrm{d}C}{\mathrm{d}t}=K_1+K_2(C_{\mathrm{s}}-C_t) \tag{5-19}$$

当溶解过程是扩散和表面反应过程同时控制时，有

$$\frac{\mathrm{d}r}{\mathrm{d}t}=\frac{1}{3}r_0(I-a)^{-2/3}\frac{\mathrm{d}(I-a)}{\mathrm{d}t} \tag{5-20}$$

$$\mathrm{d}t=V\cdot K_{\mathrm{R}}(S-C')=V\cdot D(C-C')r \tag{5-21}$$

式中，C' 为晶体表面浓度；C 为本体浓度。

由式(5-21)得

$$C' = \frac{-1}{3} r_0^2 \left(I-a\right)^{-1/3} \left(V \cdot D\right)^{-1} \frac{\mathrm{d}\left(I-a\right)}{\mathrm{d}t} \tag{5-22}$$

对时间微分：

$$\mathrm{d}\left(I-a\right)\mathrm{d}t = \frac{3V \cdot K_\mathrm{R} \cdot \left(I-a\right)^{2/3}}{r_0} \left[S - C + r_0^2 \left(I-a\right)^{-1/3} \left(3V \cdot D\right) \frac{\mathrm{d}\left(I-a\right)}{\mathrm{d}t} \right]^n \tag{5-23}$$

当 $n=1$ 时，表面反应为一级反应：

$$\frac{\mathrm{d}t}{\mathrm{d}\left(I-a\right)} = r_0 \Big/ \left[3V \cdot K_1 S \left(1-a\right)^{3/5} \right] - r_0^2 \cdot 3V \cdot D \cdot S \left(I-a\right)^{3/4} \tag{5-24}$$

或

$$t = \left(r_0^3 / 3 \cdot V \cdot D \cdot SI_\mathrm{d} \right) - \left(r_0 / 3V \cdot K_1 \cdot S \cdot I_1 \right) \tag{5-25}$$

当盐类的溶解反应为一级反应（$n=1$），表面反应和扩散过程联合控制溶解速率时，式(5-25)有解，事实上，实际应用中联合反应控制的情况并不多见。盐类溶解受扩散过程和表面反应联合控制时，也可用 Stumm 方程对溶解过程进行描述：

$$\frac{\mathrm{d}C}{\mathrm{d}t} = K_1 \left(C_\mathrm{s} - C_t \right) K_2 \tag{5-26}$$

和

$$\frac{\mathrm{d}C}{\mathrm{d}t} = K_1 \left(C_\mathrm{s} - C_t \right) K_2 + K_3 \tag{5-27}$$

式中，C_t 为 t 时刻溶液中离子浓度；K_1 为反应速率常数；K_2 为反应级数；K_3 为混合反应机制的特征函数。

5.7.2　研究方法

1) 绘制钙浓度标准曲线

根据能斯特方程，如式(5-28)所示(式中 a_x 为溶液中特定离子的活度)，在电解质溶液中，特定离子所产生的电势与钙离子活度有关。

$$E_x = E_x^{\circ} \pm \frac{2.303RT}{nF} \lg a_x \tag{5-28}$$

当溶液组成简单，且某种离子浓度较低时，其浓度可近似于该离子的活度。因此，式(5-28)中离子活度可以离子浓度替代，如式(5-29)所示。

$$E_x = E_x^{\circ} \pm \frac{2.303RT}{nF} \lg c_x \tag{5-29}$$

通过对式(5-29)进行整理得到适合于钙离子浓度与溶液中离子电势的关系，如式(5-30)所示。

$$E_{Ca^{2+}} = k \lg c_x + b \tag{5-30}$$

利用氯化钙准确配制浓度为 $0.01mol \cdot L^{-1}$ 的钙离子溶液，并采用 EDTA 容量法(滴定法)确定钙离子浓度，然后准确地量取一定体积的 $0.01mol \cdot L^{-1}$ 的钙离子溶液，稀释 10 倍，制得 $0.001mol \cdot L^{-1}$ 的钙离子溶液；再准确地量取一定体积的 $0.001mol \cdot L^{-1}$ 的钙离子溶液，稀释 10 倍，制得 $0.0001mol \cdot L^{-1}$ 的钙离子溶液。将选择性钙离子电极置于 $0.001mol \cdot L^{-1}$ 的钙离子标准溶液中浸泡 12h，使电极充分活化。利用选择性钙离子电极分别测定 $0.01mol \cdot L^{-1}$、$0.001mol \cdot L^{-1}$ 和 $0.0001mol \cdot L^{-1}$ 钙离子标准溶液，得到溶液的电势，确定式(5-30)中的 b、k 值，得到钙离子浓度标准曲线。

2)测定碳酸钙溶解速率

配制 $1.0mol \cdot L^{-1}$ 的氯化铵溶液，准确量取 50mL 置于烧杯中，保温并搅拌(搅拌器的搅拌速率在前期实验中已进行过考察，保证溶解速率不受扩散速率影响)。准确称取少量的碳酸钙粉末，并记录粉末质量。将选择性钙离子电极浸入盛有氯化铵溶液的烧杯中，加入 3～5 滴 $3.0mol \cdot L^{-1}$ 的氯化钾溶液以提高电极的灵敏度。待电极读数稳定后，将称量好的碳酸钙粉末加入溶液中，并开始记录电极读数，每隔 5s 记录一次。碳酸钙溶解速率[86]的计算如式(5-31)所示：

$$r_s = \frac{V}{S} \frac{dc_{Ca^{2+}}}{dt} \tag{5-31}$$

式中，V 为溶液体积；S 为所取碳酸钙的总表面积，由 BET 比表面积换算得到。待实验结束后，将电极读数换算为钙离子浓度，对钙离子浓度与时间求微分，最终得到碳酸钙粉末的溶解速率。

5.7.3 碳酸钙在氯化铵溶液中溶解动力学方程

当搅拌速率超过 $150r \cdot min^{-1}$ 时，碳酸钙溶解速率不受扩散控制的影响，只受表面反应控制[87]。Kuechler 等[88]的研究表明，对溶解速率影响较大的是溶质饱和度 C_s' (实际离子浓度与饱和浓度之比)。在此基础上，Lasaga 等[89]建立了在表面反应控制条件下的溶解动力学方程，如式(5-32)所示。

$$r_s = k_s\left(1-\frac{c_{Ca^{2+}}}{c_{Ca^{2+}(eq)}}\right)^n = k_s\left(1-C_s'\right)^n \tag{5-32}$$

式中，k_s为溶解速率常数，$mol \cdot cm^{-2} \cdot s^{-1}$；$n$为溶解反应级数。

对式(5-32)的两侧取对数得到 $\lg r_s$与 $\lg(1-C_s')$的线性函数关系，如式(5-33)所示。对实验数据拟合即可得到 k_s、n 的数值。

$$\lg r_s = n\lg(1-C_s') + \lg k_s \tag{5-33}$$

通过对 Arrhenius 方程[式(5-34)]的两侧取对数，如式(5-35)所示(式中，T为体系温度)，对 k_s、$1/T$ 进行回归，可以获得表观活化能 E_a、指前因子 A。

$$k_s = A\exp\left(-\frac{E_a}{RT}\right) \tag{5-34}$$

$$\ln k_s = -\frac{E_a}{RT} + \ln A \tag{5-35}$$

5.7.4　碳酸钙溶解速率

利用选择性钙离子电极测定了碳酸钙在氯化铵溶液中的溶解速率。由于在前期研究中确定了碳酸钙的溶解度在 $1.0mol \cdot L^{-1}$ 的氯化铵溶液中变化十分明显，因此本实验选择的氯化铵溶液的浓度为 $1.0mol \cdot L^{-1}$。考虑到氯化铵在溶液中的分解等因素，选取了 298.15K、308.15K 和 318.15K 三个温度，对实验数据进行处理并得到溶液中钙离子浓度随时间变化的关系如图 5-15 所示。

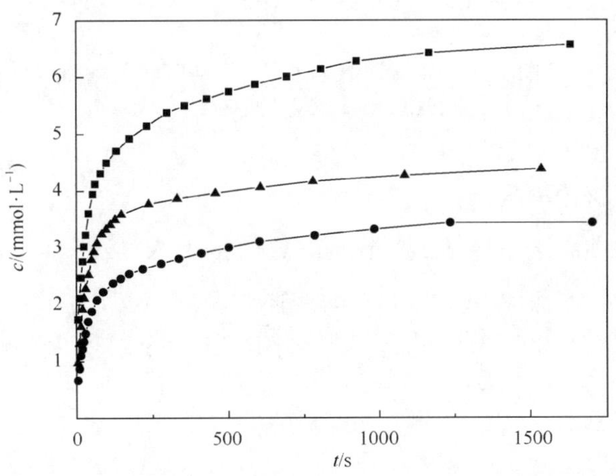

图 5-15　钙离子浓度与时间变化关系图

● 298.15 K; ▲ 308.15 K; ■ 318.15 K

从图 5-15 可以看出，在碳酸钙溶解初期，溶液中钙离子的浓度增加迅速，而随着时间的延长，钙离子的浓度变化逐渐放缓，经过 1200 s 之后，溶液中钙离子浓度趋于平衡，此时的钙离子浓度接近于之前实验中所测定的碳酸钙在氯化铵溶液中的溶解度。对溶液中钙离子浓度和时间取微分，得到浓度变化速率 $\mathrm{d}c_{\mathrm{Ca}^{2+}}/\mathrm{d}t$。利用式(5-31)，将实验中测得的溶液体积 V 和溶质的表面积 S 一并代入，即可得到碳酸钙在溶液中的溶解速率 r_s。溶解速率与时间变化的关系如图 5-16 所示。结合图 5-15 和图 5-16 可以清楚地知道，碳酸钙的溶解速率在溶解初期相对较高，而在短暂的快速溶解之后，碳酸钙的溶解速率急剧下降。例如，298.15K 下，5s 时的溶解速率为 $3.42\times10^{-8}\mathrm{mol\cdot cm^{-2}\cdot s^{-1}}$，而在 1500s 时的溶解速率为 $1.88\times10^{-9}\mathrm{mol\cdot cm^{-2}\cdot s^{-1}}$，溶解速率相差大，因此溶液中的钙离子浓度呈现出初期急剧增加，之后迅速趋于平缓的变化趋势。

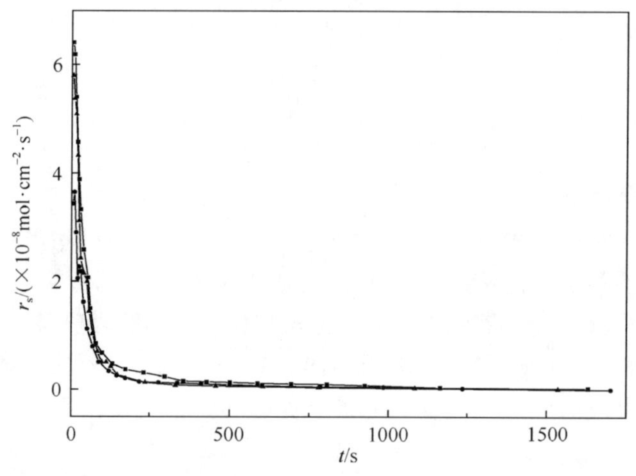

图 5-16　碳酸钙溶解速率与溶解时间关系图

● 298.15 K; ▲ 308.15 K; ■ 318.15 K

5.7.5　碳酸钙溶解速率常数

当溶液中的钙离子浓度达到平衡时，选取平衡浓度 $c_{\mathrm{Ca}^{2+},\mathrm{eq}}$，从而得到各个时刻的溶质饱和度 C_s'。根据式(5-33)，溶解速率 r_s 取对数后，$\lg r_s$ 与 $\lg(1-C_s')$ 呈线性关系，以 $\lg r_s$ 为纵坐标，以 $\lg(1-C_s')$ 为横坐标，作 $\lg r_s$ 与 $\lg(1-C_s')$ 关系图，如图 5-17 所示。

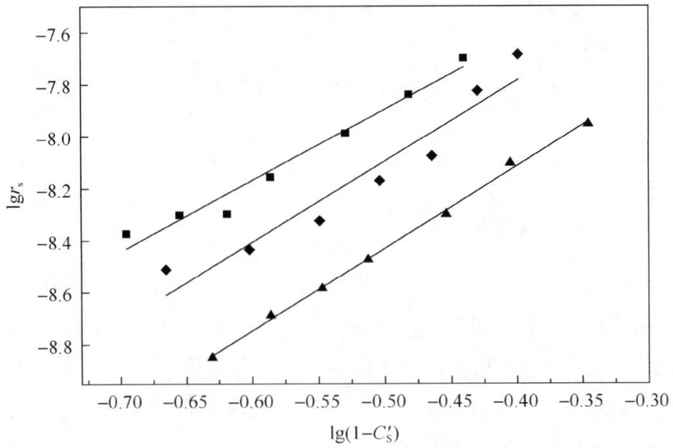

图 5-17　不同温度下 $\lg r_s$ 与 $\lg(1-C_s')$ 对应关系及拟合直线

▲ 298.15 K; ◆ 308.15 K; ■ 318.15 K

图 5-17 中分别给出了 298.15K、308.15K 和 318.15K 三个温度下，$\lg r_s$ 随着 $\lg(1-C_s')$ 的变化趋势。各条拟合线的线性相关系数均大于 0.90。由此得到 298.15K、308.15K 和 318.15K 下碳酸钙溶解反应速率常数 k_s 分别为 $1.41\times10^{-8}\text{mol}\cdot\text{cm}^{-2}\cdot\text{s}^{-1}$、$2.88\times10^{-8}\text{mol}\cdot\text{cm}^{-2}\cdot\text{s}^{-1}$ 和 $2.96\times10^{-8}\text{mol}\cdot\text{cm}^{-2}\cdot\text{s}^{-1}$，反应级数 n 的变化不大，其均值为 3.00。

由式(5-35)已知，$\ln k_s$ 与 $1/T$ 之间存在线性关系，因此以 T^{-1} 为横坐标，$\ln k_s$ 为纵坐标作图，得到如图 5-18 所示的直线，线性相关系数为 0.99。该直线方程的斜率为 $-E_a/R$，截距为 $\ln A$，由此求得 25～45℃温度区间碳酸钙溶解活化能为 $49.02\text{kJ}\cdot\text{mol}^{-1}$，指前因子 $A=5.47\times10^{-3}\text{mol}\cdot\text{cm}^{-2}\cdot\text{s}^{-1}$。

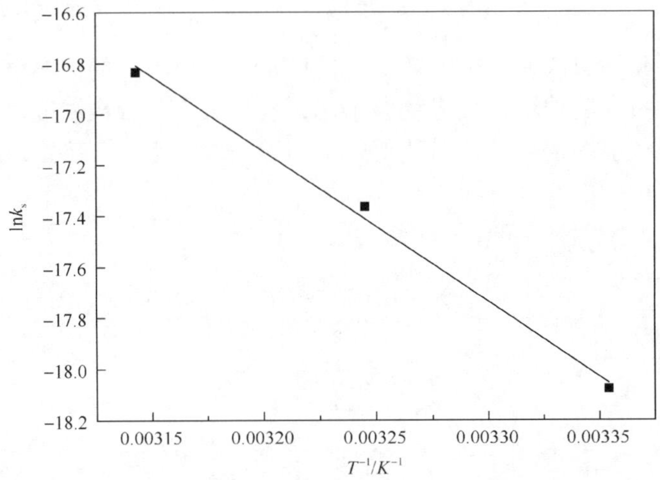

图 5-18　不同温度下 $\ln k_s$ 与 T^{-1} 的对应关系及拟合直线

5.8 碳酸钙晶须的合成

5.8.1 研究方法

1. 碳酸钙晶须的合成方法

以浸取双氰胺废渣所得 $CaCl_2$ 滤液及 NH_4HCO_3 为原料，采用复分解反应法按图 5-19 所示实验装置制备碳酸钙晶须。具体实验操作步骤如下：将前述精制 $CaCl_2$ 滤液配制成 Ca^{2+} 浓度为 0.025～0.3364mol · L^{-1} 的浸取液，按反应摩尔比及实验需要配制 NH_4HCO_3 溶液。分别移取 70mL 于不同烧杯中，同时缓慢滴入反应器，控制反应温度、pH、搅拌速率与滴加速率等条件进行搅拌反应。待反应结束，将所得沉淀过滤、多次洗涤，在 105℃下干燥 12h 即得碳酸钙晶须样品。

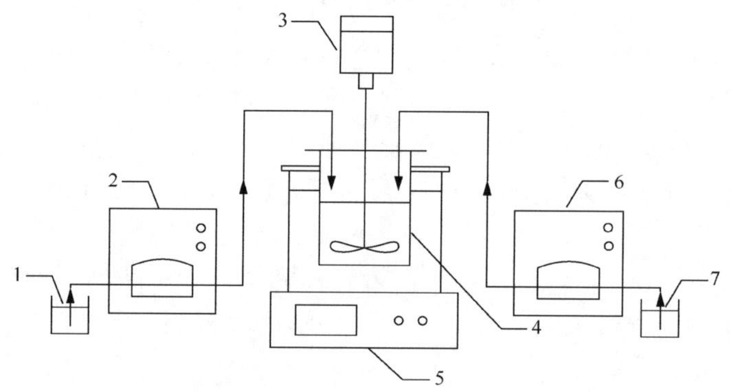

图 5-19 实验装置图

1. $CaCl_2$ 滤液进料；2, 6. 蠕动泵；3. 数显恒速直流电动搅拌器；4. 反应器；5. 恒温水浴；7. NH_4HCO_3 进料

本节将在每次只改变一个参数保持其他基本参数不变的情况下进行实验，探究反应过程中反应物浓度、反应物摩尔比、滴加方式、反应温度、滴加速率等条件对碳酸钙晶须品质的影响，以获得每个因素的最优水平，确定最佳合成工艺。制备工艺流程图如图 5-20 所示。

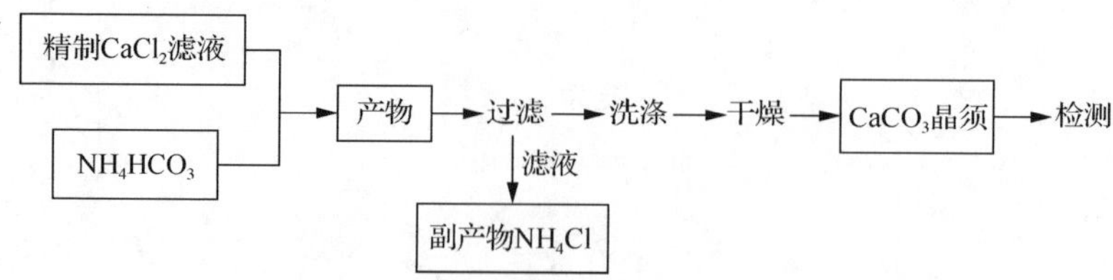

图 5-20 碳酸钙晶须制备工艺流程图

2. 碳酸钙晶须的表征及性能测试

碳酸钙产品用途不同，对各项技术指标的要求侧重也不一样，尤其对于专用产品，碳酸钙产品个别指标的控制更为关键。因此，需要对实验产品进行表征及技术指标测试，确保所得产物的成分与品质，使其得以充分应用。

1) 样品形貌观测表征

晶须的形貌主要通过偏光显微镜的观察和扫描电镜的表征来实现。用偏光显微镜可以粗略地观察碳酸钙晶须的形貌，用摄像头采集数据并送入计算机内存储，以获取产物形态、长度等信息。而扫描电镜则可以较显微镜以更高倍数观察晶须形貌，更精准地测量碳酸钙晶须的长度与直径，甚至可以观察晶须的缺陷和断面形貌，从而更直观地了解碳酸钙晶须的生长状况。

(1) 偏光显微镜观察样品的制样方法。取少量样品于离心管中，加入少许无水乙醇使样品均匀分散。用胶头滴管吸取样品液 1～2 滴滴于表面洁净的载玻片上，待乙醇挥发后置于载物台上选用 10 倍目镜与 10 倍物镜，即在 100 倍的放大倍数下进行观测。

(2) 扫描电镜制样方法。将样品用无水乙醇分散并涂覆在导电胶带上，喷金后在 25kV 加速电压、不同放大倍数下观察形貌。

2) 样品定性定量分析

取少量样品进行 X 射线衍射检测，将衍射谱图与 JCPDS 卡片中文石碳酸钙的数据对照，以确定试样的物相及含量。

经 X 射线衍射分析可知，试样中只有文石和方解石两种成分，因此可用 K 值法计算产物中文石相的含量。经推导，得计算公式如下：

$$y=\frac{I_a/I_c}{I_a/I_c+K_a/K_c}\times 100\% \tag{5-36}$$

式中，y 为 $CaCO_3$ 中文石相的质量分数；I_a 为图谱中文石相最强特征峰的积分强度值($d_{(111)}$=0.3396nm，2θ=26.213°)；I_c 为图谱中方解石相最强特征峰的积分强度值($d_{(104)}$=0.3304nm，2θ=29.404°)；K_a 为文石相图谱所对应的 RIR 值；K_c 为方解石相图谱所对应的 RIR 值。

测试条件：以 Cu 为靶源(Kα 波长为 1.5406 Å)，采用固体探测器，射线管电流 30mA，管电压 40kV，步长 0.02°，扫描速率为 $2°\cdot min^{-1}$，扫描范围 2θ 为 20°～60°。

3) 样品物化性能测试

按照 GB/T 19281—2003[90]的要求对碳酸钙晶须的主要性能进行测试，具体方法如下：

(1) pH 的测定。称取 (10.0±0.01) g 试样置于 150mL 烧杯中，加入 5mL 乙醇使样品润湿，加入 100mL 不含 CO_2 的蒸馏水，充分搅拌后静置 10min，用酸度计测量悬浮液的 pH。

(2) 密度的测定[91]。称取 10g (精确至 0.0002g) 试样置于 50mL 比重瓶中，注入测定介质乙醇少许，轻微振荡，待试样充分湿润后，继续注入测定介质充满比重瓶，使试样表面与测定介质间没有气泡；盖严瓶盖，放入 (23±0.5) ℃水浴中，恒温 30min 以上，取出擦干，立即称量。试样密度的计算公式如式 (5-37) 所示：

$$\rho=\frac{m_3-m}{V-V_1}=\frac{m_3-m}{m_1+m_3-m_2-m}\times\rho_0 \tag{5-37}$$

式中，m 为空比重瓶质量，g；m_1 为充满乙醇的比重瓶质量，g；m_2 为放入适量试样并充满乙醇的比重瓶质量，g；m_3 为放入适量试样的比重瓶质量，g；ρ_0 为测定温度下乙醇密度，$g\cdot cm^{-3}$。

(3) 吸油值的测定。碳酸钙吸油量的大小影响了碳酸钙制品在塑料、涂料、油墨方面的应用，若碳酸钙产品吸油量过大，用于塑料填充就会消耗大量的增塑剂，用于涂料、油墨会增加样品黏度[92]。

精确称取 5.00g 样品放置在玻璃板或釉面瓷板上，通过已知质量的邻苯二甲酸二辛酯 (DOP) 滴瓶滴下的 DOP，伴随滴加用刮刀不断地翻转研磨样品。样品最初呈分散的状态，加入 DOP 后将逐渐成团，直到所有样品被 DOP 润湿，和为一团时即可结束。精确称量并记录滴瓶质量，确定 DOP 所用质量。需注意，测定过程必须在 90min 内完成。

吸油量以 w 计，用每 100g 碳酸钙所吸收 DOP 的质量 (g) 表示，按式 (5-38) 计算：

$$w=\frac{m_1-m_2}{m}\times 100 \tag{5-38}$$

式中，m_1 为滴加 DOP 之前滴瓶和 DOP 的质量，g；m_2 为滴加 DOP 之后滴瓶和 DOP 的质量，g；m 为试样的质量，g。

(4) 沉降体积的测定。沉降体积以 p 计，数值以每克沉降物所占体积表示，按式 (5-39) 计算：

$$p=\frac{V}{m} \tag{5-39}$$

式中，V 为沉降物所占体积的数值，mL；m 为试样的质量，g。

5.8.2 加料方式的选择

分别配制 $0.2374mol\cdot L^{-1}$ 的 $CaCl_2$ 浸取液和 $0.1187mol\cdot L^{-1}$ NH_4HCO_3 溶液各

70mL，以正向加料（$CaCl_2$ 加入 NH_4HCO_3 中）、反向加料（NH_4HCO_3 加入 $CaCl_2$ 中）及并流加料（二者同时加）方式将反应物料滴加到盛有 60mL 底水（蒸馏水）的反应器中，控制全程反应温度为 80℃，搅拌器转速 450r·min^{-1} 反应。待反应完毕后，经过滤、洗涤、干燥，得到的产物 $CaCO_3$ 晶须进行显微镜形貌观察。实验结果见图 5-21。

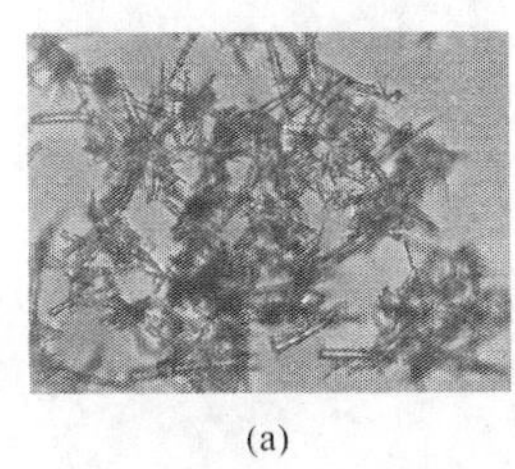
(a)
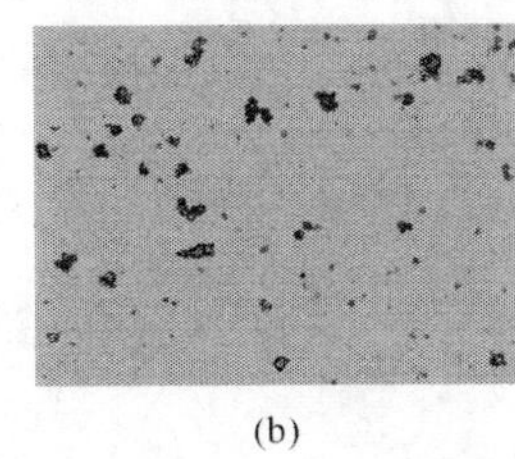
(b)
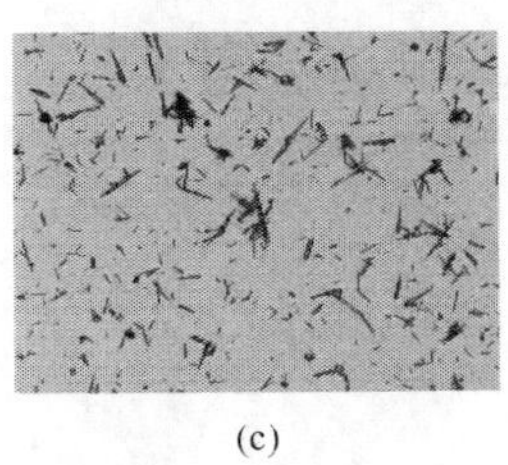
(c)

图 5-21　不同加料方式下文石碳酸钙晶须形貌（放大倍数为 40 倍）
(a) 正向加料；(b) 反向加料；(c) 并流加料

不同的加料方式会导致反应体系的pH变化不同。正向加料（$CaCl_2$加入NH_4HCO_3中）时，体系的 pH 在 7.10～7.90 之间；反向加料（NH_4HCO_3 加入 $CaCl_2$ 中）时，体系的 pH 在 7 以下，即 6.20～6.50 之间；并流加料时，体系的 pH 在 7.2 左右。

由图 5-21 可以看到，正向加料的情况下可以得到 $CaCO_3$ 晶须，但形貌并不均匀；反向加料时，产物全为方解石型 $CaCO_3$ 晶体，没有文石型 $CaCO_3$ 晶须生成；并流加料的情况下，得到的 $CaCO_3$ 晶须形貌较均匀，品质比正向所得产物好很多，而且几乎没有方解石型 $CaCO_3$ 晶体生成。由此可知，加料方式对 $CaCO_3$ 产品的形成及晶型有着重要的影响。正向加料与并流加料时均可得到晶须产物，但正向加料所得产物的品质不及并流加料，其原因可能是正向加料时体系的pH较大，CO_3^{2-} 或 HCO_3^- 局部浓度过高，极短的时间内导致部分晶须转变为方解石晶体或直接生成方解石 $CaCO_3$；当 $CaCl_2$ 滤液滴加至 NH_4HCO_3 时，$CaCl_2$ 液滴偏离而使母体晶须在偏离点上出现晶须的二次生长，导致晶须有弯曲、分叉的缺陷[16]。反向加料时产物则全为方解石型 $CaCO_3$ 晶体，可能是因为当 NH_4HCO_3 滴入 $CaCl_2$ 时，反应器中以 $CaCl_2$ 为基体，Ca^{2+}浓度过大，体系 pH 略低，利于方解石的形成。为了保证产品品质，同时避免 NH_4HCO_3 受热分解氨味溢出，$CaCO_3$ 晶须的合成应采取并流加料法。

5.8.3　$CaCl_2$ 浓度的选择

分别配制摩尔比为 1∶1 的 0.0250mol·L^{-1}、0.1000mol·L^{-1}、0.1889mol·L^{-1}、0.2374mol·L^{-1}、0.2869mol·L^{-1}、0.3364mol·L^{-1} 的 $CaCl_2$ 浸取液和 NH_4HCO_3 溶液各 70mL，在 80℃的反应温度条件下，并流滴加反应物料至盛有 60mL 底水（蒸馏水）的反应器中，控制搅拌器以 450r·min^{-1} 转速搅拌，反应结束后，抽滤、洗涤、

干燥，对产物进行分析表征。不同 $CaCl_2$ 滤液浓度下得到的 $CaCO_3$ 晶须显微镜照片、XRD 表征、文石含量变化曲线分别如图 5-22～图 5-24 所示。

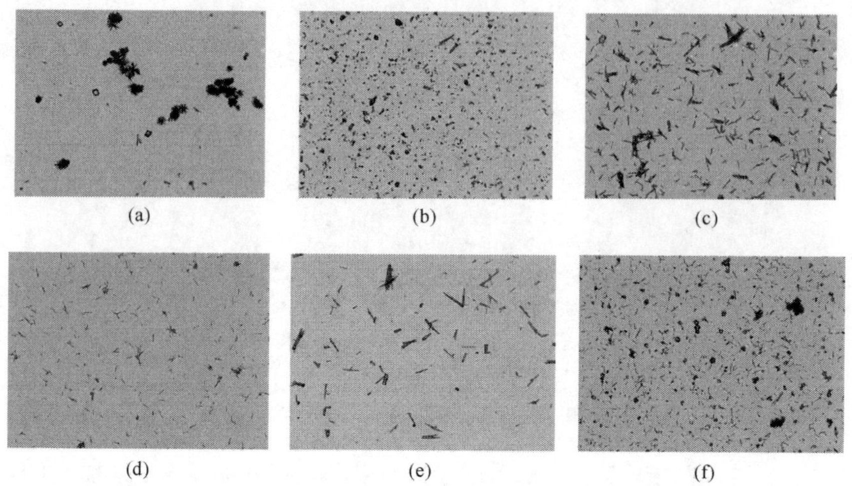

图 5-22 不同 $CaCl_2$ 浓度下得到的 $CaCO_3$ 晶须显微镜照片(放大倍数为 40 倍)

(a) $0.0250mol\cdot L^{-1}$；(b) $0.1000mol\cdot L^{-1}$；(c) $0.1889mol\cdot L^{-1}$；(d) $0.2374mol\cdot L^{-1}$；(e) $0.2869mol\cdot L^{-1}$；(f) $0.3364mol\cdot L^{-1}$

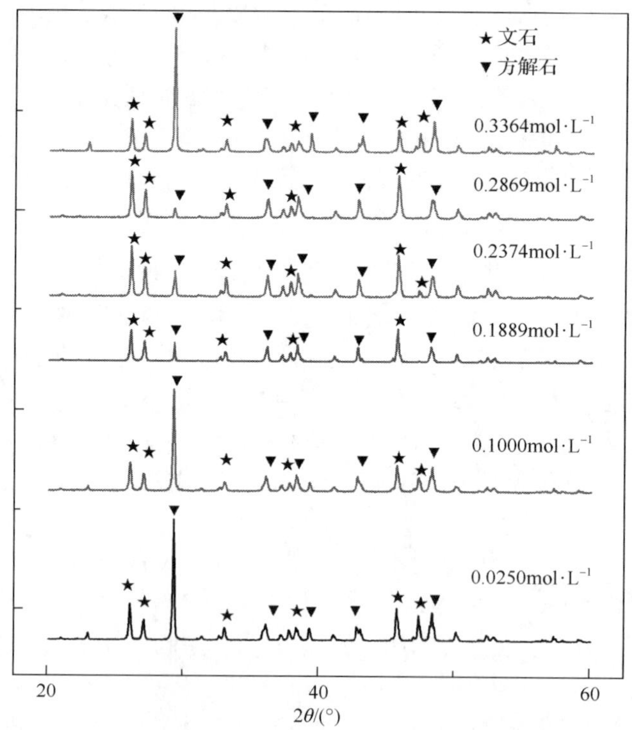

图 5-23 不同 $CaCl_2$ 浓度下得到的 $CaCO_3$ 晶须 XRD 图

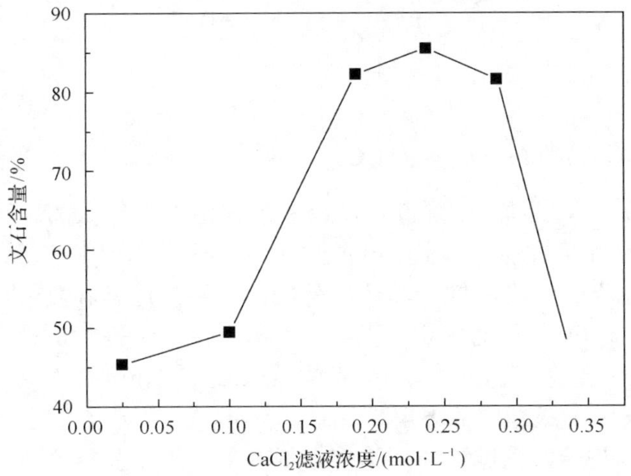

图 5-24 不同 $CaCl_2$ 浓度下得到的文石含量变化

由图 5-22 可以看到，$CaCl_2$ 滤液浓度为 0.0250mol·L^{-1} 时，产物有方解石 $CaCO_3$ 和文石型 $CaCO_3$，且文石型 $CaCO_3$ 成簇，可能是方解石相正在向文石相转变。随着 $CaCl_2$ 浓度的增加，文石相 $CaCO_3$ 逐渐增多，且逐步由簇状分离开来。当浓度增加到 0.2374mol·L^{-1} 时，$CaCO_3$ 晶须的直径最小，长度较长，即长径比最大，形貌均一。$CaCl_2$ 浓度继续升高时，晶须逐渐变粗，品质有所下降。当浓度达到 0.3364mol·L^{-1} 时，不断有方解石出现，文石相含量有所减少。

通过对不同 $CaCl_2$ 浓度下得到的 $CaCO_3$ 晶须进行含量分析可知，在 $CaCl_2$ 浓度较小范围内，文石含量随着 $CaCl_2$ 浓度升高先增加后减小。当浓度为 0.2374mol·L^{-1} 时，方解石的特征谱线（2θ 分别为 23.031°、29.199°和 48.302°）最弱，文石的特征谱线（2θ 分别为 26.077°、27.043°和 45.703°）最强，此时，文石含量达到最大，可达 85.55%。当 $CaCl_2$ 浓度继续增加时，方解石特征谱线逐渐增强，而文石谱线逐渐减弱，说明产物中方解石含量逐渐增多。由此可见，原料浓度的升高对 $CaCO_3$ 晶须的形成极为不利。这种变化可以用晶体生长理论中的溶液自由能变化得以解释。过饱和溶液中晶相成核自由能见式（5-40）[93]：

$$\Delta G = \frac{\beta v^2 \gamma^3}{(kT \ln S)^2} \tag{5-40}$$

式中，β 为形状因数；v 为分子体积；γ 为表面张力；k 为玻尔兹曼常量；S 为过饱和度。

式（5-40）中影响成核自由能的主要因素是形状因数和过饱和度。形状因数根据晶型是确定的，在温度保持不变的情况下，影响成核自由能的变量就是过饱和度，其可用式（5-41）表示[94]：

$$S=\left(\frac{a_{Ca^{2+}}a_{CO_3^{2-}}}{K_{sp}}\right)^{1/2} \tag{5-41}$$

式中，$a_{Ca^{2+}}$ 为 Ca^{2+}活度；$a_{CO_3^{2-}}$ 为 CO_3^{2-} 活度；K_{sp} 为 $CaCO_3$ 溶度积。

由式(5-40)与式(5-41)即可得知晶相成核自由能与体系离子浓度的关系。因离子活度主要是活度系数与离子浓度的乘积，故反应体系中离子浓度主要与离子活度有关。随着离子浓度降低，其活度降低，体系的过饱和度较低，成核自由能变大。文石型 $CaCO_3$ 晶须的稳定性要比方解石差，其所需的成核自由能较方解石晶体的大，所以若原料浓度太大，反应体系局部过饱和度会很大，从而增大了反应推动力，很容易形成稳定的方解石晶体。因此，制备 $CaCO_3$ 晶须时，应保持反应物浓度较低，益于体系过饱和度维持较低水平。综合晶须产量效果考虑，本章选择配制 0.2374mol · L^{-1} $CaCl_2$ 滤液为原料制备 $CaCO_3$ 晶须。

5.8.4　反应原料摩尔比的选择

配制浓度为 0.2374mol · L^{-1} $CaCl_2$ 滤液，按 Ca^{2+}/HCO_3^- 摩尔比为 1∶1、1∶2、1∶3、2∶1、3∶1、3∶2 分别配制相应浓度的 NH_4HCO_3 溶液。移取 $CaCl_2$ 滤液与 NH_4HCO_3 各 70mL，在 80℃的反应温度条件下，并流滴加到盛有 60mL 底水(蒸馏水)的反应器中，控制搅拌器以 450r · min^{-1} 转速搅拌，反应结束后，抽滤、洗涤、干燥，对得到的产物进行分析表征。

不同 Ca^{2+}/HCO_3^- 摩尔比得到的 $CaCO_3$ 晶须显微镜照片如图 5-25 所示，$CaCO_3$ 晶须 XRD 图与文石含量变化曲线分别见图 5-26 和图 5-27。

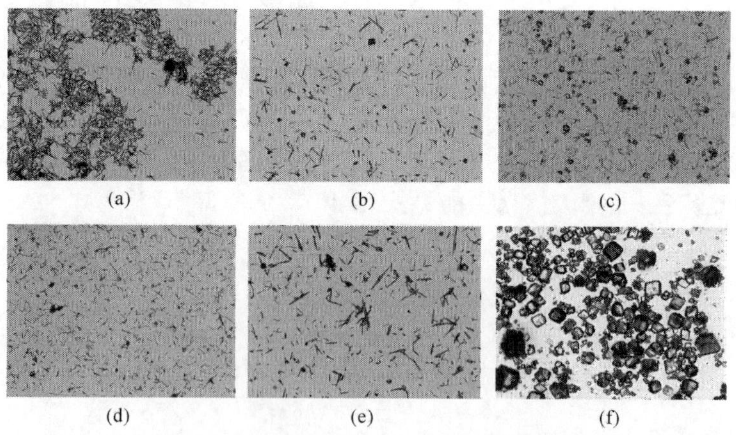

图 5-25　不同 Ca^{2+}/HCO_3^- 摩尔比得到的 $CaCO_3$ 晶须显微镜照片(放大倍数为 40 倍)
(a)1∶3; (b)1∶2; (c)1∶1; (d)3∶2; (e)2∶1; (f)3∶1

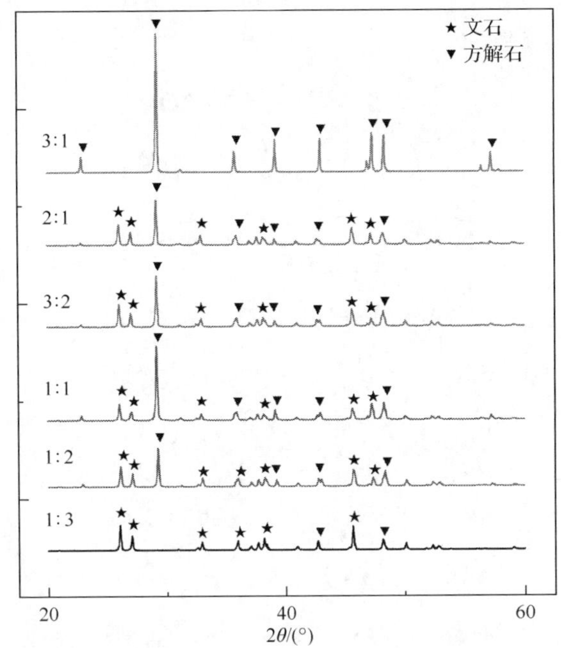

图 5-26　不同 Ca^{2+}/HCO_3^- 摩尔比得到的 $CaCO_3$ 晶须 XRD 图

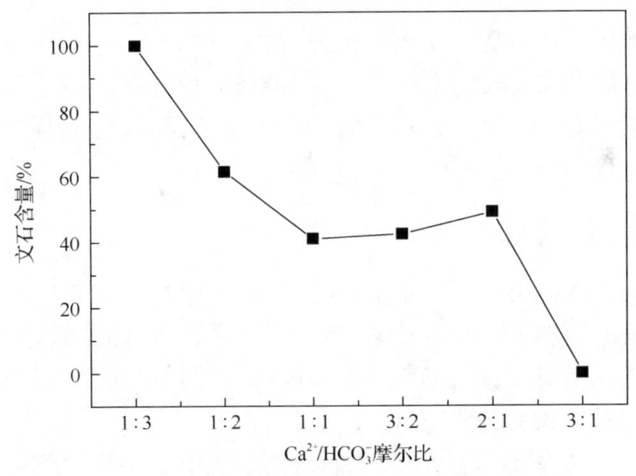

图 5-27　文石含量变化曲线

从上述观察表征图可以看出，$CaCl_2/NH_4HCO_3$ 摩尔比 1∶3 时，文石 XRD 特征谱线达到最强，未见方解石特征谱线，可见产物近乎全为文石。并且，文石晶须形貌完整均匀，长径比较高，随着 Ca^{2+}/HCO_3^- 摩尔比的增加，文石含量呈降低趋势，其长度逐渐变短，逐渐变粗。$CaCl_2/NH_4HCO_3$ 摩尔比 3∶1 时，产物全为方解石。NH_4HCO_3 溶液浓度的提高对 $CaCO_3$ 晶须质量的影响还是较明显的。$CaCl_2$

与 NH_4HCO_3 反应过程如下：

$$CaCl_2 \longrightarrow Ca^{2+} + 2Cl^-$$

$$NH_4HCO_3 \longrightarrow NH_4^+ + HCO_3^-$$

$$NH_4^+ + H_2O \longrightarrow NH_3 \cdot H_2O + H^+$$

$$HCO_3^- + H_2O \longrightarrow H_2CO_3 + OH^-$$

$$H_2CO_3 \longrightarrow H^+ + HCO_3^-$$

$$HCO_3^- \longrightarrow H^+ + CO_3^{2-}$$

$$Ca^{2+} + 2HCO_3^- \longrightarrow Ca(HCO_3)_2$$

$$Ca(HCO_3)_2 \longrightarrow CaCO_3$$

$$Ca^{2+} + CO_3^{2-} \longrightarrow CaCO_3$$

从化学平衡的角度考虑，依据上述方程式，增大 NH_4HCO_3 溶液浓度可以促进晶须的生成。Ca^{2+}浓度过大会导致 Ca^{2+}局部浓度过高，反应推动力增大，体系 pH 过低，容易形成方解石晶体，对 $CaCO_3$ 晶须形成是不利的。因此，选择 $CaCl_2/NH_4HCO_3$ 摩尔比为 1∶3。

5.8.5　反应温度对碳酸钙晶须的影响

任何晶体的生成都要消耗一定的能量，越过一定的成核能垒才可以发生结晶。碳酸钙晶须结晶时所释放的能量比成核能低，还需提供额外能量才能达到成核能使其结晶。所以反应温度成为影响晶体结构变化的重要因素，碳酸钙晶须制备过程中考虑温度因素是较为必要的。

分别配制摩尔比为 2∶1 的 $0.2374mol \cdot L^{-1}$ 的 $CaCl_2$ 浸取液和 NH_4HCO_3 溶液 70mL，在反应温度分别为 50℃、60℃、70℃、80℃、90℃的条件下，按 5.8.1 节操作进行反应，观察 $CaCO_3$ 晶须的形貌，分析文石含量，确定最佳反应温度。

由图 5-28 可知，温度对 $CaCO_3$ 结晶形貌的影响较大。50℃时，产物以方解石为主，还有少量的球霰石。随着温度的升高，球霰石消失，方解石相有所减少，碳酸钙晶须开始生长，晶体长度逐渐增加。当反应温度为 80℃时，文石型晶须较多，长度有显著提高。

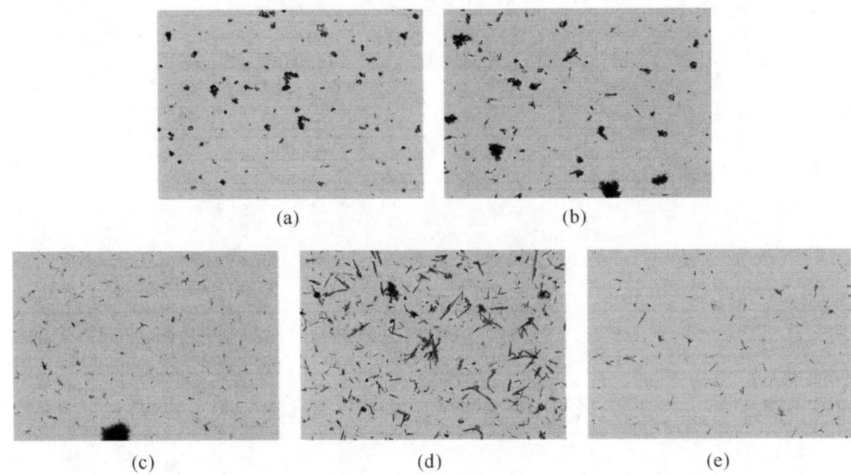

图 5-28　不同温度下得到的 $CaCO_3$ 晶须显微镜照片（放大倍数为 40 倍）

(a) 50℃; (b) 60℃; (c) 70℃; (d) 80℃; (e) 90℃

图 5-29 为不同温度下所得产品的 XRD 图，图 5-30 为文石含量变化曲线。由图可见，升高温度有利于文石晶须的生长。温度从 50℃升高至 90℃时，方解石的

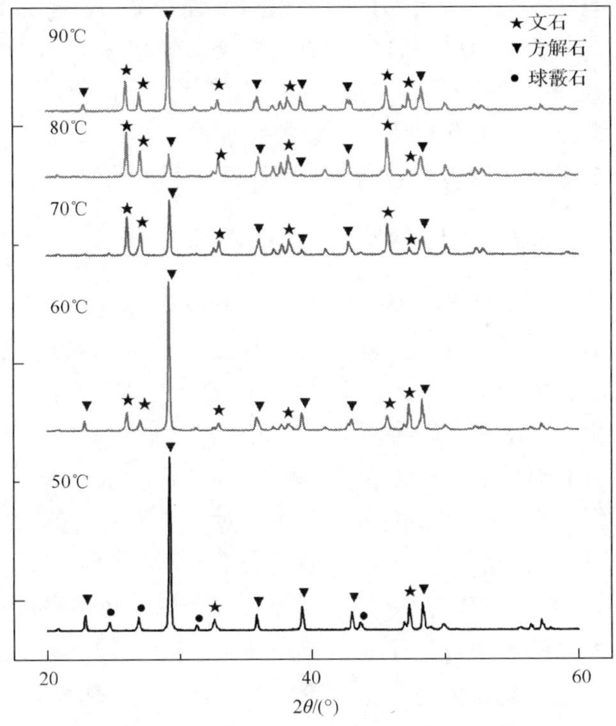

图 5-29　不同温度下得到 $CaCO_3$ 晶须的 XRD 图

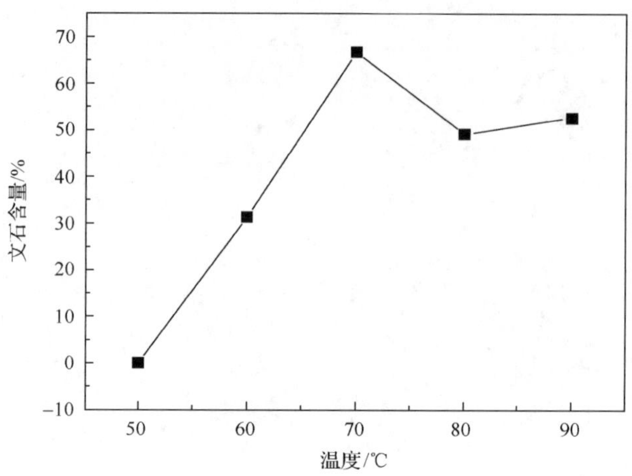

图 5-30　不同温度下得到文石晶须的含量变化

XRD 特征谱线(2θ 分别为 23.897°、29.278°、和 47.359°)逐渐减弱，文石的特征谱线(2θ 分别为 26.082°、27.080°和 45.757°)逐渐增强，说明文石含量逐渐增大，在 70℃时达到最大。当温度升高到 80℃时，方解石的特征谱线强度减弱，产物仍以文石为主。温度继续升高，方解石的特征谱线增强，文石特征谱线稍有减弱，文石含量有所降低。虽然 70℃反应时产物中文石较 80℃时多，但产物形貌不如 80℃均匀，基于反应能耗与产物考虑，选择 80℃为最佳反应温度。

此实验现象用溶液中的晶体生长理论解释如下。

过饱和溶液开始成核的主要障碍是晶体临界成核能[95]：

$$\Delta G^*(i^*) = (4\eta^3\gamma_{\text{sf}}) / [27K^2T^2(\ln C / C_0)^2] \tag{5-42}$$

式中，i 为溶质分子数；η 为形状因子，其数值取决于溶质分子所组成的胚团的形状；γ_{sf} 为晶体与溶液间界面能的平均值；C 为恒温恒压下的饱和溶液浓度；C_0 为恒温恒压下的过饱和溶液浓度。

从式(5-42)可知，温度一定的情况下，饱和溶液的 $\Delta G^*(i^*)$ 与 η 和 γ_{sf} 有关。文石晶胞属于斜方晶系，而方解石晶胞属于三方晶系，通过文石与方解石晶体结构的比对，可以得出文石晶体表面原子分布的对称性不及方解石，因此文石晶体界面能高于方解石[96]，文石晶核的形状因子大于方解石[97]，形成文石晶须所需的临界成核能 $\Delta G^*(i^*)$ 高于形成方解石的 $\Delta G^*(i^*)$。所以，必须通过体系温度的控制来维持临界成核能在体系能量起伏的最大范围内，增加文石形成生长的可能性。

另外，温度可以改变晶体每个生长阶段的激活能。低温情况下，结晶过程主要由表面反应控制。当温度升高时，离子扩散则成为结晶过程的主要控制步骤[98]。对于本节研究，温度的升高加快了体系中 $CaCl_2$ 与 NH_4HCO_3 的解离与扩散，离子表面能增加，颗粒之间的运动加剧，离子相互碰撞概率增加，更容易相互吸附生长[99]，得到粒度较大的碳酸钙晶体。从反应动力学角度分析，温度的升高会增加晶体成核速率与生长速率，但成核速率的增加幅度不及生长速率，因此升高温度有利于晶须沿长径方向生长[100]。此外，升高温度可以降低体系黏度，也可以降低体系的过饱和度，有利于得到尺寸均一的文石晶体。但当反应温度达到 90℃时，所生成的文石晶须较 80℃相比，长度并没有优势。这主要是由于，温度继续升高，体系局部过饱和度会紧接着偏高，造成晶体夹杂严重，从而使文石相含量下降[101]；也可能是因为碳酸化反应本身为放热反应，过高的反应温度会抑制碳酸钙晶须的形成。此外，由于碳酸钙晶须的侧面是低能面，吸附在低能面上的原子结合能低、解析率高[99]，因而生长速率减慢。所以，温度越高反而不利于碳酸钙晶须的品质。

5.8.6　搅拌速率对碳酸钙晶须的影响

虽然碳酸钙产品制备反应速率较快，但若没有搅拌作用参与，会导致反应物料混合不均匀，反应体系浓度不一，产物结构多变，对合成不利。因此，搅拌速率的选择尤为重要。

按摩尔比 2∶1 配制 0.2374mol·L^{-1} 的 $CaCl_2$ 浸取液和 NH_4HCO_3 溶液各 70mL，分别在搅拌速率为 150r·min^{-1}、250r·min^{-1}、350r·min^{-1}、400r·min^{-1}、450r·min^{-1}、500r·min^{-1} 的条件下反应，确定最佳搅拌速率。不同搅拌速率下得到的 $CaCO_3$ 晶须显微镜照片、XRD 谱图、文石含量分析曲线分别见图 5-31～图 5-33。

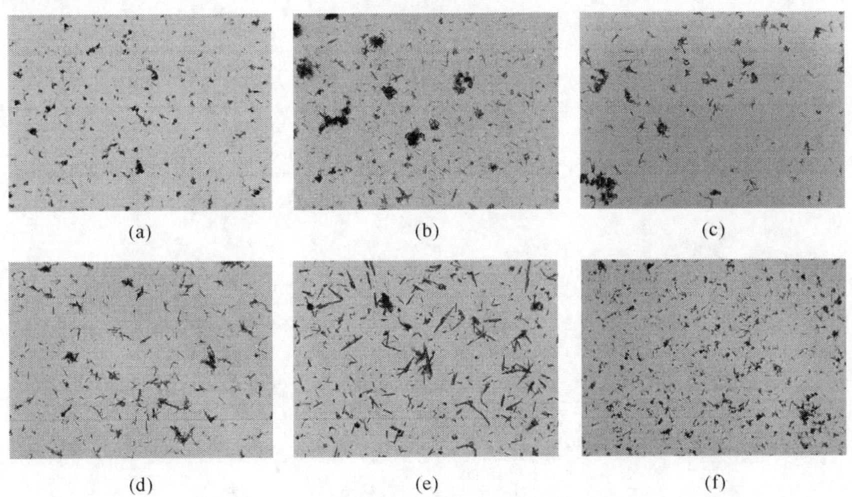

图 5-31　不同搅拌速率下得到的 $CaCO_3$ 晶须显微镜照片（放大倍数为 40 倍）

(a) 150r·min^{-1}；(b) 250r·min^{-1}；(c) 350r·min^{-1}；(d) 400r·min^{-1}；(e) 450r·min^{-1}；(f) 500r·min^{-1}

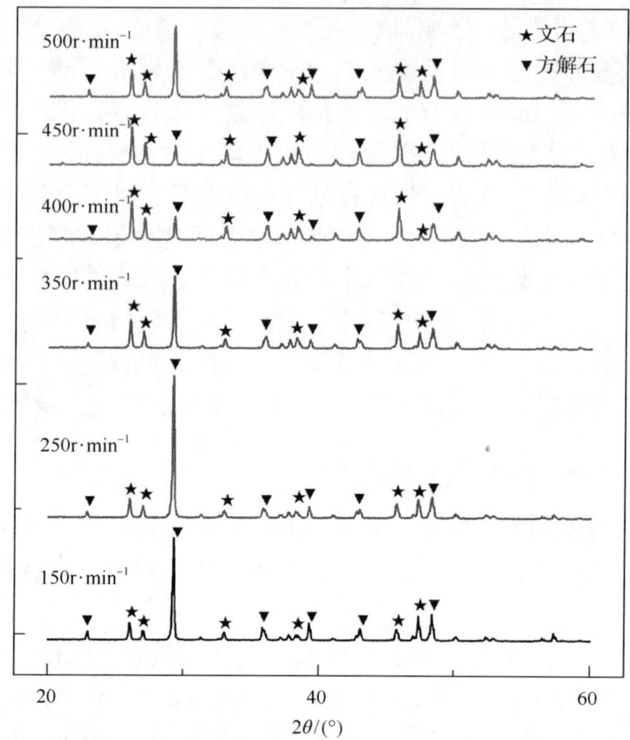

图 5-32　不同搅拌速率下得到的 $CaCO_3$ 晶须 XRD 图

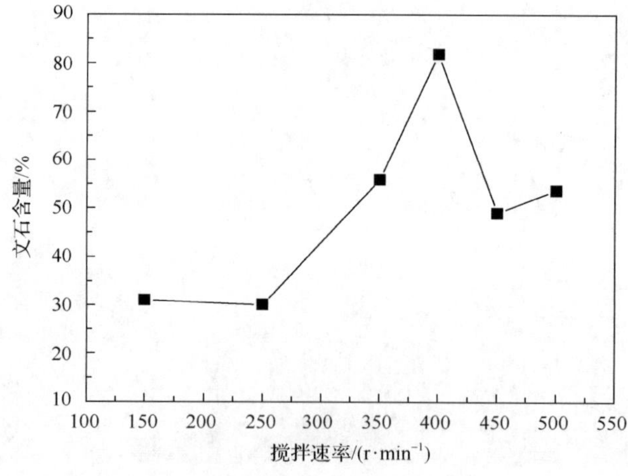

图 5-33　不同搅拌速率下得到的文石含量分析

由图可知，在搅拌速率为 150r·min^{-1} 条件下反应得到的产物大部分为方解石。随着搅拌速率的升高，文石的 XRD 特征谱线强度逐渐增大，文石含量逐步增加。当搅拌速率达到 400r·min^{-1} 时，产物几乎均为文石，且晶须的形态较好。当搅拌速率继续增加，在 400r·min^{-1} 以上时，产物晶须逐渐变粗，且部分产品会出现断面，方解石特征谱线较之前有所变强，说明方解石含量有所上升。

可见，在低速搅拌状态下反应，原料进料的不均匀使溶液中存在浓度差异，体系的过饱和度不稳定造成晶核不能同时形成，晶须产物不理想。但若搅拌速率过大，会加速晶体本身与器壁发生碰撞，使已成形的文石晶须断裂，重新溶解，因而造成晶须变短。因此，应选择适宜的搅拌速率，促进文石晶须生长。出于晶须含量形貌原则，选择 400r·min^{-1} 为最佳搅拌速率。

5.8.7　反应物滴加速率对碳酸钙晶须的影响

配制 0.2374mol·L^{-1} 的反应物，仅改变反应物滴加速率，其他条件保持不变，考察滴加速率对晶须形貌的影响。实验结果分别见图 5-34～图 5-36。

经分析可知，滴加速率从 1mL·min^{-1} 增加至 7mL·min^{-1} 时，所得产品中文石含量相差不大，但晶须的均匀性逐渐降低。当滴加速率增加到 9mL·min^{-1} 时，通过 XRD 图可以看出，谱图就是方解石相特征峰，说明产物以方解石为主。

制备碳酸钙晶须过程中，提高原料滴加速率可节约反应时间，提高产量，但一味地追求反应速率易造成反应不均匀，局部过饱和度不均匀，不利于晶须的成核及生长；当滴加速率太慢时，体系的过饱和度过小，也不利于晶须的形成[102,103]。虽然晶须生长迅速，但体系的过饱和度变化仍需要循序渐进完整的过程。为了能使碳酸钙晶须稳定成核生长，物料的滴加速率不宜过小或过大，本研究最终选择以 1mL·min^{-1} 滴加速率进料。

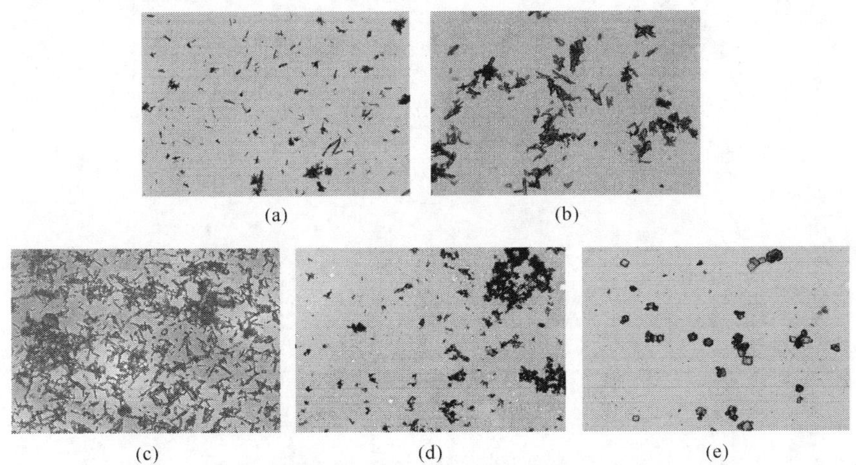

(a)　(b)　(c)　(d)　(e)

图 5-34　不同滴加速率得到的 $CaCO_3$ 晶须显微镜照片（放大倍数为 40 倍）

(a) 1mL·min^{-1}；(b) 3mL·min^{-1}；(c) 5mL·min^{-1}；(d) 7mL·min^{-1}；(e) 9mL·min^{-1}

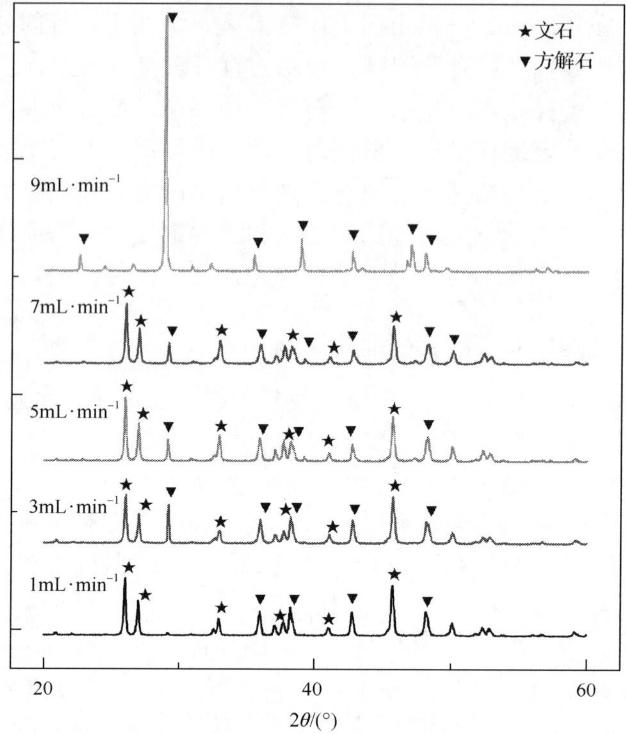

图 5-35 不同滴加速率得到的 $CaCO_3$ 晶须 XRD 图

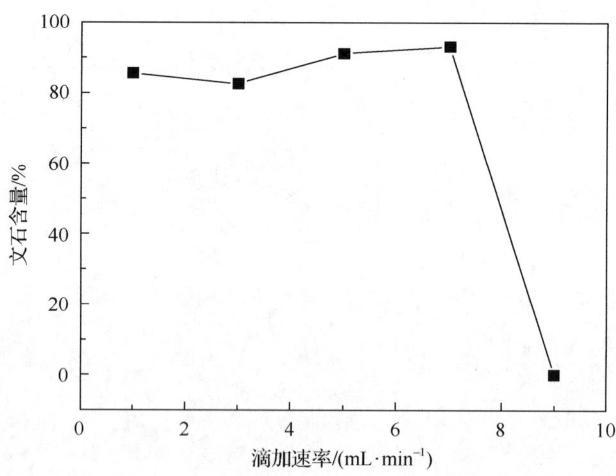

图 5-36 不同滴加速率下得到的文石含量分析

5.8.8 母液中氯化铵初始浓度对碳酸钙晶须的影响

在制备碳酸钙晶须的过程中，过滤产品后会产生大量的母液，此时母液中的主要成分为氯化铵。将母液重新用于废渣的溶解或者作为反应的底物，实现母液的循环使用，无疑是最佳的处理方式。当母液重新返回到生产中作为反应的底物时，其中所含的氯化铵将影响碳酸钙晶须的品质。

本章通过控制反应初期溶液中氯化铵的浓度，来制备碳酸钙晶须，从而考察溶液中氯化铵浓度对产品的影响，并得到制备晶须时所允许的最大氯化铵浓度。实验中分别以浓度为 3.5mol · L^{-1}、2.5mol · L^{-1}、1.5mol · L^{-1}、1.0mol · L^{-1}、0.9mol · L^{-1} 和 0.8mol · L^{-1} 的氯化铵溶液作为反应底物，其他工艺条件不变，制备碳酸钙晶须，图 5-37 中列出了不同浓度氯化铵为底物得到的产品显微镜照片。

从图中可以看出，不同浓度的氯化铵溶液作为底物时，所得产品形貌差别较为明显。在 3.5mol · L^{-1}、2.5mol · L^{-1} 和 1.5mol · L^{-1} 的氯化铵溶液中得到的产品为块状的晶体，其中，在 3.5mol · L^{-1} 溶液中得到的产品形状接近于正方体，2.5mol · L^{-1} 和 1.5mol · L^{-1} 溶液中得到的晶体颗粒较小且不规则，从形状方面，可以推断三种产品均为方解石；而在 1.0mol · L^{-1} 的溶液中得到的产品有两种，一种为块状的小颗粒，另一种为针状团聚物，从图中颗粒形状推断，块状的颗粒为方解石，针状物质可能是文石；在 0.9mol · L^{-1} 和 0.8mol · L^{-1} 的溶液中得到的产品以针状晶体为主，但其中同时存在团聚物，根据产品形状推断，所得产品主要为文石晶须。为进一步验证，对所得产品进行 XRD 测试，结果如图 5-38 所示。

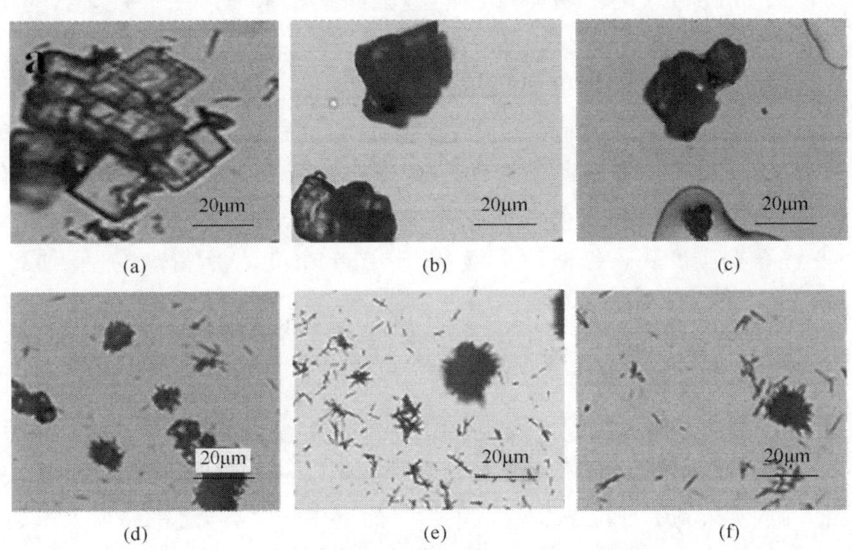

(a)　(b)　(c)
(d)　(e)　(f)

图 5-37　不同浓度氯化铵为底物得到的产品显微镜照片

(a) 3.5mol · L^{-1}; (b) 2.5mol · L^{-1}; (c) 1.5mol · L^{-1}; (d) 1.0mol · L^{-1}; (e) 0.9mol · L^{-1}; (f) 0.8mol · L^{-1}

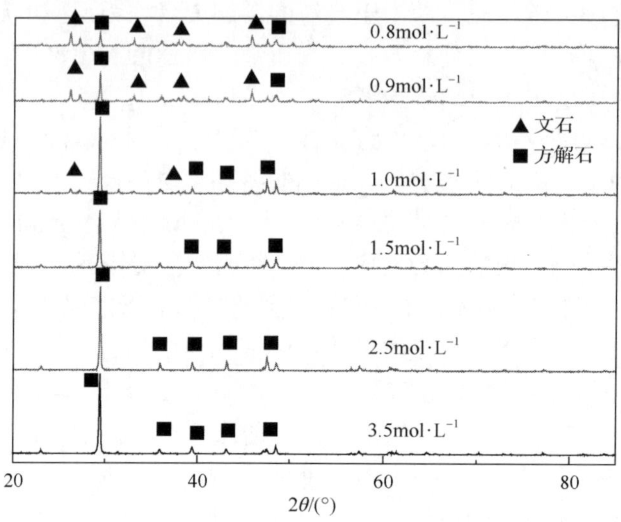

图 5-38　不同氯化铵浓度下得到的碳酸钙 XRD 图

从图 5-38 中得知，3.5mol · L^{-1}、2.5mol · L^{-1} 和 1.5mol · L^{-1} 溶液中所得产物所有的衍射峰都与方解石的标准卡片对应，因此，得到的产物全部为方解石，而不存在文石；1.0mol · L^{-1} 溶液所得产品的测试结果显示，谱图中有文石的衍射峰出现，即产物中含有文石成分；而 0.9mol · L^{-1} 和 0.8mol · L^{-1} 的溶液中产品测试结果表明，此时方解石的衍射峰相比之前的衍射峰有所减弱，而文石的衍射峰在增强，该结果说明，产物中方解石在不断减少而文石在增加。由此可知，产品的 XRD 测试结果与上面所做出的推测是相符合的，并且可以得到结论：在以氯化铵溶液为底物制备碳酸钙时，高浓度氯化铵溶液(超过 1.5mol · L^{-1})所得产物为方解石型碳酸钙，低浓度溶液(低于 0.9mol · L^{-1})所得产物主要成分为文石型碳酸钙。

5.8.9　溶剂对碳酸钙晶须的影响

在前期制备的碳酸钙晶须中发现，其中有大量的“团聚体”存在，如图 5-39 所示，是一种类似于球状的团簇结构。通过文献[104,105]可确定，该“团聚体”是由碳酸钙晶须在制备过程中晶须发生团聚而产生的。若碳酸钙晶须大量地团聚，将导致晶须产品的比表面积严重下降，同时晶须团聚形成球状，便失去了碳酸钙晶须长径比大的优点。因此，碳酸钙晶须团聚的问题必须给予解决。

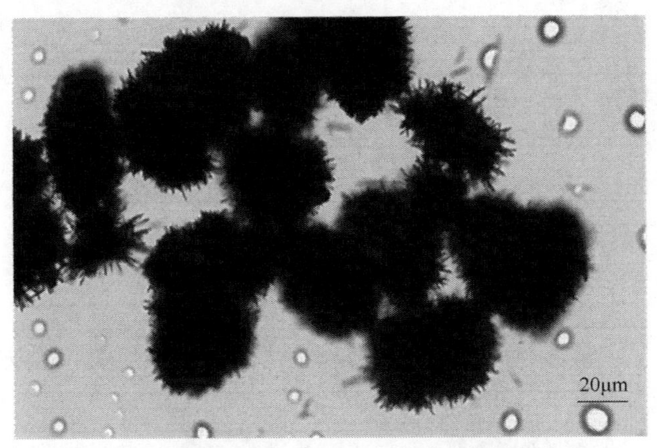

图 5-39　碳酸钙晶须中团聚体图片

根据文献[104]得知，团聚现象是微米级或纳米级粉体材料制备和应用过程中常见的现象，也是一个材料制备过程中亟待解决的问题，粉体材料品质的优劣与其团聚的程度密切相关。避免或减少团聚体的形成，在粉末材料生产过程中是十分必要的。因此，实验中探索了减少或抑制碳酸钙晶须中团聚体的方法。

团聚现象一般是由溶剂选用不当或者溶液中过饱和度过大而引起的。由于前期探索实验中采用的溶液浓度较小，溶液中过饱和度过大产生的可能性较小，因此首先考察溶剂选用对碳酸钙晶须的影响。前期探索中所使用的溶剂为蒸馏水，根据文献[106,107]介绍，聚乙二醇-20000（PEG-20000）、聚乙二醇-400（PEG-400）和乙醇等可以作为晶须制备的溶剂，因此本实验中考察了不同配比的溶剂作为底物时，对碳酸钙晶须品质的影响，以及“团聚体”的产生情况。

1. PEG-20000-水混合溶液为底物制备碳酸钙晶须

由于 PEG-20000 以固体形式存在，且其在水中的溶解度较小（不超过 5g / 100g 水），因此实验中配制了 PEG-20000 质量分数分别为 0.5%、1.0%、2%、3%和 4%的 PEG-20000-水混合溶液，并以此为反应底物（即母液），在其他条件不变的情况下，合成了碳酸钙晶须，其显微镜照片如图 5-40 所示。

从图 5-40 中看出，在不同质量分数的 PEG-20000-水混合溶液中得到的产品中都会存在大量的“团聚体”，并且几乎没有形貌较好的针状晶体存在，因此可以判断，以 PEG-20000-水混合溶液作为反应底物不能抑制碳酸钙晶须中“团聚体”的产生。同时对所得产物进行 XRD 测试，其结果见图 5-41。

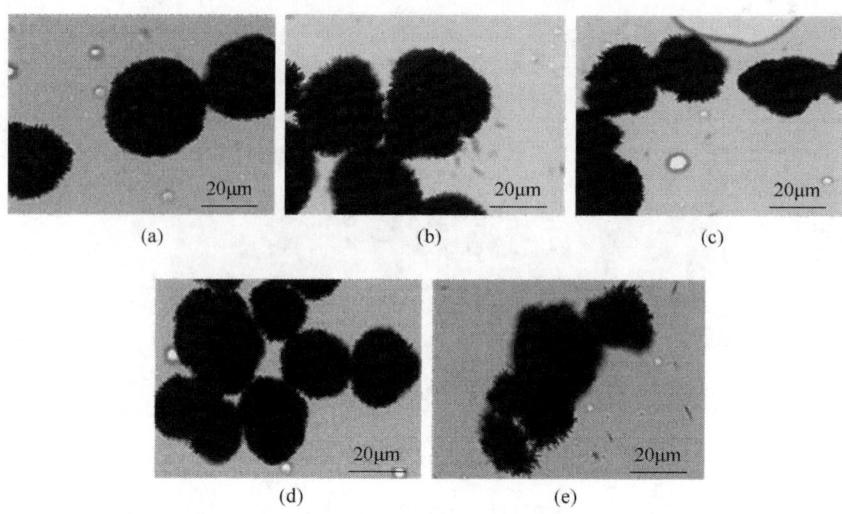

图 5-40 不同质量分数的 PEG-20000-水混合溶液做底物制备的碳酸钙晶须照片

(a) 0.5%; (b) 1%; (c) 2%; (d) 3%; (e) 4%

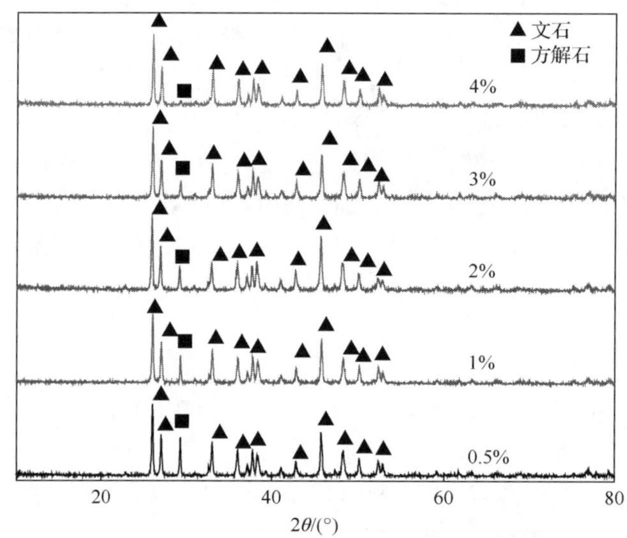

图 5-41 不同质量分数的 PEG-20000-水混合溶液做底物制备的碳酸钙晶须 XRD 谱图

通过对产品 XRD 谱图分析发现，质量分数为 4%的混合溶液中所得产品的谱图与文石标准卡片比较吻合，而随着混合溶液中 PEG-20000 质量分数的下降，所得产品的谱图发生了明显变化，方解石的衍射峰在不断增强，其中最明显的为方解石最强特征衍射峰($2\theta = 29.404°$)。

对产品中碳酸钙晶须含量的分析如图 5-42 所示，混合溶剂中 PEG-20000 质量分数为 0.5%时，产品中晶须含量不足 80%，晶须含量随着 PEG-20000 质量分数的增大而升高，当 PEG-20000 质量分数为 4%，此时的晶须含量超过 95%。

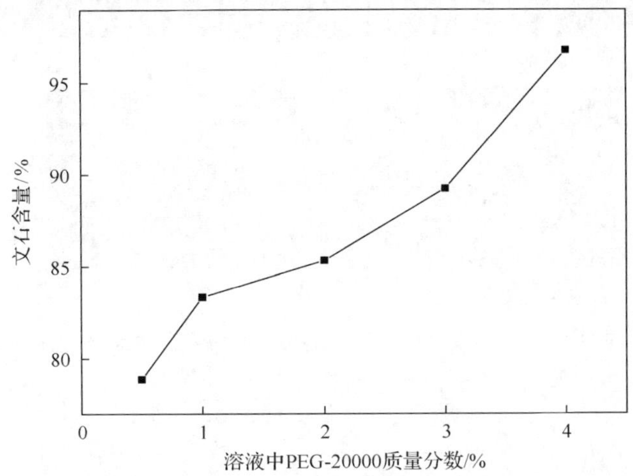

图 5-42　不同质量分数的 PEG-20000-水混合溶液作底物制备产物的晶须含量

由此可知，当以 PEG-20000-水混合溶液作为底物时，虽然不能抑制晶须产品中的团聚现象，但是有利于碳酸钙晶须的生产，并且溶剂中 PEG-20000 所占比例越大，所得产品晶须含量越高。由于 PEG-20000 在水中的溶解度不大，因此可以考虑在碳酸钙晶须的生产过程中向母液中加入 PEG-20000 来提高产品的晶须含量。

2. PEG-400-水混合溶液为底物制备碳酸钙晶须

PEG-400 常温下以液体形式存在，与水的互溶性好。实验中配制了 PEG-400 与水的体积比分别为 1∶1、1∶2、1∶3、1∶4 和 1∶5 的 PEG-400-水混合溶液，并以这些溶液作为反应底物制备碳酸钙晶须，其中原料液 Ca^{2+}浓度为 $0.25mol \cdot L^{-1}$，NH_4HCO_3 溶液浓度为 $0.75mol \cdot L^{-1}$，反应温度为 80℃，搅拌速率为 $450r \cdot min^{-1}$，原料滴加速率为 $1mL \cdot min^{-1}$，反应时间为 80min。将得到的样品置于显微镜下观察，其结果如图 5-43 所示。

从显微镜照片中可以看出，不同体积比的 PEG-400-水混合溶液为底物时，所得产物的形貌有明显差别。其中，混合溶液体积比为 1∶1 和 1∶2 时，所得产物为针状晶体，长径比较高，产物为碳酸钙晶须，并且没有出现“团聚体”；体积比为 1∶3 和 1∶4 时，所得产物形貌较为复杂，包括针状、絮状和块状等形状，产物中针状晶体较为粗短，絮状固体可能是晶须团聚而成，块状固体可能为方解石；而在体积比为 1∶5 时，产物中出现大量“团聚体”，此时的反应条件不能抑制“团聚体”产生。对产品进行 XRD 测试，结果如图 5-44 所示。

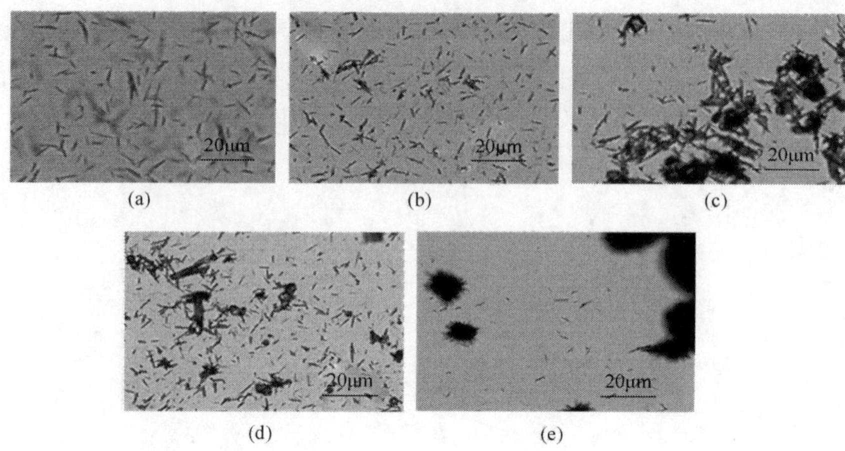

图 5-43　不同体积比的 PEG-400-水混合溶液做底物制备的碳酸钙晶须显微镜照片

(a) PEG-400 ∶ H_2O=1 ∶ 1; (b) PEG-400 ∶ H_2O=1 ∶ 2; (c) PEG-400 ∶ H_2O=1 ∶ 3; (d) PEG-400 ∶ H_2O=1 ∶ 4; (e) PEG-400 ∶ H_2O=1 ∶ 5

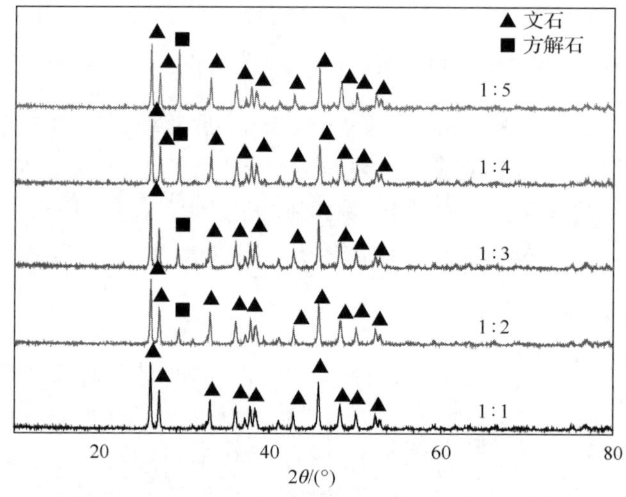

图 5-44　不同体积比的 PEG-400-水混合溶液做底物制备的碳酸钙晶须 XRD 图

从 XRD 的测定结果可知，混合溶液体积比为 1∶1 时，产品的 XRD 谱图与文石的标准卡片吻合，可以确定产品为碳酸钙晶须；其余四种产品的 XRD 谱图中都有方解石型碳酸钙的特征衍射峰出现，同时，随着 PEG-400 和水的体积比减小，产品 XRD 谱图中方解石型碳酸钙的衍射峰逐步增强，可以推测，混合溶液的体积比越大，则产品中碳酸钙晶须的含量越高。图 5-45 所示为混合溶液的体积比与产品中碳酸钙晶须含量的关系，当体积比为 1∶1 时，碳酸钙晶须含量为 98%，而当体积比为 1∶5 时，碳酸钙晶须含量不足 70%。

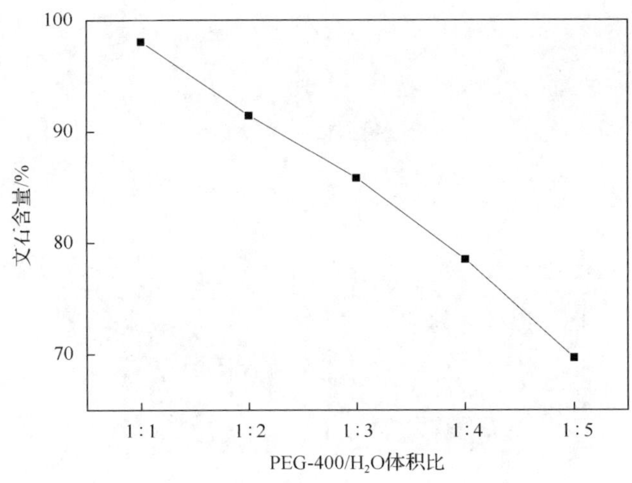

图 5-45　不同体积比的 PEG-400-水混合溶液做底物制备产物的晶须含量

根据以上结果可知，PEG-400-水混合溶液作为底物可以较为有效地抑制“团聚物”的产生，并且 PEG-400 和水的体积比越大，抑制作用越明显；同时，混合溶液作为底物时，会直接影响产品中碳酸钙晶须的含量，体积比越大，碳酸钙晶须的含量越高。综合考虑，若用 PEG-400-水混合溶液作为底物，所选用的体积比应该为 1∶1。

3. 乙醇-水混合溶液为底物制备碳酸钙晶须

乙醇为最常见的有机溶剂，可以与水以任意比例互溶，实验中配制乙醇-水混合溶液体积比分别为 1∶1、1∶2、1∶3、1∶4 和 1∶5，并以此作为反应底物，其他实验条件均按照前期探索的最佳条件进行，所制得产品的显微镜照片如图 5-46 所示。观察产物形貌可知，混合溶液体积比为 1∶1 和 1∶2 时，产品为块状固体，为方解石碳酸钙；混合溶液体积比为 1∶3 时，产品为短棒状或块状固体；混合溶液体积比为 1∶4 和 1∶5 时，产品中存在团簇状的“团聚体”，此时的产品中可能含有碳酸钙晶须。

以上五种样品的 XRD 测试结果在图 5-47 中给出，通过对谱图进行分析发现，体积比为 1∶1 和 1∶2 的溶液中得到的两种产品，其衍射峰均能与方解石标准卡片相对应，可以肯定均为方解石碳酸钙；与 1∶2 体积比的产品谱图相比，体积比为 1∶3 的谱图中出现了文石碳酸钙的特征衍射峰，因此，该产物中含有碳酸钙晶须；体积比为 1∶4 和 1∶5 的产品谱图相较于前三种产品来说，文石的特征峰都明显增强，而方解石的特征峰有所减弱，说明此时产品中的文石含量增加，即碳酸钙晶须生成量增大。

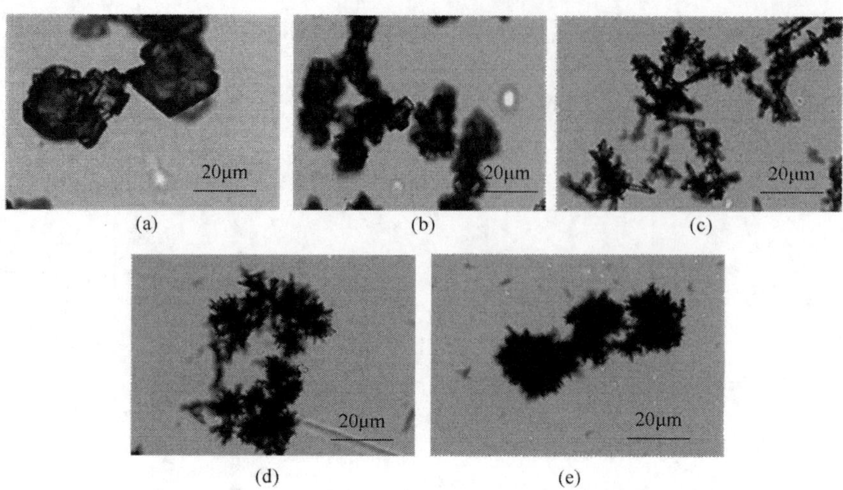

图 5-46　不同体积比的乙醇-水混合溶液做底物制备的碳酸钙晶须显微镜照片

(a) CH_3CH_2OH : H_2O=1 : 1; (b) CH_3CH_2OH : H_2O=1 : 2; (c) CH_3CH_2OH : H_2O=1 : 3; (d) CH_3CH_2OH : H_2O=1 : 4; (e) CH_3CH_2OH : H_2O=1 : 5

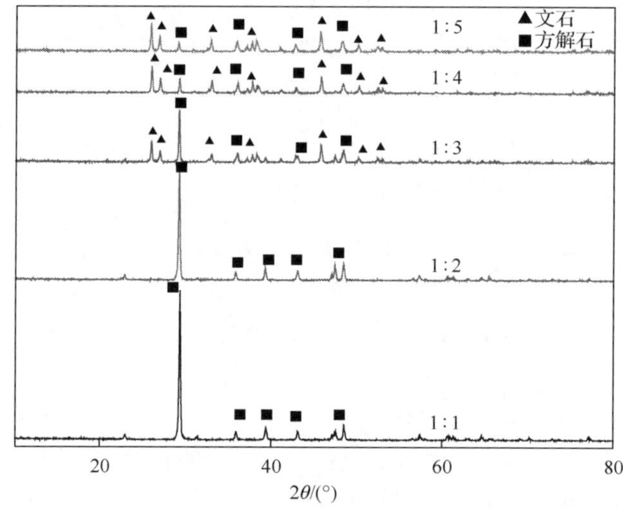

图 5-47　不同体积比的乙醇-水混合溶液做底物制备的碳酸钙晶须 XRD 图

实验中计算了不同产品中碳酸钙晶须的含量，乙醇-水混合溶液的体积比与产品中碳酸钙晶须的含量的关系如图 5-48 所示。体积比为 1∶1 和 1∶2 的两种产品中晶须含量均不足 2%，体积比为 1∶3 的产品晶须含量为 44.5%，体积比为 1∶4 和 1∶5 的产品中晶须含量均超过 80%。由此可以看出，以乙醇-水混合溶液作为反应底物是不利于碳酸钙晶须的生成的，并且溶液中乙醇所占比例越大，产物中晶须含量越少。

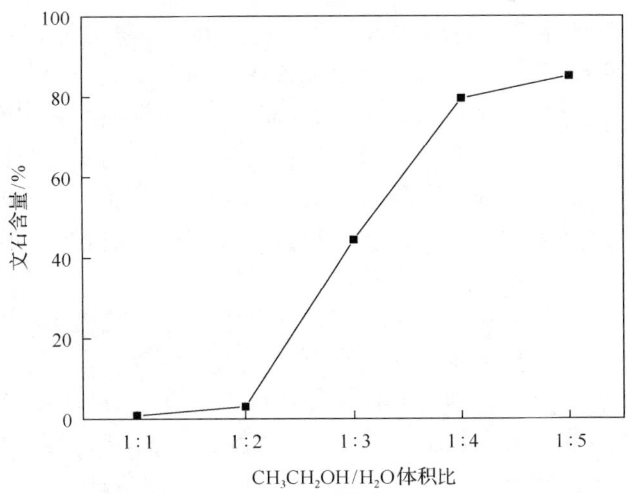

图 5-48　不同体积比的乙醇-水混合溶液做底物制备产物的晶须含量

为实现碳酸钙晶须生产过程中水的循环利用，在制备碳酸钙晶须过程中，需要用乙醇对晶须进行洗涤，过滤得到产品，由于乙醇-水混合溶液不利于碳酸钙晶须生产，因此在母液循环利用的过程中，应尽可能避免将该流程中的滤液用于精制钙浸取液制备或作为底物。

综合考虑，在碳酸钙晶须制备过程中，反应底物的选取是至关重要的，本实验中选用了 PEG-20000、PEG-400 和乙醇三种有机物分别与水混合作为底物，所得产物差别明显。PEG-20000 与水混合作为底物时，所得产品的主要成分均为碳酸钙晶须，并且底物中 PEG-20000 的质量分数越大，产品中晶须含量越高，但是以该混合溶液作为底物不能抑制产品中“团聚体”的产生；PEG-400 与水混合作为底物时，PEG-400 与水的体积比较大时，产物中不仅碳酸钙晶须含量高，同时没有“团聚体”出现，当体积比为 1∶1 时，晶须含量高达 98%，但是 PEG-400 与水的体积比较小时，产品中有“团聚体”出现，产品晶须含量也较低，体积比为 1∶5 的产品中，晶须含量低于 70%；乙醇与水混合作为底物时，不利于碳酸钙晶须的生成，底物中乙醇含量越高，所得产品中晶须含量越低，当以体积比 1∶2 的乙醇-水混合溶液作为底物时，所得产物中几乎不含碳酸钙晶须。

5.8.10　超声处理对碳酸钙晶须的影响

对于团聚现象的处理方法，一般会采取两类：化学方法和物理方法。其中化学方法在反应过程中，从溶剂使用或原料使用等方面出发，改变合成条件，从而减少团聚现象。物理方法是在合成反应之后，通过研磨或超声处理等物理手段对产品进行进一步加工，以实现减少团聚的目的。

5.8.9 节主要研究了不同溶剂作为底物对产品中晶须含量和晶须团聚现象的影响，其中主要涉及利用化学方法解决晶须团聚问题，但会引入其他溶剂，间接影响产品品质。而物理方法是通过引入“场”的影响解决晶须团聚，不仅不会引入其他杂质，而且操作较为简单。由于形貌良好的碳酸钙晶须为针状或纤维状，并且晶须本身容易断裂，因此利用研磨的方法对已制备晶须进行处理不但不能解决团聚现象，反而会因为施加外力导致形貌较好的晶须被破坏。所以本节探究了超声场对晶须团聚的影响。

超声场的引入是将样品加入足量的分散剂中，置于超声波环境中，使样品充分分散到分散剂中。分散剂是指促使物料颗粒均匀分散于介质中，形成悬浮液的溶剂。分散剂需要满足两方面的条件：①样品不能在分散剂中溶解；②分散剂不与样品发生化学反应。根据以上两点要求,本实验中选取了乙醇和水作为分散剂。实验中的超声装置见图 5-49。

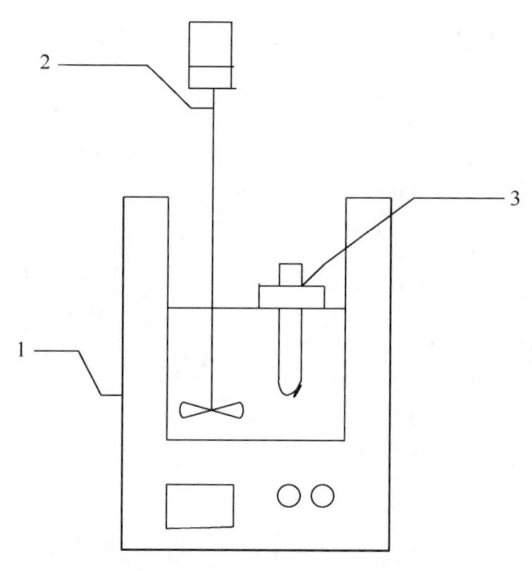

图 5-49　超声装置图

1. 超声发生器；2. 数字显示搅拌器；3. 离心管

超声处理是将已经制得的晶须做进一步处理，该过程中必须保证超声波不能影响碳酸钙晶须原来的品质，因此，首先应探究超声波是否会引起碳酸钙晶须的晶型变化。本实验中以文石含量较高的碳酸钙晶须为原料，分别以无水乙醇和水作为分散剂对同一样品进行超声处理，对处理后的样品进行 XRD 测试，其结果如图 5-50 所示。

从 XRD 测试结果中可以确定,在超声处理前后的三个样品中均没有出现方解石碳酸钙的特征衍射峰，且所得谱图几乎完全一致。因此可以推断：以乙醇或水作为分散剂对碳酸钙晶须进行超声处理后，产品晶型不会发生变化。

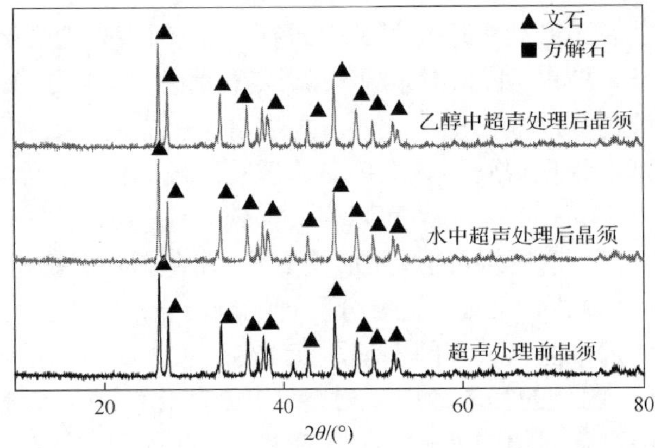

图 5-50　在不同分散剂中超声处理后样品的 XRD 谱图

1. 分散剂组成对晶须的影响

在对碳酸钙晶须的处理过程中需要使用分散剂对晶须进行分散，本实验中选用了最常见的水和乙醇作为分散剂。乙醇挥发性大，即损失较大，且价格较水高，因此，在工业中，使用乙醇作为分散剂的成本较高。而水的成本低，但当以水作为分散剂时碳酸钙晶须的分散效果较差，以乙醇为分散剂时分散效果好。若以水和乙醇的混合溶液作为分散剂，可能会在达到较好的分散效果的同时降低分散剂成本。

实验中分别以水和水-乙醇混合溶液作为分散剂，其中混合溶液中水与乙醇的体积比分别为 3∶1、2∶1、1∶1 和 1∶2。分别取 0.5g 同一待处理样品于五支 2.5mL 离心管中，再向离心管中分别加入 2mL 配制的分散剂，将离心管置于超声波发生器中超声处理 15min。待超声处理结束，将样品置于显微镜下观察，其照片如图 5-51 所示。

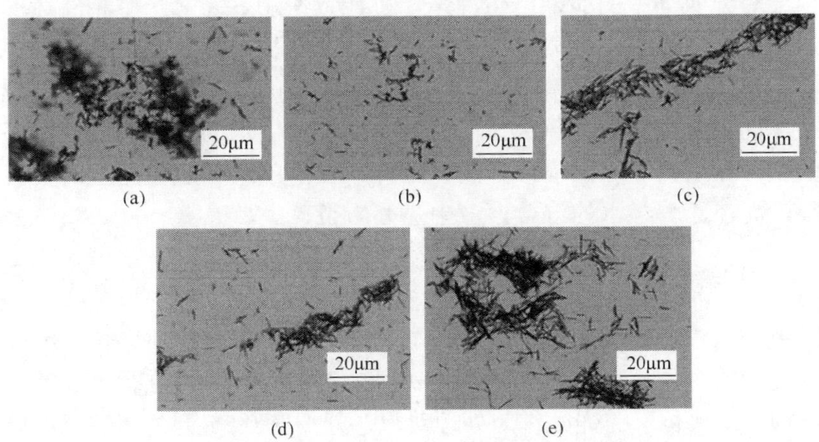

(a)　(b)　(c)　(d)　(e)

图 5-51　不同体积比分散剂中超声处理样品的显微镜照片

(a) H_2O; (b) $H_2O:CH_3CH_2OH=3:1$; (c) $H_2O:CH_3CH_2OH =2:1$; (d) $H_2O:CH_3CH_2OH=1:1$; (e) $H_2O:CH_3CH_2OH=1:2$

将超声处理之后的产品照片与图5-39进行比较，超声处理后产品中未发现“团聚体”，但是不同分散剂中处理得到的产品形貌有所差别。以水作为分散剂时，超声处理得到的碳酸钙晶须非常细小，并且可以看出明显的断裂痕迹，而乙醇所占比例较大的分散剂中处理得到的碳酸钙晶须形貌较好。例如，水与乙醇体积比为2∶1的分散剂中超声处理的晶须，可以在显微镜下观察到明显的针状晶体，而体积比小于2∶1的分散剂中得到的产品形貌更好。综合产品形貌和分散剂的成本考虑，按照水与乙醇体积比为2∶1进行分散剂配制最合适。

超声波是一种携带能量较高的振动，当其在液态介质中传播时，会产生力学、热学等一系列效应。固体的分散效应主要由力学及空化两种最基本的作用而产生，一般来说在液体中进行的超声处理技术几乎都与空化作用[108]有关，超声空化作用指当超声波作用于液体时，液体中所产生的微小气泡(空化核)在声场作用下不断振动，并生长扩大、收缩和崩破的过程。在气泡崩破产生空化现象的瞬间，形成了强烈的振动波，液体中气泡可以持续快速形成并崩破，形成了短暂的高能微环境，促使液体分子向固体冲击，从而促使固态物质的迅速分散。

用超声波对碳酸钙晶须进行分散主要是利用超声空化时产生的局部高压、强冲击波及微射流等，从而使得碳酸钙晶须的团聚体从内部逐渐松动，弱化了晶须之间的聚团作用力，有效地减少晶须产品中团聚现象的产生。一方面，由于超声波传播而伴生的力学效应力、激波及声流效应[109]会通过介质传递给“团聚体”，使其表面能提高而增加“团聚体”的不稳定性，促进晶须的分散；另一方面，对液体的作用同样可以传递到“团聚体”附近，使固态的晶须在液体推动下产生运动并迅速分散均匀[110]。

在超声处理的过程中，超声波将产品中的“团聚体”逐步分散至分散剂中的同时，也会对分散剂中的晶须产生冲击，可能致使晶须之间产生相对运动，并引起晶须间的碰撞。晶须在分散剂中相对运动时会产生一定的阻力，该阻力在晶须碰撞之前起到缓冲的作用，减小了晶须碰撞后断裂的概率。液体的黏度越大，则在晶须中运动时产生的阻力越大，而乙醇的黏度大于水的黏度，则乙醇溶液对晶须碰撞的缓冲作用大于水的缓冲作用，因此，在水中进行超声处理时会有大量的晶须断裂，而在乙醇与水的混合溶液中晶须断裂较少。

2. 超声处理时间对晶须的影响

在超声处理中，发现超声时间对碳酸钙晶须的形貌会产生影响，因此对样品进行超声处理的时间也应该严格控制，实验中对超声时间也进行了探究。以同一个含有晶须“团聚体”的样品作为处理对象，分别取0.5g于2.5mL离心管中，各加入2mL分散剂，其中分散剂选用水与乙醇体积比2∶1的混合溶剂，分别将超声时间控制在100s、5min、10min、15min、20min和30min，将处理后的样品过滤干燥之后置于显微镜下观察，如图 5-52 所示。

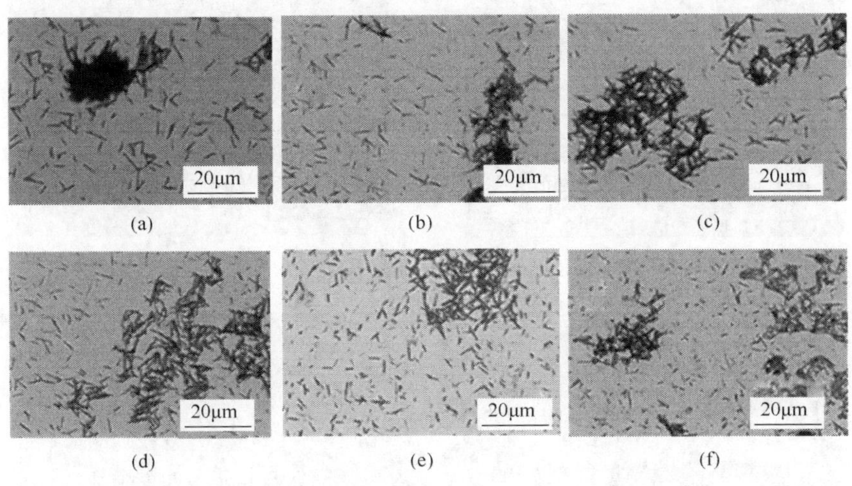

(a)　(b)　(c)　(d)　(e)　(f)

图 5-52　不同超声处理时间下晶须的显微镜照片

(a) 100s; (b) 5min; (c) 10min; (d) 15min; (e) 20min; (f) 30min

从图中可以看出，经过 100s 超声处理后的样品中仍然有较大的“团聚体”存在，说明此时超声时间不够；而当超声时间达到 5min 时，产品中的“团聚体”明显减少，大多如图中所示，体积较小；经过 10min 超声后的产品中几乎没有“团聚体”存在，当超声时间高于 15min 时，在显微镜下观察到的产品形貌很好；但是经过 30min 超声处理的产品中出现了大量的细小颗粒，根据形状推测，可能是由碳酸钙晶须断裂造成的。

可以推测，超声处理过程中，产品中的“团聚体”首先会在超声波的作用下逐步产生松动，碳酸钙晶须不断地向分散剂中分散，“团聚体”的体积慢慢减小直至消失，当溶剂中不再有“团聚体”时，分散剂中主要存在的是晶须的相对运动，于是产生了晶须碰撞，伴随着超声时间延长，晶须会不断地断裂。因此，超声时间必须合理选择，将超声时间设定为 10min，既可以达到除去“团聚体”的目的，又可以避免碳酸钙晶须断裂。

5.8.11　产物性能测试

经上述工艺探究，得到合成碳酸钙晶须的最优条件：$CaCl_2$ 滤液浓度 $0.2374mol \cdot L^{-1}$，$CaCl_2/NH_4HCO_3$ 摩尔比 1∶3，反应温度 80℃，机械搅拌速率 $400r \cdot min^{-1}$，滴加速率 $1mL \cdot min^{-1}$。在最优工艺条件下制备所得碳酸钙晶须产率可达到 72.44%。产品照片与扫描电镜照片分别见图 5-53 和图 5-54。

图 5-53　碳酸钙晶须产品

图 5-54　碳酸钙晶须 SEM 表征照片

从图中可以明显看到碳酸钙晶须的宏观表象与微观结构。按照 GB/T 19281—2003 的要求对碳酸钙晶须产物进行性能测试，将测试实验值与指标值进行对比，结果如表 5-12 所示。

表 5-12　碳酸钙晶须主要性能测试

性能	实验值	指标植
成分	$CaCO_3$	$CaCO_3$
铁含量/%	<1	<1
长度/μm	10～40	20～30
直径/μm	0.5～2	0.5～1
pH	9.02(23.4℃)	9.00～9.50
相对密度/$(g\cdot cm^{-3})$	2.84	2.86
吸油值/$(mL\cdot g^{-1})$	156	50

通过表 5-12 可以看出，本节所得碳酸钙晶须产物主要性能的实验值与指标值基本保持一致，但吸油值较高。吸油值较大可能是由于粉体颗粒间空隙和颗粒表面性能的影响。鉴于吸油值过高会影响塑料或树脂材料的流变性能，故若应用此类碳酸钙晶须做填充物，还需对其进行表面处理，或借助其亲油性好而将其直接应用于油性需求较高的材料填充中。

5.9　碳酸钙晶须生长机理探讨

晶体的生长是非常复杂的，除涉及物理化学外，还涉及化学、结晶学及结晶化学等方面。学者是从结晶学、热力学、动力学、键链理论及界面稳定性等方面来解释晶体形成[111]。晶体的生长大致分为溶质溶解、生长基元的形成、生长基元往界面上叠合及晶体形成四个方面，其中有些过程是微观反应过程，很难直接观察到。因此关于晶体生长机理的现有研究，大多是根据已生长成型的晶体的形态和结构进行研究推理所得，经典的结晶理论对一些具有特殊形态的晶体的生长机理仍解释不清楚，面对生长现象具有各种变化且对环境因素具有依赖性的晶须，由于其生长环境的微小变化都会造成最终形态的明显不同，因此需要以经典理论为基础并结合晶须本身形成其特有的生长机制。

5.9.1　溶液体系中晶须的生长理论

介质的过饱和、晶体成核及晶体生长是任何晶体的形成和生长都要经历的三个基本阶段。在溶液体系中，晶体的形态和微观形貌均受体系过饱和度变化的影响，而体系过饱和度的变化又受到晶体本身的结构和晶体生长环境的影响，其中晶体生长环境主要包括涡流、温度、杂质、黏度、结晶速率等[112,113]。

作为一种单晶体，碳酸钙晶须的合成过程实质上是一个从液相中析出晶体的过程，从宏观上讲是一个晶粒从溶液界面向溶液中推移的过程，而从微观上讲是结晶粒子根据晶格所属空间布局被排列构造的过程[114]。因此，碳酸钙晶须的形成和生长也要经历溶液介质的过饱和、晶体成核和晶体生长三个基本阶段。

1. 溶液过饱和状态的建立

晶体在溶液中析出的前提是溶液建立过饱和状态，只有当溶液浓度达到一定的过饱和度时晶体才能成核和生长。图 5-55 是溶液浓度与温度的关系图[115]。

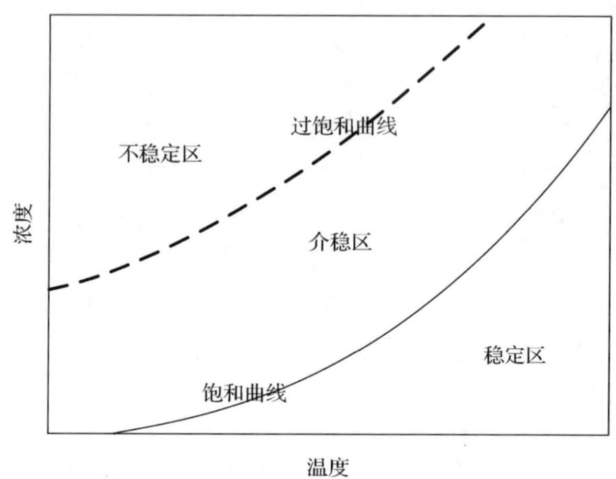

图 5-55　饱和曲线与过饱和曲线示意图

图 5-55 表明了溶液的过饱和度与结晶的关系，图中饱和曲线和过饱和曲线将浓度-温度图分割为三个区域。稳定区位于饱和曲线以下，在此区域内的溶液未达到饱和，因此不会发生结晶。介稳区位于饱和曲线和过饱和曲线之间，在此区域内的溶液不会自发产生晶核，若加了晶种，晶种则会长大。不稳定区位于过饱和曲线以上，在此区域中，溶液能够自发地产生晶核，而且越深入不稳定区，溶液自发产生的晶核越多。因此，使溶液达到过饱和状态是晶相发生成核作用的前提。

2. 溶液中晶体的成核

在溶液达到过饱和状态后，体系中首先发生晶体的成核过程。晶体的成核是指新相在旧相中开始形成的时候，它并不是在亚稳相系统的整个体积内同时发生，而是指在旧相的某些位置产生小范围的新相，而且新相与旧相之间有着较清晰的界面。依据成核条件，成核过程可分为均匀成核和非均匀成核[99]。

1) 均匀成核

均匀成核是指系统中不含有结晶物质，并且成核现象是自发的而不是靠外来的平台或基底的诱发产生的成核。对于实际情况，均匀成核是统计平均的宏观看法，是一种理想的看法。均匀成核把体系的吉布斯自由能的变化看作由两部分组成，一部分是体系体积自由能的减小，另一部分是界面自由能的增加，如式(5-43)所示：

$$\Delta G = \Delta G_{\mathrm{v}} + \Delta G_{\mathrm{s}} \tag{5-43}$$

式中，ΔG_{v} 为体积自由能，它是指在溶液中形成晶核时系统要放出不稳定态比稳定态高的那部分自由能。此部分能量与发生相位变化的体积有关，因而被称为体积自由能。ΔG_{s} 为界面自由能，在晶核形成的同时，两相之间产生新的界面，晶核表面的原子与晶核内部的原子受力不同，导致晶核表面的原子从最初规则排列的平衡位置偏离，从而造成体系吉布斯自由能的增加，阻碍成核过程的进行。由于此部分能量的变化与相界面面积有关而被称为界面自由能。

通常情况下，假设形成的晶核为半径为 r 的球形，则体系的吉布斯自由能可表示为

$$\Delta G(r) = -\frac{4}{3}\frac{\pi r^3}{\Omega_{\mathrm{s}}}\Delta g + 4\pi r^2 \gamma_{\mathrm{sf}} \tag{5-44}$$

式中，Ω_{s} 为单个溶质原子的体积；γ_{sf} 为晶体与流体相界面的比表面自由能；Δg 为过饱和溶液相中单个分子转变为晶体相中的分子所引起的体积自由能的变化，可作为相变驱动力的量度。

式(5-44)两边对 r 求导，则有

$$\frac{\mathrm{d}(\Delta G)}{\mathrm{d}r} = 4\pi r^2 \Delta g + 8\pi r \gamma_{\mathrm{sf}} \tag{5-45}$$

令 $\frac{\mathrm{d}(\Delta G)}{\mathrm{d}r}=0$，则球形晶核的临界半径 r_{c} 为

$$r_{\mathrm{c}} = \frac{2\gamma_{\mathrm{sf}}\Omega_{\mathrm{s}}}{\Delta g} \tag{5-46}$$

将式(5-46)代入式(5-44)中，即可求出临界晶核形成时溶液系统吉布斯自由能的变化：

$$\Delta G(r_{\mathrm{c}}) = -\frac{4}{3}\frac{\pi\Delta g}{\Omega_{\mathrm{s}}}\left(\frac{2\gamma_{\mathrm{sf}}\Omega_{\mathrm{s}}}{\Delta g}\right)^3 + 4\pi\gamma_{\mathrm{sf}}\left(\frac{2\gamma_{\mathrm{sf}}\Omega_{\mathrm{s}}}{\Delta g}\right)^2 = \frac{16\pi\gamma_{\mathrm{sf}}^3\Omega_{\mathrm{s}}^2}{3(\Delta g)^2} \tag{5-47}$$

将式(5-47)中的函数关系用曲线表示，如图 5-56 所示。

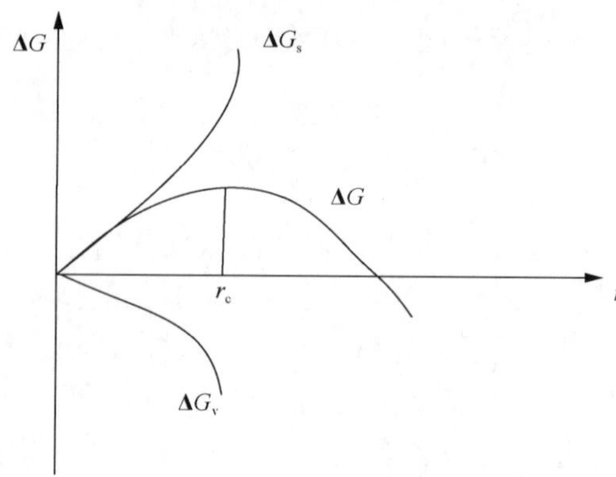

图 5-56 ΔG-r 关系曲线

由图 5-56 可以看出，当晶核尺寸小于晶核半径 r_c 时，ΔG_s 起主导作用。由式(5-44)可知，界面自由能随 r^2 成正比增加，而体积自由能随 r^3 成正比减小，所以，随着晶核半径 r 的增大，体积自由能就开始起作用。因此，刚开始时 ΔG 随着晶核半径 r 的增大而增大，当 $r=r_c$ 时，ΔG 增加至最大值；当 $r>r_c$ 时随着 r 的继续增大，ΔG 开始减小。由此可知，当 $r<r_c$ 时，晶核长大导致体系自由能的增加，但晶核是不稳定的，会重新溶解而消失；当 $r>r_c$ 时，随晶核的长大，体系自由能会降低，此时晶核长大过程才会自动进行。

式(5-47)中 $\Delta G(r_c)$ 也被称为晶核的成核能，过饱和溶液成核的主要障碍就是此部分能量，体系自由能只有小于 $\Delta G(r_c)$ 时才有可能导致成核现象的发生。

对于溶液生长系统，有

$$\Delta g = -kT\ln\left(c/c_0\right) \tag{5-48}$$

式中，T 为体系的热力学温度；k 为玻尔兹曼常量；c 为恒温恒压下溶液饱和浓度；c_0 为恒温恒压下溶液过饱和浓度。

将此式代入式(5-47)可得

$$\Delta G\left(r_c\right)=\frac{16\pi\gamma_{sf}^3\Omega_s^2}{3k^2T^2\left[\ln\left(c/c_0\right)\right]^2} \tag{5-49}$$

成核速率指单位时间、单位体积的溶液中形成的晶核的数目，用 I 来表示。根据能量涨落理论[116]，I 正比于 $\exp[-\Delta G(\gamma_c)/kT_0]$，成核速率可表示为

$$I = B\exp[-\Delta G(\gamma_c)/kT_0] = B\exp\left[-\frac{16\pi\gamma_{sf}^3\Omega_s^2}{3k^2T^2\left[\ln\left(c/c_0\right)\right]^2}\right] \tag{5-50}$$

式中，B 为成核速率的动力学常数。

成核过程中，各因素对成核快慢的影响可用式(5-50)来推导。

2) 非均匀成核

非均匀成核是靠外来的平台或基底的诱发产生的成核，指体系中存在着不均匀性(如各种杂质、容器壁等)，降低了成核时的表面能位垒，晶核就会在这些不均匀的地方形成，当体系中已经有晶体时，晶核还可以在已经存在的晶体附近产生。

非均匀成核的分析大多以球冠状晶核[99]的形成为例来说明，如图 5-57 所示。

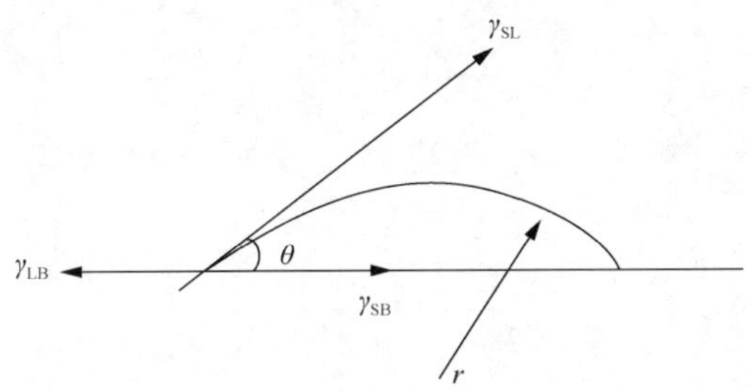

图 5-57　界面表面张力示意图

假定形成晶核的固体基底为平面，各界面能为各向同性，流体在基底上形成一个球冠状晶核。讨论中认为表面张力与表面自由能在数值上相等(即 $\sigma=\gamma$)。为满足平衡，在三相交点处有如下关系：

$$\sigma_{LB}=\sigma_{SB}+\sigma_{SL}\cos\theta \tag{5-51}$$

式中，σ_{LB} 为流体与基底之间的比表面自由能；σ_{SB} 为晶核与基底之间的比表面自由能；σ_{SL} 为晶核与流体相之间的比表面自由能。

球冠状晶核的体积、晶核与流体界面之间的界面面积以及晶核与基底之间的界面面积可分别由以下各式求出：

$$V_S=\frac{4\pi r^3}{3}(2+\cos\theta)(1-\cos\theta) \tag{5-52}$$

$$A_{LS}=2\pi r^2(1-\cos\theta) \tag{5-53}$$

$$A_{SB}=\pi r^2(1-\cos^2\theta) \tag{5-54}$$

式中，r 为晶核的半径。

当晶核在基底上形成后，体系吉布斯自由能为

$$\Delta G^{\circ}(r)=-\frac{V_{\mathrm{S}}}{\Omega}\Delta g+(A_{\mathrm{LS}}\sigma_{\mathrm{LS}}+A_{\mathrm{SB}}\sigma_{\mathrm{SB}}+A_{\mathrm{AB}}\sigma_{\mathrm{LB}}) \tag{5-55}$$

将式(5-52)～式(5-54)代入式(5-55)可得球冠状晶核的成核能：

$$\Delta G^{\circ}(r)=\left[-\frac{4\pi r^3}{3\Omega_{\mathrm{s}}}\Delta g+4\pi r^2\sigma_{\mathrm{LS}}\right]\cdot\frac{(2+\cos\theta)(1-\cos\theta)^2}{4} \tag{5-56}$$

式(5-56)两边对 r 求微商，且令 $\frac{\partial\Delta G^{\circ}(r)}{\partial r}=0$，可以得到晶核的临界半径：$r_{\mathrm{c}}^{\circ}=\frac{2\sigma_{\mathrm{LS}}\Omega_{\mathrm{s}}}{\Delta g}$，将临界半径代入式(5-55)中可求得球冠状晶核的临界成核能：

$$\Delta G_{\mathrm{c}}^{\circ}(r_{\mathrm{c}}^{\circ})=\frac{16\pi\Omega_{\mathrm{s}}^2\sigma_{\mathrm{LS}}^3}{3\Delta g^2}\cdot\frac{(2+\cos\theta)(1-\cos\theta)^2}{4} \tag{5-57}$$

与均匀成核相比，$\Delta G^{\circ}(r_{\mathrm{c}}^{\circ})=\Delta G(r_{\mathrm{c}})\cdot(2+\cos\theta)(1-\cos\theta)^2$，由于 θ 在 0°～180° 之间，可得 $\Delta G^{\circ}(r_{\mathrm{c}}^{\circ})\leqslant\Delta G(r_{\mathrm{c}})$。由此可得非均匀成核比均匀成核的成核功小，非均匀成核比均匀成核更容易进行。非均匀成核的成核速率表达式为

$$I=B\exp\left[-\frac{16\pi\gamma_{\mathrm{SL}}^3\Omega_{\mathrm{s}}^2}{3k^3T^3\ln^2\left(\frac{C_1}{C}\right)}\cdot\frac{(2+\cos\theta)(1-\cos\theta)}{4}\right] \tag{5-58}$$

3. 碳酸钙晶须的成核

由上述分析可知，结晶的发生必须在过饱和状态下，碳酸钙晶须的结晶成核同样是以过饱和溶液为前提。要使溶液达到过饱和状态，可以采用蒸发、冷却、加入沉淀剂以及使两相物质发生反应等方法[117]。

图 5-58 所示为过饱和溶液中晶体析出的过程[118]，由图中可以看出，从初始浓度到结晶析出(亚稳相) 再到稳定相的溶解度，整个体系浓度逐渐降低。图中 I 区为不稳定区，溶液在此区域内会自发地发生结晶；若不存在晶种，则发生一次成核。II 区为亚稳区，该区域中的溶液稳定，并不会自发地发生结晶；但如果溶液中有晶种存在，则晶体就会在此晶种上依附生长，且该区域中易发生二次成核。

Ⅲ区为稳定区域，该区域中溶液未达到饱和，因此不会发生结晶。

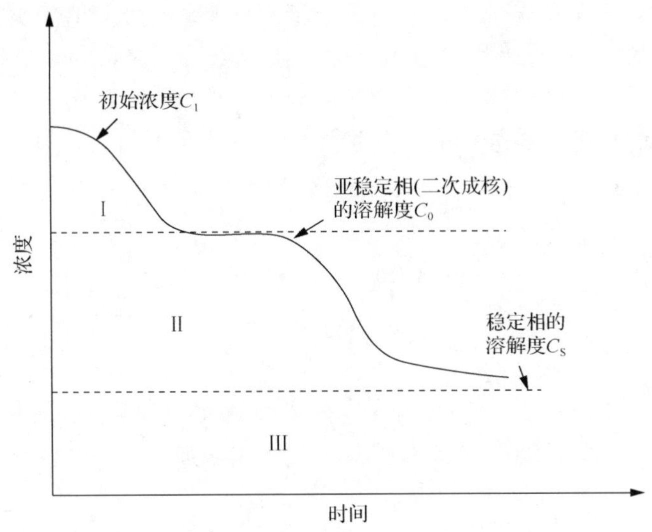

图 5-58　饱和溶液中晶体析出过程

碳酸钙的成核速率与多种因素有关，如体系的过饱和度、温度、溶质分子性质。过饱和度增加，成核速率增大；体系温度升高，成核速率增大；而温度升高体系过饱和度降低。因此，要综合各种因素，找到各因素间的平衡，才有利于晶体析出。此外，体系黏度增大，分子运动减慢，导致成核受阻[119]。碳酸钙晶核生成过程如图 5-59 表示[99]。

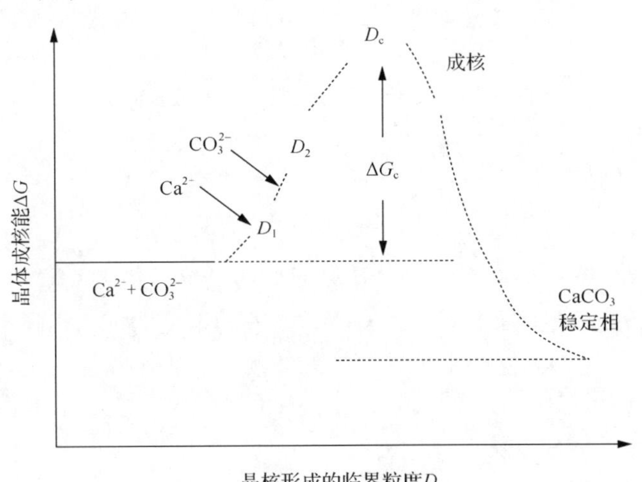

图 5-59　碳酸钙晶核形成过程

过剩的溶质离子在碳酸钙的过饱和溶液中先集合生成大小不同的晶簇 D_1、D_2，这时它们处于不稳定的高能状态，此后晶簇逐渐增大到临界粒度(D_c)，此时称为能量最高的状态，当晶核粒度大于临界粒度 D_c 时，多余的能量就会释放出来，这部分能量就会成为碳酸钙晶核生成所需要的活化能。达到临界粒度 D_c 所需要的这段时间称为诱导期。碳酸钙晶簇的生成按照下式分段进行。

$$Ca^{2+} + CO_3^{2-} \longleftrightarrow D_1 \tag{5-59}$$

$$D_1 + Ca^{2+} \longleftrightarrow D_1Ca^{2+} \tag{5-60}$$

$$D_1Ca^{2+} + CO_3^{2-} \longleftrightarrow D_2 \tag{5-61}$$

根据前面所述，对于一个确定的溶液体系，成核过程与温度和过饱和度有着密切的关系，其中成核速率与过饱和度的变化关系如图 5-60 所示。

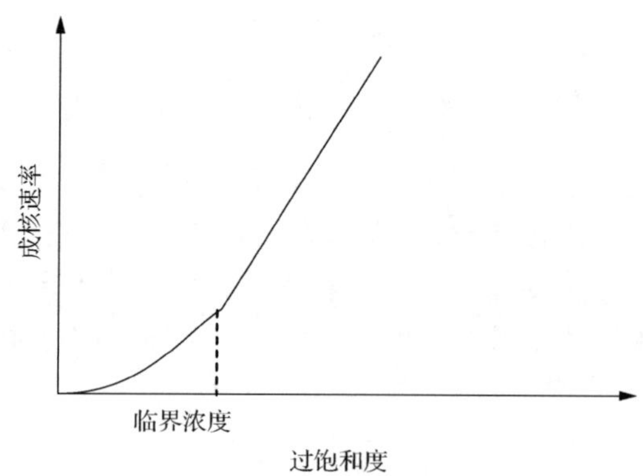

图 5-60　成核速率与过饱和度的关系曲线

4. 碳酸钙晶须的生长

晶体在水溶液体系中的生长有两个最主要阶段：第一是结晶物质向生长界面的扩散过程阶段；第二是被聚集在生长界面的结晶物质进入晶格的反应过程阶段。晶体生长的驱动力如图 5-61 所示。设整体溶液的浓度为 C，相同条件下，溶液的饱和浓度为 C_0，C_1 为晶体在生长界面处的浓度，其大小次序为 $C>C_1>C_0$。晶体表面扩散层的厚度为 δ，此层内溶质分子的传递仅仅存在着扩散作用。扩散驱动力为 $C-C_1$，而反应驱动力为 C_1-C_0。

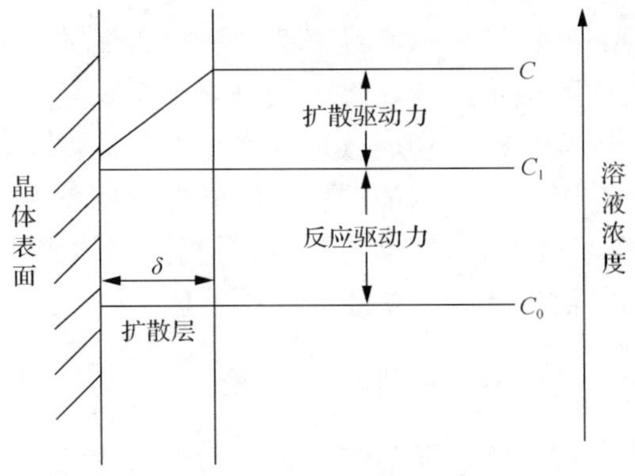

图 5-61　晶体生长的驱动力

晶体任一晶面上的生长速率是不变的，因而生长速率的各向异性决定了晶体的三维形态。扩散和表面反应过程的速率可分别用式(5-62)和式(5-63)表示：

$$\frac{\mathrm{d}m}{\mathrm{d}t}=\frac{D_{\mathrm{L}}}{\delta}\left(C-C_1\right) \tag{5-62}$$

$$\frac{\mathrm{d}m}{\mathrm{d}t}=k_{\mathrm{r}}\left(C_1-C_0\right) \tag{5-63}$$

式中，D_{L} 为传质系数；δ 为扩散层的厚度；k_{r} 为反应速率常数。

晶体生长到一定阶段，固液平衡达到恒稳态，如式(5-64)所示，此时结晶物质的扩散速率和晶体表面的反应速率相等，即

$$\frac{D_{\mathrm{L}}}{\delta}\left(C-C_1\right)=k_{\mathrm{r}}\left(C_1-C_0\right) \tag{5-64}$$

从而可得晶体生长界面处的浓度与晶体的生长速率表达式：

$$C_1=\frac{\left(D_{\mathrm{L}}/\delta\right)C+k_{\mathrm{r}}C_0}{k_{\mathrm{r}}+D_{\mathrm{L}}/\delta} \tag{5-65}$$

$$\frac{\mathrm{d}m}{\mathrm{d}t}=\frac{k_{\mathrm{r}}\left(D_{\mathrm{L}}/\delta\right)}{k_{\mathrm{r}}+D_{\mathrm{L}}/\delta}\left(C-C_0\right) \tag{5-66}$$

由式(5-65)和式(5-66)可知，晶体的生长速率与溶液的过饱和度 $\Delta C(C–C_0)$、反应速率常数 k_{r}、扩散系数 D_{L} 与扩散层厚度 δ 等因素有关。当生长界面的反应速率非常快时，限制生长速率的主要因素为扩散过程；当扩散速率比反应速率快很多时，生长界面反应速率便在晶体生长速率中起主导作用。

化学反应过程在碳酸钙晶须结晶生长的过程中极为迅速，因此，扩散控制是

主要控制因素。实验表明，搅拌速率过低会造成扩散驱动力的不足，造成晶核不能同时生成，这样会使晶核生成和晶体生长分离不开，导致晶须生长困难。搅拌速率过高，晶种之外的成核概率和成核速率增加，且晶体与器壁强烈碰撞，导致晶须断裂及重新溶解。因此，适宜的搅拌速率能保证体系中温度和浓度的均匀，且对晶核的形成具有促进作用。在一定范围内升高温度与增加搅拌作用是同向的，即都对扩散和表面化学反应有利，从而加快结晶速率。

5.9.2 碳酸钙晶须的生长机理

作为一种特殊形态的晶体，晶须生长机理的理论基础来源于经典的晶体生长理论，但其本身也具有独特的生长机制。一般而言，晶须是由晶体内部物理缺陷(螺旋位错)的延伸而形成的。在特定条件下晶核沿位错点一维延伸是晶须生长机理的根本特性[120]。作为单晶体，晶须的形成过程主要包括成核初期、使介质达到过饱和、成核、位错增殖、位错延伸(晶须生长)等阶段。晶须的制备过程有几个明显的阶段，包括成核的诱导期、主生长的初级阶段、二次增厚生长阶段(或过生长阶段)、生长减慢阶段。其中晶须的初级生长都有一维生长的特性，后期生长的晶体会在已成型的晶须顶部继续生长。而晶须的侧面并不生长，否则将形成普通晶体。

自 1958 年发现金属锡晶须存在螺旋位错现象以来，人们对晶须生长机理的探讨做了很多研究工作。至今，关于晶须的生长机理主要有两种被广泛认可。一种是轴向螺旋位错生长机理，另一种是气-液-固(VLS)生长机理。轴向螺旋位错生长机理适于解释液相及气相中晶须的生长过程；而 VLS 生长机理适于解释气相中晶须的生长过程。

学者在 Frank 提出的晶体螺旋位错生长理论的基础上推测，碳酸钙晶须在液相中晶体尖端轴向的生长由其轴向尖端的螺旋位错露头点决定。晶须可在远低于二维成核的临界驱动力的情况下持续生长。如图 5-62 所示，平行于轴向的螺旋位错和晶须尖端出现的生长台阶证实晶须生长是沿螺旋位错进行的。这些台阶就是晶体生长的平台，晶体在很低的过饱和度下就可以沿轴向生长，同时保持边缘光滑。但是在实际制备过程中，受晶须特定的生长机理和工艺条件的影响，所得到的晶须并不是一种完美的单晶，晶须中会存在一些缺陷。在碳酸钙晶须的制备过程中发现，已经生长成功的晶须会单个分离开来，而且表面较为光滑，但有些晶须会出现许多分支，就像树杈一样，如图 5-63 所示。造成这种现象的原因可能是局部过饱和度过高，导致活化的晶核增多。活化的晶核上会出现多个生长基点，使晶须长出分支；也可能是由于过饱和度高而导致晶须侧面不能保持较低的能量，从而出现分叉。

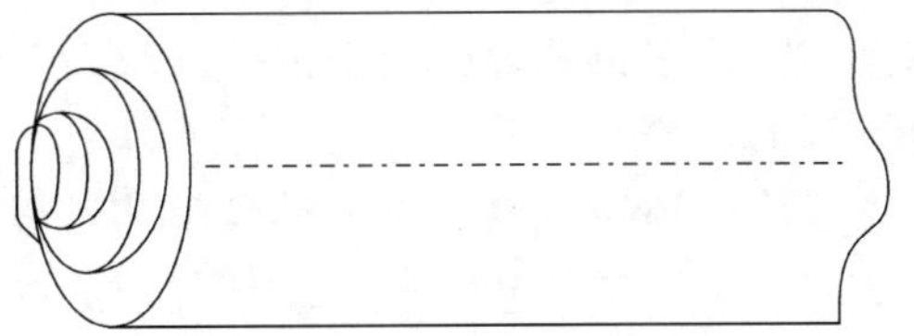

图 5-62　晶须中的螺旋位错

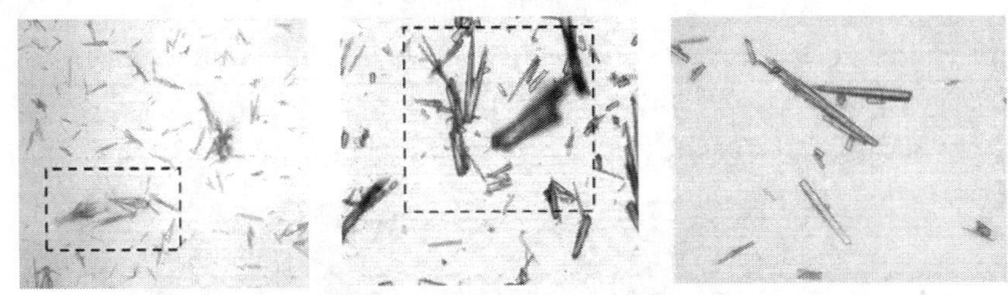

图 5-63　碳酸钙晶须的分叉现象

对于不同制备体系，碳酸钙晶须的生长和转化机理也可能会有所不同。闫长领等[121]在水热条件下对不同形貌和晶相碳酸钙的制备进行了研究，提出了稳定的碳酸钙晶相向亚稳定相转化的反常相变，对相关的形成及转化机理进行了相应的阐述，如图 5-64 所示。他认为，在水热条件下，碳酸钙晶体在生长中先得到梭形的方解石微粒，然后梭形的方解石随水热时间的延长，先转化为花束状(可能为方解石和球霰石的混晶)，最终转化为从生状或针状的球霰石。但是根据奥斯特瓦尔德阶梯规则(Ostwald step rule)[122]，一般是热力学亚稳相球霰石形成后转化为更稳定的方解石，对于此，他认为这种在水热条件的反常转化可能是由水热环境的特殊性造成的，在这种特殊水热环境下可能球霰石相对更稳定一些，具体原因尚待研究。

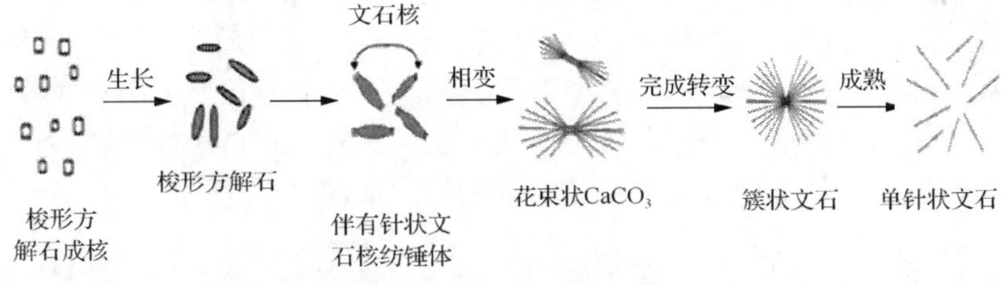

图 5-64　碳酸钙的形成机理

对于碳酸钙晶须在溶液中的生长机理，根据实验中碳酸钙晶须的形貌进行推测，认为碳酸钙晶须的生长过程是建立在螺旋位错的基础上的，单个碳酸钙晶须是通过碳酸钙晶须在基点上沿着螺旋位错方向生长而形成的，但是在生长的过程中可能在某一基底上出现多个生长基点，碳酸钙晶须的生长是在基底的某一端开始，沿螺旋位错方向生长，而在此过程中，表面上吸附的原子向晶须尖端迁移，以向晶须尖端(或基面)的露头点提供螺旋位错。如图 5-62 所示，最后晶须生长完成后从基底脱落下来形成单个晶须，而碳酸钙晶须成核及生长的整个过程与体系过饱和度的变化是分不开的。

另外，在实验制备过程中还发现碳酸钙晶须受工艺过程中各种因素的影响很容易聚集在一起，造成“团聚现象”较为严重。这种现象中不仅有单个已经生成的碳酸钙晶须的简单扎堆，而且可能还有类似超结构 $CaCO_3$ 的聚集。

许冬东[123]考察 $Ca(HCO_3)_2$ 在水溶液中的热分解过程和产物 $CaCO_3$ 的晶相组成、颗粒形貌及其影响因素的过程中总结了不同种类和不同用量表面活性剂对 $CaCO_3$ 产物的影响，对不同超结构 $CaCO_3$ 进行了归纳，并提出了超结构 $CaCO_3$ 的形成过程和机理，其中提到了刺球状超结构 $CaCO_3$，其形貌如图 5-65 所示。

图 5-65　刺球状超结构碳酸钙形貌图

从图 5-65 中可以看出，刺球状超结构 $CaCO_3$ 是多根针状颗粒从一点向外呈发散状，针状颗粒有圆柱状和扁平状。许冬东使用透射电子显微镜（TEM）对样品进行了表征，结果表明，该颗粒的晶型为文石相。这与文石相 $CaCO_3$ 大多数以针状或棒状存在是相互对应的，因此确定了刺球状超结构 $CaCO_3$ 中针状物为文石相。作者在实验过程中也发现了类似结构的碳酸钙，如图 5-66 所示。

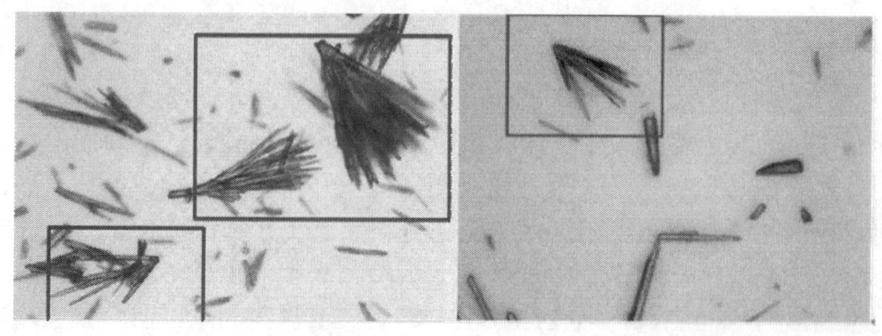

图 5-66　刺球状碳酸钙显微镜图（放大倍数为 50 倍）

对于刺球状超结构 $CaCO_3$ 的形成机理，许冬东[123]认为，首先，由球霰石聚集合成高能球团，然后在适宜文石相生成的条件下球团外围向文石相转变，因而出现文石相部分。其次，游离的文石相颗粒沿着球团边缘向外生长，最终成为骨干，因文石相为斜方相，球团外围的文石相生长方向不在同一平面，造成骨干向三维方向立方生长。最后，骨干生长到极限，停止生长，由于各个骨干之间距离较远，其他游离颗粒很难填充在它们之间，因此只存在针状或者棒状的骨干。

在本体系中，出现此类 $CaCO_3$ 的原因可能是生长过程中未能维持较为稳定的过饱和度，使得溶液过饱和度过高而造成活化的晶核数增多，晶须的侧面过饱和度未能维持较低水平而造成二维甚至三维成核；也可能是由于各种影响因素导致晶须生长完成后未能从基底脱落下来。

当体系中生成的这种刺球状超结构 $CaCO_3$ 聚集到一起后就很可能造成晶须的“团聚现象”，如图 5-67 所示。

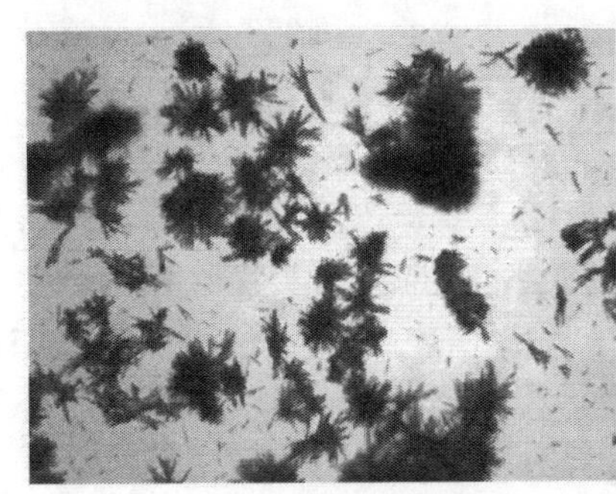
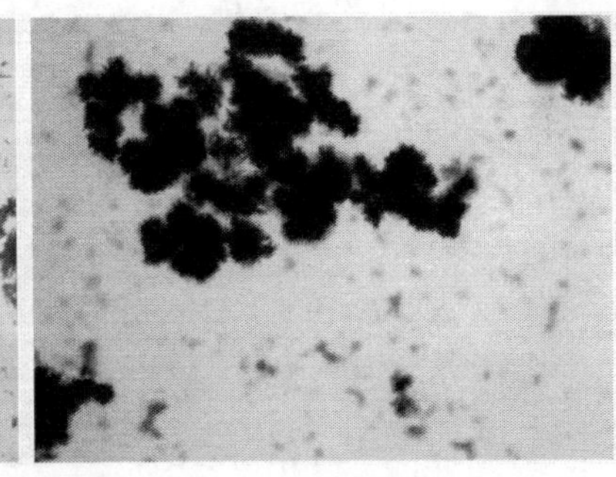

图 5-67　碳酸钙晶须中团聚体图片(放大倍数为 40 倍)

从图 5-67 中可以看出，实验过程中所观察到的晶须的“团聚现象”不仅仅是单个晶须的简单扎堆，而且有类似刺球状超结构 $CaCO_3$ 的聚集。因此这些晶须有很多是长在一起的，这对于晶须的分散是很不利的。对于单个的晶须扎堆造成的“团聚体”可以利用超声处理，而对于此类团聚现象，需要在制备过程中注意维持体系较为稳定的过饱和度，使其能够向有利于生成单个碳酸钙晶须的方向进行。

5.10　碳酸钙晶须结晶母液中氯化铵结晶过程研究

利用双氰胺废渣制备碳酸钙晶须采用了复分解的方法，在此过程中会产生主要成分为氯化铵的母液。在整个生产过程中，母液中氯化铵含量较低时，可以将母液循环利用，用于双氰胺废渣的处理等方面，但是根据前期实验证实，当母液氯化铵含量升高到 $1.0mol \cdot L^{-1}$ 时，碳酸钙晶须的品质将受到氯化铵浓度的影响，高浓度的母液不能继续循环利用，因此产生了高浓度的氯化铵溶液的处理问题。

氯化铵废液随意排放会导致土壤中氯离子含量升高，pH 变化异常。氯化铵溶液对环境的危害主要由氯离子引起，国内外有关氯离子对农作物的危害也有大量的报道和研究，当土壤中氯离子超过临界浓度时，将引起植物体内的细胞生理性损害，细胞内渗透压受到破坏，细胞体内失水而质壁分离，以及造成植物枯萎现象[124]。例如，毒理实验结果表明，受高浓度氯离子废水污染的土壤中生长的水稻，容易引起植物营养过剩而造成贪青徒长，对水稻产量造成不利影响；玉米叶片中氯离子含量过高，则使磷、硫等元素含量下降，导致磷酸化反应受阻，植物细胞的供能不足，能荷降低，而直接影响植物生长[125]。另外，环境中的氯盐通过渗透作用渗入混凝土中并到达钢筋表面，从而影响钢筋混凝土桥梁耐久性，调查显示氯离子引起的钢筋锈蚀被排在首位[126]。

对于含氯的氨氮废水的处理技术主要有物化分离技术、生物转化技术和化学转化技术。物化分离技术中有吹脱法、膜分离法(液膜分离、反渗透)、离子交换法。生物转化技术中主要是应用生物硝化、反硝化原理，在活性污泥法和生物膜法基础上产生一系列组合工艺，还有通过藻类养殖兼性塘等自然水体净化达到水体除氯脱氮的功效[127]。化学转化技术中有湿式氧化法、化学沉淀法等，但是上述方法存在处理周期长、处理量小等缺点，难以满足大规模处理废水的要求。

碳酸钙晶须合成过程中产生的氯化铵废液主要有浓度高、杂质离子含量少等特点，且不含有对环境危害严重的重金属离子。因此，若将氯化铵回收，用于工业、农业生产，不仅可以实现废液的有效处理，而且可以创造一定的附加价值。此外，由于废液产生时温度较高的特点(高于 75℃)，废液可以通过减压蒸馏的方法直接浓缩，从而减少了处理过程中的能量消耗。基于以上考虑，实验中以氯化铵废液作为处理对象，通过减压蒸馏的方式得到饱和的氯化铵溶液，利用冷却结晶的方式制备氯化铵固体产品。

氯化铵在农业和工业上的评价标准有所不同，农业中主要是对氯化铵颗粒粒度的要求，而工业上主要是对氯化铵纯度的要求。本实验中将按照国家标准 GB/T 2946—2008，对所得的氯化铵产品进行评价。

溶液冷却结晶被广泛用于产品的生产和净化过程中，其中结晶方式、溶液浓度、搅拌速率、降温速率和饱和温度等因素会直接影响结晶产品的粒度分布、产率和晶习等产品指标。综合考虑，本节中也将利用冷却结晶的工艺从饱和氯化铵母液中提取氯化铵晶体，主要研究氯化铵结晶过程中各个操作工艺条件对产品品质的影响，具体考察结晶过程中的搅拌速率、降温速率和饱和温度对晶体品质的影响，从而确定冷却结晶的工艺条件。

5.10.1　降温速率对氯化铵结晶的影响

过饱和度是氯化铵晶体从饱和溶液中析出的推动力，是影响晶体产品品质的重要因素，而降温速率则是控制冷却结晶过饱和度产生速度的主要因素。降温速率增大即增大了晶体成核及生长的推动力，因此降温速率加快会使过饱和度产生速度加快，但是降温速率过快则会影响晶体的形貌[128]。

将待处理的氯化铵母液浓缩为 50℃下的饱和溶液，然后将溶液移至结晶器中，通过恒温水浴控制降温速率，温度降至 25℃时为终点，过滤得到氯化铵固体产品，在恒温干燥箱中干燥 24h，并获得产品粒度分布、产率和纯度数据。本节主要考察了 $0.1K \cdot min^{-1}$、$0.3K \cdot min^{-1}$、$0.5K \cdot min^{-1}$、$0.7K \cdot min^{-1}$ 和 $0.9K \cdot min^{-1}$ 降温速率下氯化铵的结晶情况。不同的降温速率下，氯化铵产品的粒度分布如图 5-68 所示。

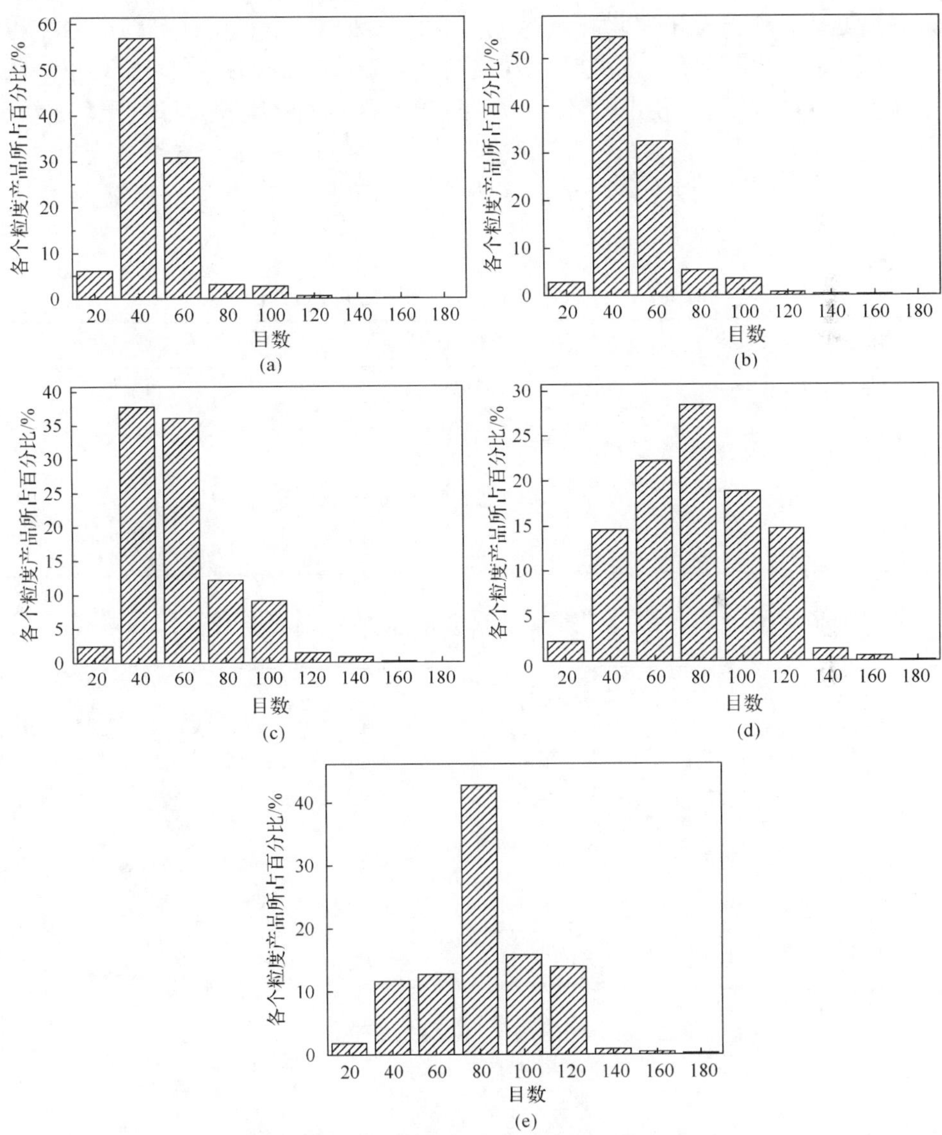

图 5-68　降温速率对产品粒度分布的影响

(a) $0.1K \cdot min^{-1}$; (b) $0.3K \cdot min^{-1}$; (c) $0.5K \cdot min^{-1}$; (d) $0.7K \cdot min^{-1}$; (e) $0.9K \cdot min^{-1}$

从图 5-68 中可以看出，随着降温速率的减小，小于 80 目的实验标准筛上所留下的产物在不断增加，并且降温速率在 0.1K · min^{-1} 和 0.3K · min^{-1} 时，小于 80 目的筛子上留下的产物，占产物总质量的 85%以上，主要集中于 40 目和 60 目(40 目的粒度为 0.45mm、60 目的粒度为 0.3mm)，而降温速率为 0.1K · min^{-1} 时，粒度分布更为集中。

中间粒度(MS)和变异系数(CV)是晶体产品粒度分布的评价指标。一般来说，中间粒度越大，则产品的平均粒度越大；变异系数越小，说明产品粒度分布越集中。不同降温速率下所得产品的中间粒度与变异系数的数值在表 5-13 列出，从表中的统计结果可以得出：较小的降温速率下，产品的中间粒度较大且变异系数较小，当降温速率为 0.1K · min^{-1} 时，产品的中间粒度达到 531.09μm，变异系数为 40.30%，这与图 5-69 中显示的结果一致，因此在探究降温速率时，降温速率控制在 0.1K · min^{-1}。

表 5-13　不同降温速率下产品粒度分布评价

降温速率/(K · min^{-1})	MS/μm	CV/%
0.1	531.09	40.30
0.3	508.02	41.62
0.5	449.97	51.93
0.7	277.86	54.72
0.9	268.93	52.44

不同降温速率下的产物产率如图 5-69 所示。从降温速率与氯化铵产率的关系

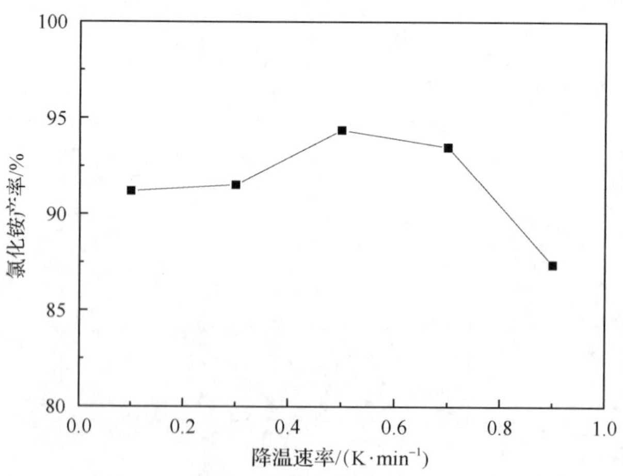

图 5-69　降温速率对氯化铵产率的影响

图中可以看出，除以 0.9K·min^{-1} 降温速率降温时产品产率低于 90%外，其他降温速率条件下产物产率均在 91%～95%之间，并且差距不大，由此可以确定当降温速率小于 0.7K·min^{-1} 时，产品产率均能高于 90%。

根据以上的分析可知，在冷却结晶过程中，降温速率应该控制在 0.1K·min^{-1}，这样既可以满足所得产品粒度较大且集中，还可以保证较高的产品产率。

5.10.2　搅拌速率对氯化铵结晶的影响

搅拌速率对产品粒度影响显著，搅拌速率增大，导致溶液介稳区宽度变小，使得溶液中晶体碰撞概率增大，晶核数就会相应增多，产品的粒度就会随之减小。在考察搅拌速率对结晶的影响时，降温速率控制在 0.1K·min^{-1}，搅拌速率分别设定在 100r·min^{-1}、150r·min^{-1}、200r·min^{-1}、250r·min^{-1} 和 300r·min^{-1} 五个不同的水平。图 5-70 中给出了不同搅拌速率下产品粒度分布的情况。

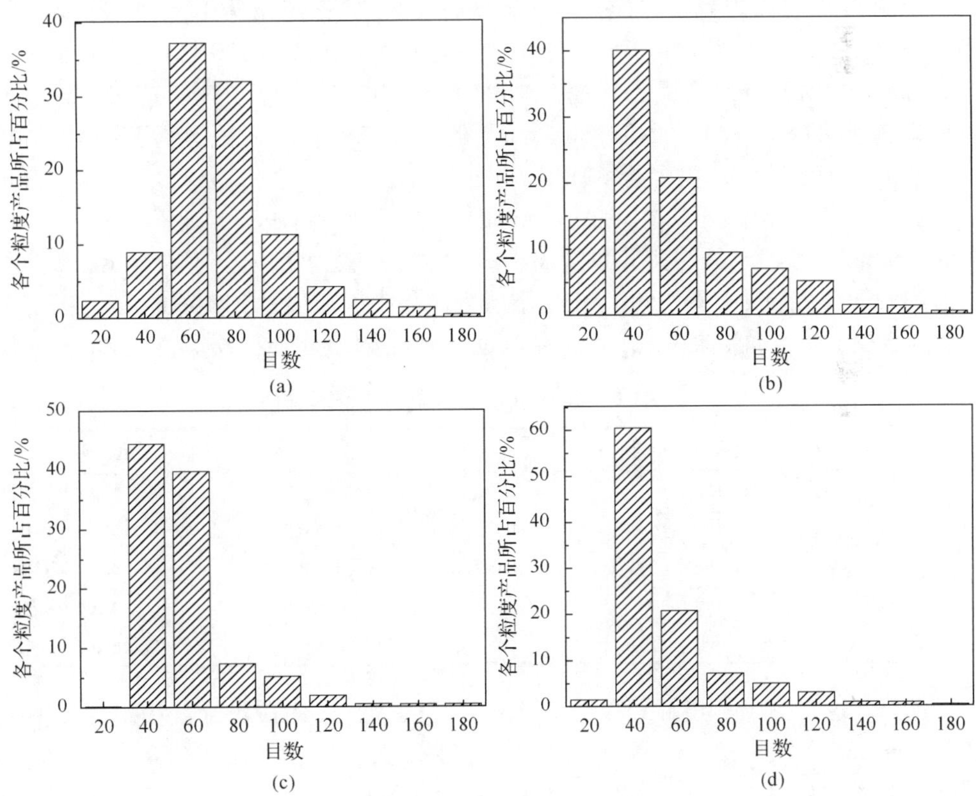

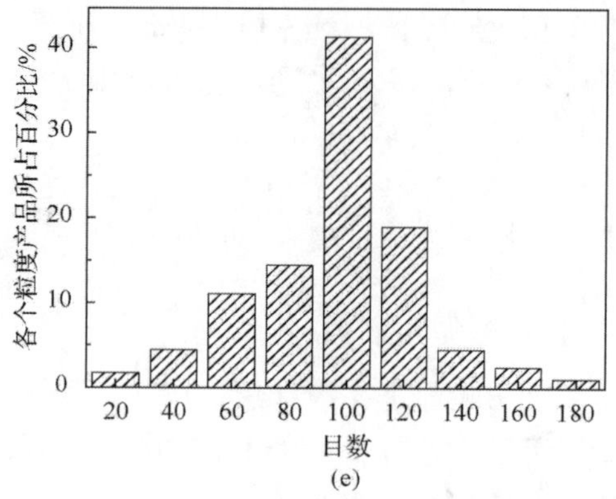

图 5-70　搅拌速率对产品粒度分布的影响

(a) $100r\cdot min^{-1}$; (b) $150r\cdot min^{-1}$; (c) $200r\cdot min^{-1}$; (d) $250r\cdot min^{-1}$; (e) $300r\cdot min^{-1}$

由图 5-70 可以得到，在搅拌速率较低时，氯化铵产品的粒度分布较为均匀，当转速达到 $300r\cdot min^{-1}$ 时，产物的粒度主要集中在 100 目和 120 目(孔径分别对应 0.154mm 和 0.125mm)，而当转速在 $200r\cdot min^{-1}$ 和 $250r\cdot min^{-1}$ 时，产物的粒度主要集中在 40 目和 60 目，而在 $250r\cdot min^{-1}$ 的搅拌速率下，粒度分布更为集中，40 目的标准筛上留下的产物高于 60%。

由表5-14 中给出的不同搅拌速率下产品的粒度分布评价可知，搅拌速率在 $100r\cdot min^{-1}$ 和 $250r\cdot min^{-1}$ 时，产品的变异系数较小，粒度分布较为集中，但 $100r\cdot min^{-1}$ 下所得产品中间粒度较小，而 $250r\cdot min^{-1}$ 下所得产品中间粒度达到 496.64μm，粒度较大。结合以上两方面结果考虑，冷却结晶过程中的搅拌速率应该选取为 $250r\cdot min^{-1}$。

表 5-14　不同搅拌速率下产品粒度分布评价

搅拌速率/($r\cdot min^{-1}$)	MS/μm	CV/%
100	304.97	40.48
150	497.47	57.63
200	469.60	45.77
250	496.64	45.07
300	325.99	69.67

图 5-71 中给出了搅拌速率与氯化铵产率的关系。由图可知，当搅拌速率为 $100r\cdot min^{-1}$ 时，氯化铵的产率较低，不足 75%，而搅拌速率达到 $250r\cdot min^{-1}$ 时，氯化铵产率达到最大值，约为 98%，由此确定的搅拌速率为 $250r\cdot min^{-1}$，与粒度分布的结果中所确定的最佳搅拌速率一致。

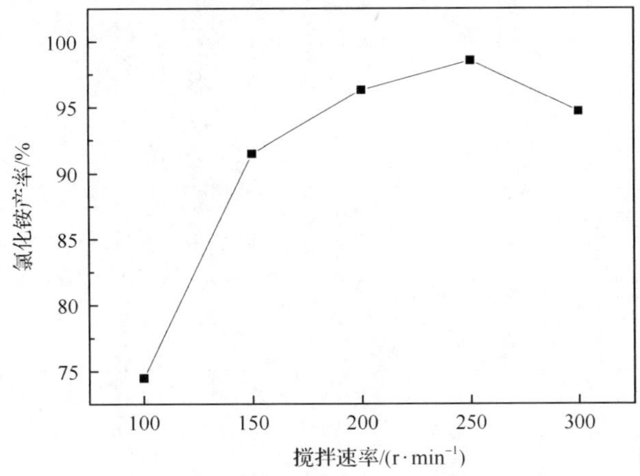

图 5-71　搅拌速率对氯化铵产率的影响

5.10.3　饱和温度对氯化铵结晶的影响

在冷却结晶的过程中，饱和温度对晶体粒度的影响较为显著，相同的降温速率下，温度较高的饱和溶液在冷却结晶过程中，有更长的时间让晶体充分生长，确保晶体产品粒度较大，但较长的冷却时间会影响产品产率及生产能力。实验中，控制搅拌速率为 250$r\cdot min^{-1}$，降温速率为 0.1$K\cdot min^{-1}$，饱和溶液的温度分别为 40℃、50℃、60℃、70℃和 80℃，均冷却至 25℃，之后对所得产品进行干燥和测定。各个饱和温度下得到的产品粒度分布见图 5-72。

根据粒度分布结果看，较高温度的饱和溶液中得到的产品粒度要大于低温下得到的产品，80℃的饱和溶液中所得产品中，小于 40 目的产品占总量的 60%以上，随着温度的降低，所得产品的粒度逐渐减小。根据表 5-15 中产品粒度分布评价结果分析，饱和温度为 80℃时，所得产品的中间粒度最大，为 524.79μm，变异系数为 44.74，因此，理论上的最佳饱和温度应为 80℃。但必须指出的是，本研究中处理的氯化铵溶液的最初温度在 80℃左右，在溶液经过减压浓缩之后，其温度有所下降，至 60℃左右，若再对溶液加热，势必会带来能量的消耗，因此 70℃和 80℃的饱和温度在生产过程中难以满足；从饱和温度为 50℃和 60℃的粒度分布结果来看，两个温度下所得产品中小于 40 目的产品均超过 70%，中间粒度相近，而 50℃的变异系数小于 60℃的数值，因此饱和温度设定为 50℃较好。

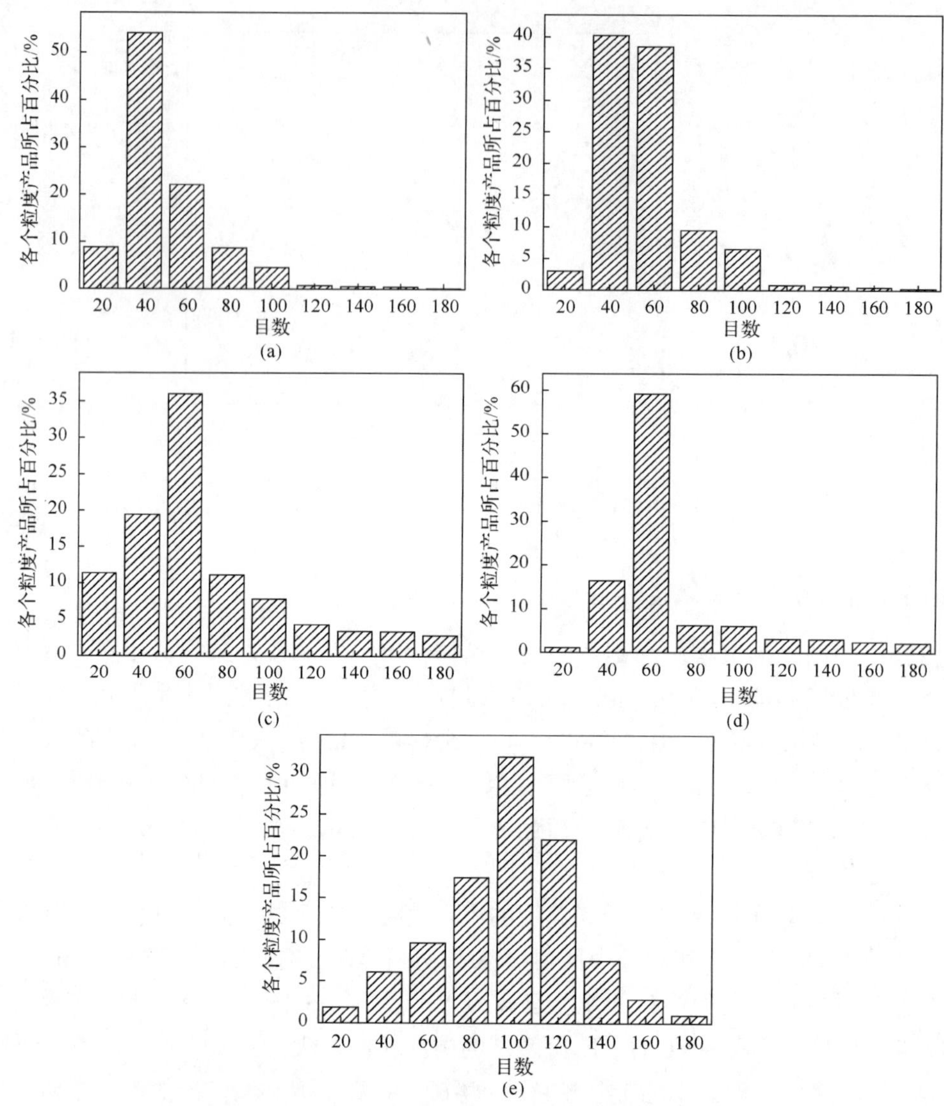

图 5-72　饱和温度对产品粒度分布的影响

(a) 80℃; (b) 70℃; (c) 60℃; (d) 50℃; (e) 40℃

表 5-15　不同饱和温度下产品粒度分布评价

饱和温度/℃	MS/μm	CV/%
40	179.58	31.20
50	399.37	59.58
60	419.67	68.42
70	469.36	47.94
80	524.79	44.74

氯化铵产品产率与饱和温度的关系如图 5-73 所示。饱和溶液温度为 40℃的产品产率不足 92%，而其他温度下的产品产率均高于 96%，其中 50℃时产品产率最高，达到了 97%，因此，从产品产率方面可以确定饱和温度在 50℃时开始冷却结晶能够使产率最佳。

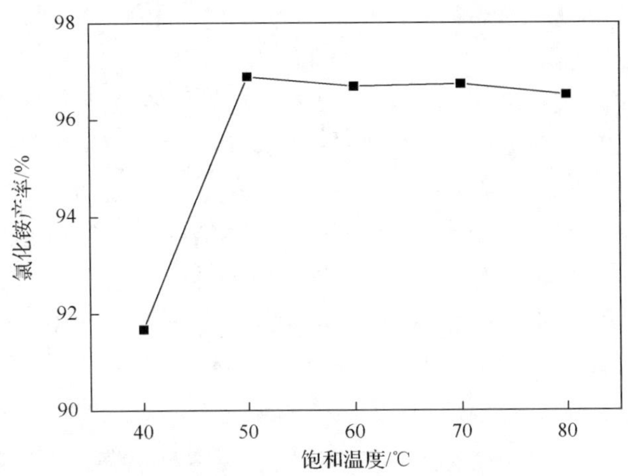

图 5-73　饱和温度对氯化铵产率的影响

5.11　本 章 小 结

本章系统介绍了双氰胺废渣制备碳酸钙晶须联产氯化铵过程，在获得氯化铵-碳酸钙-水体系相平衡数据及碳酸钙溶解动力学的基础上，以浸取—除杂—合成晶须—联产氯化铵为技术路线，获得双氰胺废渣制备碳酸钙晶须并联产氯化铵的工艺，为双氰胺废渣及其他钙基废弃物的资源化利用提供了一条新途径。取得了如下主要结论：

(1) 采用盐酸浸取双氰胺废渣，得到 $CaCl_2$ 浸取液，以其作为原料制备碳酸钙晶须。根据双氰胺废渣的特点，研究了浸取过程中浸取剂浓度、浸取时间、搅拌速率工艺条件对 Ca^{2+}浸取率的影响，并确定了浸取双氰胺废渣的最佳条件。研究表明，双氰胺废渣浸取后经氨水调节体系 pH，铁离子杂质已被除去，可得到精制 $CaCl_2$ 滤液。浸取剂浓度和搅拌速率对 Ca^{2+}浸取率影响较大，浸取时间对浸取率也有一定影响。根据实验探究，最终确定双氰胺废渣的最优浸取工艺为：适量的双氰胺废渣与 10% 盐酸在 30℃、300r·min^{-1} 搅拌条件下反应 10min。

(2) 测定了碳酸钙在氯化铵溶液中溶解度的基础数据，并确定了碳酸钙溶解度在氯化铵溶液中的变化规律。同时，得到了溶液的密度、黏度、pH 和折光率等多个物性参数。研究表明，碳酸钙在氯化铵水溶液中的溶解度要远超过其在水中的溶解度。例如，298.15K 下，碳酸钙在水中的溶解度不足 0.1mmol·kg^{-1}，而相同温度下，碳酸钙在 0.8576mol·kg^{-1} 的氯化铵溶液中的溶解度为 6.8064mmol·kg^{-1}，溶解度变化明显。实验中测定的物性参数可以为工业生产提供有效的参考数据，例如，在 348.15K 下，当溶液中氯化铵浓度为 0.8725mol·kg^{-1} 时，溶液密度为 0.9948g·cm^{-3}，黏度为 0.3894mPa·s，pH 为 6.27。此外，溶液中 pH 的变化可以较好地解释碳酸钙在溶液中溶解度的变化。

(3)采用钙离子选择性电极得到了碳酸钙在氯化铵溶液中的溶解速率，同时得到以下结论：在 298.15K、308.15K 和 318.15K 下，碳酸钙在 1.0mol·L^{-1} 氯化铵溶液中的溶解速率常数 k_s 分别为 1.41×10^{-8}mol·cm^{-2}·s^{-1}、2.88×10^{-8}mol·cm^{-2}·s^{-1} 和 2.96×10^{-8}mol·cm^{-2}·s^{-1}；在 298.15K、308.15K 和 318.15K 下，碳酸钙在 1.0mol·L^{-1} 氯化铵溶液中的溶解反应级数的均值为 3.00；碳酸钙在 1.0mol·L^{-1} 氯化铵溶液中溶解表观活化能 E_a 为 49.02kJ·mol^{-1}，指前因子 A 为 5.47×10^{-3}mol·cm^{-2}·s^{-1}。获得的溶解动力学方程的数据，可为碳酸钙的溶解速率的计算提供基础数据，同时也为碳酸钙溶解时能量的消耗提供了参考数据。

(4)系统研究了碳酸钙晶须的合成条件，通过对反应条件的优化和对产物形貌含量的表征考察，得出文石相含量高、晶须尺寸均匀完整的适宜合成条件。

反应物浓度的变化主要影响体系过饱和度，而碳酸钙晶须的形成必须达到一定的过饱和度。所以，在一定条件下，反应物浓度不宜过高，应维持在 0.20～0.25mol·L^{-1}。温度是碳酸钙晶须合成过程中另一重要影响因素，其影响机理较为复杂，涉及成核、晶体生长速率、体系黏度和过饱和度等多方面作用。温度的升高有利于晶须长度的增加及产品均匀化，但过高的温度也会降低晶须的质量。一般来说，最佳温度范围控制在 75～80℃。除这两个主要因素外，搅拌速率与反应滴加速率等反应条件对晶须的品质也有影响。以 $CaCl_2$ 滤液、NH_4HCO_3 为原料，且 $CaCl_2$ 滤液浓度 0.2374mol·L^{-1}，$CaCl_2/NH_4HCO_3$ 摩尔比 1∶3，在 80℃下，机械搅拌速率 400r·min^{-1}，控制蠕动泵转速使原料以 1mL·min^{-1} 的滴加速率以并流加料方式滴加至反应器中制备均匀性较强的碳酸钙晶须产品。文石晶须含量 93.11%，长度可到达 10～40μm，长径比在 20 左右，产品 pH 为 9.02，相对密度 2.84g·cm^{-3}，吸油量 156mL·g^{-1}。产物主要性能基本达标。合成反应产率可达到 95.06%，整个过程的产率达到 72.44%。

母液中的初始氯化铵浓度直接影响碳酸钙晶须的生成，且氯化铵浓度越大，越不利于晶须的生成，母液中氯化铵的初始浓度不应超过 0.9mol·L^{-1}。母液中的 Ca^{2+} 初始浓度过高会引起溶液中碳酸钙过饱和度过大，导致方解石碳酸钙的产生，减小了产品中文石所占比例，不利于碳酸钙晶须的生成，根据实验结果，Ca^{2+} 初始浓度不能高于 0.02mol·L^{-1}。

分别采用 PEG-20000、PEG-400 和乙醇三种物质与水混合作为底物，发现不同溶剂作为底物对产品形貌影响很大。PEG-20000 与水混合时，所得产品的主要成分为碳酸钙晶须，且底物中 PEG-20000 的质量分数越大，产品中晶须含量越高，但不能抑制产品中“团聚体”的产生；PEG-400 与水混合时，PEG-400 与水的体积比较大时，产物中不仅碳酸钙晶须含量高，同时可以抑制“团聚体”产生。综合产品形貌和生产成本考虑，选择体积比为 1∶1 的 PEG-400 与水混合溶液作为底物最为合适；乙醇与水混合作为底物时，不利于碳酸钙晶须的生成，底物中乙醇含量越高，所得产品中晶须含量越低，乙醇与水混合溶液不适合作为生产碳酸钙晶须的底物。

对产品进行超声处理有利于产品中“团聚体”的消除，水与乙醇的混合溶液可以作为超声处理的分散剂，并且分散剂中乙醇含量越高，所得产品形貌越好；超声处理时间过长或过短也会影响产品形貌，最终确定以水与乙醇体积比 2∶1 的混合溶液作为分散剂，超声处理 10min 为最佳。

(5) 阐述了溶液体系中晶体成核和生长的基础理论，并将理论应用于碳酸钙晶须的生长过程中。根据实验结果推测碳酸钙晶须的生长机理，主要结论如下：

作为一种特殊形态的晶体，晶须生长机理的理论基础来源于经典的晶体生长理论，但其本身也具有独特的生长机制。碳酸钙晶须的生长同样要经历体系达到过饱和、成核及生长三个阶段。其成核及生长是基于晶体内部物理缺陷(螺旋位错)的延伸而形成的，在特定条件下晶核沿位错点一维延伸是晶须生长机理的根本特性。

在碳酸钙晶须合成过程中，由于晶须特定的生长机理和工艺条件的影响，所得到的晶须并不是一种完美的单晶，晶须中会存在一些缺陷。在碳酸钙晶须的制备过程中发现，已经生长成功的晶须会单个分离开来，而且表面较为光滑，但有些晶须会出现许多类似树杈一样的分支。原因可能是局部过饱和度过高，导致活化的晶核增多，活化的晶须上会出现多个生长基点，使晶须长出分支；也可能是由于过饱和度高而导致晶须侧面不能保持较低的能量，从而出现晶须分叉。

对于碳酸钙晶须在溶液中的生长机理，根据实验中碳酸钙晶须的形貌进行推测，认为碳酸钙晶须的生长过程是建立在螺旋位错的基础上的，单个碳酸钙晶须是通过碳酸钙晶须在基点上沿着螺旋位错方向生长而形成的，但是在生长的过程中可能在某一基底上出现多个生长基点，但碳酸钙晶须的生长是在基底的某一端开始，沿着螺旋位错生长的，而在此过程中，表面上吸附的原子向晶须尖端迁移，以向晶须尖端(或基面)的露头点提供螺旋位错。晶须生长完成后从基底脱落下来形成单个晶须，而碳酸钙晶须成核及生长的整个过程与体系的过饱和度的变化是分不开的。

在碳酸钙晶须合成过程中还发现，碳酸钙晶须受工艺过程中各种因素的影响很容易聚集在一块，造成“团聚现象”较为严重。这种现象中不仅有单个已经生成的碳酸钙晶须的简单扎堆，而且可能还有类似超结构 $CaCO_3$ 的聚集。在本体系中，出现刺球状超结构 $CaCO_3$ 的原因可能是生长过程中未能维持较为稳定的过饱和度，使得溶液过饱和度过高而造成活化的晶核数增多，晶须的侧面过饱和度未能维持较低水平而造成二维甚至三维成核；也可能是由于各种影响因素导致晶须生长完成后未能从基底脱落下来。因此，过饱和度的控制对碳酸钙晶须的制备起着核心作用。对于单个的晶须扎堆而造成的“团聚体”可以利用超声处理，而对于此类团聚现象，需要在制备过程中注意维持体系较为稳定的过饱和度，使得其能够向有利于生成单个碳酸钙晶须的方向进行。

(6)研究了从氯化铵母液中提取氯化铵的工艺条件。在氯化铵溶液冷却结晶过程中，较小的降温速率有利于生成粒度较大的产品，综合粒度与产品产率考虑，降温速率应控制在 $0.1K\cdot min^{-1}$；搅拌速率直接影响到氯化铵产品的颗粒大小，较小的搅拌速率可以保证产品粒度较大，但产品产率较低，而搅拌速率为 $250r\cdot min^{-1}$ 时，既能满保证产品产率在 95%以上，同时可以得到粒度较大且均匀的产品；饱和温度越高，所得产品的粒度越大，但是过高的饱和温度会增加能量的消耗。将饱和温度设定为 50℃时，能够使产率达到 97%，粒度超过 0.3mm 的产品占总量的 70%以上；在降温速率为 $0.1K\cdot min^{-1}$、搅拌速率为 $250r\cdot min^{-1}$、饱和温度为 50℃时，所得到的氯化铵产品的纯度均超过 99%，符合氯化铵国家标准 GB/T 2946—2008 中工业级氯化铵合格品的要求，同时产品氮含量高于 25%，符合农用氯化铵一等品的要求。

参 考 文 献

[1] 屠志康. 利用双氰胺工业废渣制取高分子合成制品填充剂: 中国, CN1071181. 1993-04-21
[2] 屠志康. 利用双氰胺工业废渣制取轻质碳酸钙: 中国, CN1100067. 1995-03-15
[3] 郭伟杰. 双氰胺废渣在橡胶中的应用. 再生资源与循环经济, 2002, (2): 30-32
[4] 蒋蓉. 非烧结双氰胺工业废渣砖的研制. 砖瓦世界, 2007, 10: 42-45
[5] 张宏.电石渣制备高纯高白碳酸钙的研究. 湘潭: 湘潭大学硕士学位论文, 2006
[6] 丁爱华, 张福举. 双氰胺废渣代替石灰石生产水泥试验研究. 化工生产与技术, 1999, 19(3): 55-57
[7] 赵秀芝, 孙慧. 双氰胺废渣研制轻质陶粒. 硅酸盐建筑制品, 1993, 4: 30-32
[8] 赵文俊, 宋玉爱. 双氰胺废渣的处理方法: 中国, CN1493537. 2004-05-05
[9] 高尚忠. 一种利用双氰胺废渣直接生产粉末氧化钙的方法: 中国, CN102795651A. 2012-11-28
[10] 李黔, 张炳宏. 利用双氰胺废渣、电石渣生产石灰的方法: 中国, CN103130428A, 2015
[11] 张胜勇. 一种利用双氰胺废渣制备双氰胺、氯化钠和炭的方法: 中国, CN102126989A. 2011-07-20
[12] 张胜勇. 一种利用双氰胺废渣制备双氰胺、氯化钙和炭的方法: 中国, CN102140072A. 2011-08-30
[13] 张胜勇. 一种利用双氰胺废渣制备双氰胺、工业硫酸钙和炭的方法: 中国, CN102167671A. 2011-08-31
[14] 张胜勇. 一种利用双氰胺废渣制备双氰胺、工业磷酸钙和炭的方法: 中国, CN102167672A. 2011-08-31
[15] Evans C C. Whiskers. London: Mills and Boon, 1972
[16] 李武. 无机晶须. 北京: 化学工业出版社, 2005

[17] 钱军民, 金志浩. 填料碳酸钙的制备及其性状与晶型控制研究进展. 化工矿物与加工, 2002, 31(4): 1-4

[18] Peric J, Vucak M, Krstulovic R, et al. Phase transformation of calcium carbonate polymorphs. Thermochimica Acta, 1996, 277(5): 175-186

[19] 孙秋菊. 无机晶须填充改性聚合物的应用. 北京: 科学出版社, 2012

[20] 崔小明. 无机晶须的研究和应用进展. 精细化工原料及中间体, 2007, (5): 25-28

[21] 张荣欣. 新的工业原料——晶须状碳酸钙. 中国建材, 1996, (3): 43-45

[22] 李慧青, 张旖, 孙萱, 等. 若干无机盐晶须的研究状况与展望. 无机盐工业, 2002, 34(2): 17-19

[23] 邹盛鸥. 晶须碳酸钙的开发及其在塑料中的应用. 塑料科技, 1996, (2): 31-33

[24] 刘庆峰, 王德生, 尚文宇, 等. 碳酸钙晶须的制备及其对 PP 增强特性的研究. 塑料工业, 2000, 28(1): 5-9

[25] 徐兆瑜. 晶须的研究和应用新进展.化工技术与开发, 2005, 34(2): 11-17

[26] Tamotsu H. The residual voltage detection device for permanent magnet synchronous motor: Japan, JP4154886B2, 2008

[27] Mitsuhiko N. Sumitomo electric industries: JP, 2001011430, 2001

[28] Masato K. Wholly aromatic polyester and polyes resin composition: JP, JP5032957, 1993

[29] Hiroshi N, Tomohiro I. High-frequency circuit module: JP, JP5117632, 2013

[30] 贺云果, 宋永才. 碳酸钙晶须的制备与应用研究进展. 材料导报, 2005, 19(7): 33-36

[31] 林有希, 高诚辉, 李志方. 碳酸钙晶须含量对聚醚醚酮复合材料摩擦磨损性能的影响. 摩擦学学报, 2006, 26(5): 448-451

[32] 栗利涛, 朱明, 姚伯龙, 等. 碳酸钙晶须在鼓式刹车片中的性能研究. 化工新型材料, 2008, 36(10): 97-100

[33] Hiroshi S, Hidemitsu K, Yoichi T. Coating material composition resistant to heat: Japan, JP2000007994, 2000

[34] 王会利, 杨娟娟, 刘斌, 等. 碳酸钙晶须在涂料中的应用. 涂料工业, 2004, 34(4): 52-54

[35] 姚伯龙, 罗侃, 杨同华, 等. $CaCO_3$ 晶须改性保温节能涂料性能研究. 涂料技术与文摘, 2007, (11): 8-10

[36] 雷东升. 我国碳酸钙的加工现状及发展方向. 矿产保护与应用, 1997, (4): 14-16

[37] 张利, 刘兴勇, 毛逢银. 文石型碳酸钙晶须填充纸张性能研究. 四川理工学院学报(自然科学版), 2007, 20(1): 73-75

[38] 班建伟, 刘莉, 薛强. 碳酸钙晶须材料的制备、应用研究进展. 中国非金属矿科技与市场交流大会论文集, 2014

[39] 位建强, 曹明莉, 刘晶. 纤维增强水泥基复合材料界面性能的研究进展. 混凝土与水泥制品, 2010, (6): 53-55

[40] Sasaki T, Takayki K, Shintaro S, et al. Core/shell and hollow polymeric capsules prepared from calcium carbonate whisker. Polym J, 2005, 37(6): 434-438

[41] Sasaki T, Kawagoe S, Mitsuya H, et al. Glass transition of crosslinked polystyrene shells formed on the surface of calcium carbonate whisker. J Polym Sci B: Polym Phys, 2006, 44(17): 2475-2485

[42] Urayama H, Ma C, Kimura Y. Mechanical and thermal properties of poly(L-lactide) incorporating various inorganic fillers with particle and whisker shapes. Macromol Mater Eng, 2003, 288(7): 562-568

[43] 徐执扬, 刘建国, 徐莘香. 晶须碳酸钙/聚 L-乳酸复合材料的合成与实验研究. 骨与关节损伤杂质, 2003, 11(18): 756-759

[44] 刘庆峰, 陈寿田, 刘茜, 等. 碳酸化工艺参数对碳酸钙结晶习性的影响. 无机材料学报, 2002, 17(l): 163-166

[45] 尚文宇, 谢大荣, 刘庆峰, 等. 晶须状碳酸钙填充聚合物材料性能的研究. 中国塑料, 2000, 14(3): 24-27

[46] Ota Y. Preparation of aragonite whiskers. J Am Ceram Soc, 1995, 3(4): 1983-1984

[47] 王会利, 赵丽华, 刘斌, 等. 模拟碳化塔中碳酸化反应合成碳酸钙晶须研究. 非金属矿, 2003, 26(6): 17-18

[48] 朱万诚, 陈建峰, 王玉红. 旋转填充床中合成微细晶须碳酸钙的试验研究. 材料科学与工艺, 2005, 13(1): 30-37

[49] 孙红娟, 常有军. 鼓泡法制备文石型碳酸钙晶须的实验研究. 中国矿业, 2005, 14(2): 77-79

[50] 陈先勇, 唐琴, 瞿中华, 等. 高长径比碳酸钙晶须的制备研究. 河南化工, 2005, 22(5): 16-18

[51] Wang L, Sondi I, Matijevic E. Preparation of uniform needle-like aragonite particles by homogenous precipitation. J Colloid Interf Sci, 1999, 218: 54-55

[52] 许兢, 陈庆华, 钱庆荣. 尿素水解法制备晶须碳酸钙. 结构化学, 2003, 22(2): 233-237

[53] Yoshiyuki K, Akiko S, Tamotsu Y, et al. Control of crystal shape and modification of calcium carbonate prepared by precipitation from calcium hydrogencarbonate solution. J Ceram Soc, 1992, 100(9): 1145-1153

[54] 闫长领, 卢雁, 周建国, 等. 高纯度高长径比 $CaCO_3$ 晶须的制备. 应用化学, 2004, 21(5): 515-517

[55] Rizzuti A, Leonelli C. Crystallization of aragonite particles from solution under microwave irradiation. Powder Technol, 2008, 186(3): 255-262

[56] Wray L, Daniels F. Precipitation of calcite and aragonite. J Am Chem Soc, 1957, 79(9): 2031-2034

[57] 张利, 刘兴勇, 胡茂丽, 等. 均相法制备文石型碳酸钙晶须. 四川轻化工学院学报, 2003, 16(4): 58-62

[58] 赵丽娜, 刘欢, 冯少强, 等. 文石型碳酸钙晶须的制备及其力学性能研究. 化学通报, 2013, 76(12): 1141-1144

[59] Zhou D, Anoishkina E V, Desai V H, et al. Synthesis and characterization of calcium carbonate whiskers. Electrochem Solid St, 1998, 1(3): 133-135

[60] 徐浩, 延卫, 冯江涛. 碳酸钙晶须的低压直流电解制备方法: 中国, CN103628124A. 2014-03-12

[61] 胡克伟. 文石型碳酸钙晶须制备工艺及其形成机理研究. 成都: 成都理工大学硕士学位论文, 2006

[62] 赵涛涛. 碳酸钙晶须的制备及机理研究. 武汉: 武汉理工大学硕士学位论文, 2011

[63] 北京师范大学无机化学教研室. 无机化学(上册). 4 版. 北京: 高等教育出版社, 2010

[64] Rindell A. The relation of difficultly soluble calcium salts to aqueous solutions of ammonium salts, especially triammonium citrate. Z Phys Chem, 1910, 70: 452-453

[65] Cantoni H, Goguelia G. Recherches relatives à la dècomposition des carbonates alcaino-terrenx par le chlorure d'ammonium en présense d'eau. G Bull Soc Chim Fr, 1904, 31: 282-289

[66] Emschwiller G, Charlot G, Hebd C R. Sur la solubilité du carbonate de calcium dans lcs solutions de sels ammoniacaux. Seances Acad Sci Ser, 1938, C206: 1115-1118

[67] Kouropatwińska S. Recherches sur 1' action dessolutions de chlorures alcalins sur la calcite et 1' aragonite. Lyon: Université de Lyon thèse de doctorat, 1910

[68] 袁俊生, 李霞, 刘燕兰. NH_4Cl-$CaCl_2$-H_2O 三元体系相平衡研究. 化工矿物与加工, 2010, 39(6): 4-8

[69] Zhang R Z, Yang J M, Zhang L, et al. The phase equilibriums in the NH_4Cl-$CaCl_2$-H_2O system at 50 and 75℃ and their Pitzer model representations. Russ J Phys Chem A, 2014, 88(13): 2325-2330

[70] Loos D, Pasel C, Luckas M, et al. Experimental investigation and modelling of the solubility of calcite and gypsum in aqueous systems at higher ionic strength. Fluid Phase Equilibr, 2004, 219(2): 219-229

[71] Millero F J, Milne P J, Thurmond V L. The solubility of calcite, strontianite and witherite in NaCl solutions at 25℃. Geochim Cosmochim Ac, 1984, 48(5): 1141-1143

[72] Feng C L, Charles V C. Dissolution kinetics of phlogopite I. Closed system. Clay. Clay Miner,1989, 29(2): 101-106

[73] Kline W E, Fogler H S. Dissolution kinetics: catalysis by strong acids. J Colloid Interf Sci, 1981, 82(1): 93-102

[74] Torrero M E, Baraj E, de Pablo J, et al. Kinetics of corrosion and dissolution of uranium dioxide as a function of pH. Int J Chem Kinet, 2015, 29(4): 261-267

[75] 陈世荣, 夏树屏, 高世扬. 通用动力学参数计算程序的实现及应用. 陕西师范大学学报(自科版), 2001, 29(2): 121-122

[76] 陈若愚, 夏树屏, 高世扬. 旋转电极法研究盐类溶解——LiCl、NaCl、KCl 在水中的溶解动力学. 盐湖研究, 1994, (4): 45-53

[77] 夏树屏, 高世扬, 刘志宏,等. 盐类溶解动力学的数学模型和热力学函数. 盐湖研究, 2003, 11(3): 9-17

[78] 夏树屏, 洪显兰, 高世扬. 光卤石分解制氯化钾工艺原理的研究. 海湖盐与化工, 1 994, (2): 10-15

[79] 保积庆, 夏树屏. 氯化钠对钾光卤石溶解过程的影响. 盐湖研究, 1995, (2): 51-58

[80] 洪显兰, 夏树屏, 高世扬. 钾光卤石溶解动力学. 应用化学, 1994, 11(3): 26-31

[81] 宋粤华, 夏树屏. 软钾镁钒溶解动力学Ⅱ. 盐湖研究, 1995, 3(2): 45-51

[82] 宋粤华, 夏树屏. 软钾镁矾溶解动力学Ⅰ: 对 K^+, Mg^{2+}/SO_4^{2-} -H_2O 三元体系的研究(15～75℃). 盐湖研究, 1998, 6(1): 18-25

[83] 夏树屏, 刘志宏, 高世扬. 氯柱硼镁石在 30℃水中的溶解和相转化过程. 无机化学学报, 1993, 9(3): 279-285

[84] 曾忠民, 夏树屏, 洪显兰. 软钾镁钒溶解动力学Ⅰ. 盐湖研究, 1994, 2(1): 57-63

[85] Stumm W, Morgan J J. Aqutic Chemistry: An Introduction Emphasizing Chemical Equilibria in Natural Waters. New York: Wiley, 1981.

[86] 王子宁, 周加贝, 朱家骅, 等. 二水硫酸钙溶解动力学. 化工学报, 2015, 66(3): 1001-1006

[87] Raines M A, Dewers T A. Mixed transport reaction control of gypsumdissolution kinetics in aqueous solutions and initiation of gypsumkarst. Chem Geol, 1997, 140: 29-48

[88] Kuechler R, Noack K, Zorn T. Investigation of gypsum dissolution under saturated and unsaturated water conditions. Ecol Model, 2004, 176: 1-14

[89] Lasaga A C. Kinetic Theory in the Earth Sciences. Princeton:Princeton University Press, 1998

[90] 中华人民共和国国家质量监督检验检疫总局. GB/T 19281—2014.中华人民共和国国家标准——碳酸钙分析方法. 北京: 中国标准出版社, 2014

[91] 中华人民共和国国家质量监督检验检疫总局, 中国国家标准化管理委员会. GB/T 4472—2011. 中华人民共和国国家标准——化工产品密度、相对密度的测定. 北京: 中国标准出版社, 2011

[92] 杨振祥, 蒋凌云, 章苏. 浅析超细碳酸钙的几项主要指标. 无机盐工业, 2003, 35(5): 4-6

[93] Langerak P A E, Beekmans M H M, Janneke J B, et al. Influence of phosphate and iron on the extent of calcium carbonate precipitation during anaerobic digestion. J Chem Tech and Biotech, 1999, 74: 1030-1036

[94] Kitamura M, Konno K. Controlling factors and mechanism of reactive crystallization of calcium carbonate polymorphs from calcium hydroxide suspensions. J Crystal Growth, 2002, 236: 323-332

[95] Kinsman D, Holland J, Heinrich D. Coprecipitation of cations with calcium carbonate coprececipition of strontium(Ⅱ) with aragonite between 16 and 96℃ .Geochim Cosmochim Acta, 1969, 33(1): 1-17

[96] 张利, 张昭, 郭红丹, 等. 均一文石晶须的制备及机理探讨. 四川大学学报(工程科学版), 2002, 34(3): 46-49

[97] Jaroslav N. The Kinetics of Industrial Crystallization. Amsterdam: Elsevier, 1985

[98] 李丽匣. 碳酸钙晶须的制备及影响因素研究. 沈阳: 东北大学硕士学位论文, 2005

[99] 李丽匣. 碳酸钙晶须的一步碳化法制备及应用研究. 沈阳: 东北大学博士学位论文, 2008

[100] 许肖云. 无添加剂条件下文石型碳酸钙晶须制备及影响因素研究. 化学研究与应用, 2012, 24(6): 953-957

[101] 李丽匣, 韩跃新, 朱一民, 等. 以可溶性磷酸盐为控制剂制备碳酸钙晶须. 金属矿山, 2008, 4: 56-59

[102] Zhu Z S, Deng Y L. Supersaturation control in aragonite synthesis using sparingly soluble calcium sulfate as reactants. J Colloid Interface Sci, 2003, 266(2): 359-365

[103] Kitamura M. Controlling factor of polymorphism in crystallization process. J Cryst Growth, 2002, 237 (1): 2205-2214
[104] 王水，王静康，龚俊波. 7-氨基头孢烷酸结晶过程聚结现象与晶体表面性质. 天津大学学报, 2006, 39(5): 585-591
[105] 邹兴. 纳米粉制备过程中团聚现象的探讨. 粉末冶金工业, 2005, 14(5): 24-27
[106] Wang W, Wang G, Liu Y, et al. Synthesis and characterization of aragonite whiskers by a novel and simple route. J Mater Chem, 2001, 11(6): 1752-1754
[107] 刘庆峰，陈寿田，刘茜. 碳酸化工艺参数对碳酸钙结晶习性的影响. 无机材料学报, 2002, 17(1): 163-166
[108] 王爱玲，祝锡晶，吴秀玲. 功率超声振动. 北京：国防工业出版社, 2007
[109] 王全杰，朱飞，王改芝. 超声波对纳米二氧化钛粉体分散性的影响. 皮革科学与工程, 2007, 17: 31-34
[110] 韩宝国，关新春，欧进萍. 超声波在碳纤维水泥基材料制备中的应用研究. 材料科学与工艺, 2009, 17: 368-372
[111] 魏钟晴，马培华. 溶液系统中的晶须生长机理. 盐湖研究, 1995, 3(4): 57-64
[112] 张克从. 晶体生长. 北京：科学出版社, 1981
[113] 张志焜，崔作林. 纳米技术与纳米材料. 北京：国防工业出版社, 2000
[114] 黄灿灿.镁铝水滑石晶须的制备. 西安：西安电子科技大学硕士学位论文, 2009
[115] 陈大勇，汪蕾，盛敏刚. 碳酸钙晶须的制备进展. 池州学院学报, 2007, 21(5): 61-64
[116] 林文胜，顾安忠. 利用涨落理论确定均匀核化速率. 上海交通大学学报, 2000, 34(9): 1167-1170
[117] 姚连增. 晶体生长基础. 合肥：中国科学技术大学出版社, 1995
[118] 何明照. 纳米碳酸钙的粒度与晶形控制. 沈阳：东北大学硕士学位论文, 2002
[119] 郭金伙. 碳酸钙晶须的制备及其结晶过程的研究. 沈阳：东北大学硕士学位论文, 1999
[120] 毕玉惠. 高取向 Si_3N_4 陶瓷/α- Si_3N_4 晶须复相陶瓷的制备与性能. 武汉：武汉理工大学博士学位论文, 2008
[121] 闫长领，李金，孟婷婷，等. 水热条件下不同形貌和晶相碳酸钙的形成和转化. 人工晶体学报. 2016, 45(7): 1795-1802
[122] van Santen R A. The Ostwald step rule. J Phys Chem, 1984, 88: 5768-5769
[123] 许冬东. 热分解制备 $CaCO_3$ 粉体及其晶体生长机理研究. 武汉：湖北工业大学硕士学位论文, 2016
[124] 鲁如坤. 化肥中的 Cl^-对土壤生态的影响. 土壤通报, 1996, 27(4): 32-33
[125] 梁永禧，胡迪琴，陈永昌，等. 高浓度氯化铵工业废水对农作物的污染与毒理试验. 生态科学, 1997, 16(2): 48-52
[126] 郑晓燕，于芳，吴文清. 氯离子对钢筋混凝土桥梁的危害与防护. 华东公路, 2003, 41(2): 36-39
[127] 仝武刚. 化学沉淀法预处理高浓度氨氮废水的研究. 长沙：湖南大学硕士学位论文, 2002
[128] 丁绪淮，谈遒. 工业结晶. 北京：化学工业出版社, 1985